全国高等职业教育计算机类规划教材·实例与实训教程系列

计算机操作系统实用教程

王　伟　主编

电子工业出版社

Publishing House of Electronics Industry

北京·BEIJING

内 容 简 介

本书在通俗易懂地讲述了计算机操作系统原理基础上，分别详细地介绍了 Windows Server 2008、Fedora Linux 两个主流操作系统的系统管理等实用操作技能。全书内容分为 3 篇：第 1 篇，操作系统基础原理篇，讲述操作系统概述，以及处理器管理、资源管理等基本原理知识；第 2 篇，Windows Server 2008 操作系统应用技能篇，包括 Windows Server 2008 系统安装、基本管理、本地用户和组、文件系统、磁盘管理、系统性能监视和优化、备份和恢复等实用操作技能；第 3 篇，Linux 操作系统应用技能篇，包括系统安装、基本管理、文件系统管理、系统监控与进程管理、编程开发环境等实用操作技能。

本书在强调计算机操作系统基础理论知识的同时，突出实用性和可操作性，由浅入深、循序渐进，通过丰富的实例，从工程实践角度讲解系统操作应用技能。该书不仅可以作为高等院校计算机相关专业操作系统课程教材，还可以作为从事计算机系统管理、软件开发等工程技术人员的工具参考书。

图书在版编目（CIP）数据

计算机操作系统实用教程 / 王伟主编. —北京：电子工业出版社，2011.1

全国高等职业教育计算机类规划教材·实例与实训教程系列

ISBN 978-7-121-12277-4

Ⅰ. ①计…　Ⅱ. ①王…　Ⅲ. ①操作系统－高等学校：技术学校－教材　Ⅳ. ①TP316

中国版本图书馆 CIP 数据核字（2010）第 222458 号

策划编辑：左　雅
责任编辑：左　雅　　特约编辑：朱英兰
印　　刷：三河市华成印务有限公司
装　　订：三河市华成印务有限公司
出版发行：电子工业出版社
　　　　　北京市海淀区万寿路 173 信箱　邮编　100036
开　　本：787×1 092　1/16　印张：18.25　字数：467 千字
版　　次：2011 年 1 月第 1 版
印　　次：2015 年 7 月第 2 次印刷
印　　数：1 000 册　定价：39.00 元

前　　言

操作系统是计算机系统的核心和灵魂，是计算机系统必不可少的组成部分。操作系统课程是计算机专业教学的重要内容，该课程概念众多、内容抽象、灵活性和综合性强，不但需要讲授操作系统的概念和原理，还需要加强操作系统的动手实验、实践，这样才能让学生更好地理解操作系统的精髓，真正掌握操作系统的应用、管理等具体操作技能，从而为计算机系统应用环境提供强有力的支持。

Windows Server 2008 操作系统是 Microsoft 公司继 Windows Server 2003 之后推出的服务器操作系统，在硬件支持、服务器部署、Web 应用和网络安全等方面都提供了强大功能。Linux操作系统是支持多用户、多进程/线程、具有良好兼容性和可移植性的开源操作系统，Fedora是一款优秀 Linux 发行版本，由原有的 Red Hat Linux 与 Fedora Linux 整合成的 Fedora Project 开发、支持，其中包含了以往 Red Hat Linux 的许多特征和软件工具。

全书内容分为三篇。第 1 篇（第 1 章～第 3 章）为操作系统基础原理篇。

第 1 章操作系统概述。通过介绍什么是操作系统及其与应用程序的关系，激发学生学习操作系统的兴趣，了解操作系统的发展与演变，初步理解操作系统运行的硬件环境，如何使用操作系统等。

第 2 章处理器管理基本原理。讲述操作系统管理计算机核心部件——处理器的功能实现，即通过进程和线程的概念和比较，使学生理解、掌握处理器管理调度的基本算法知识。

第 3 章资源管理基本原理。操作系统作为计算机系统的资源管理者，实现了内存、文件系统和输入/输出设备等系统资源的管理和分配。内存管理的基本原理介绍了内存的相关概念（如虚拟内存）、内存管理方式（如页式内存管理、段式内存管理）；文件系统的管理介绍了数据存储设备——磁盘的组织和文件系统组成的基础知识；输入/输出设备管理介绍了输入/输出设备的硬件和软件原理。

第 2 篇（第 4 章～第 9 章）为 Windows Server 2008 操作系统应用技能篇。

第 4 章 Windows Server 2008 安装与基本管理。介绍了 VMware Workstation 虚拟机工具应用、Windows Server 2008 安装、管理控制台和服务器管理工具应用、Windows Server 2008 系统的基本应用配置等技能。

第 5 章 Windows Server 2008 本地用户和组的管理。在讲述用户账户和组的概念同时，介绍了创建用户和组、设置用户和组的属性、删除用户和组等操作技能。

第 6 章 Windows Server 2008 文件系统管理。介绍了 Windows Server 2008 文件系统类型，重点应掌握 NTFS 文件系统的权限设置、压缩和加密等管理技能。

第 7 章 Windows Server 2008 磁盘管理。介绍了 Windows Server 2008 基本磁盘和动态磁盘的含义，在虚拟机中如何进行基本磁盘设置和动态磁盘管理设置，以及磁盘的配额管理等技能。

第 8 章 Windows Server 2008 系统监视与性能优化。介绍了进行 Windows Server 2008 系统性能优化管理的工具应用技能，包括可靠性和性能监视器、事件查看器和内存诊断工具。

第 9 章 Windows Server 2008 备份与恢复。介绍了创建备份任务、恢复备份数据，以及 Windows Server 2008 操作系统的故障恢复等操作技能。

第 3 篇（第 10 章～第 13 章）为 Linux 操作系统应用技能篇。

第 10 章 Linux 操作系统安装与基本管理。介绍了 Linux 操作系统的内涵，Fedora 系统在虚拟机中的安装、GNOME 图形界面的应用、Linux 用户和组的管理，以及常用的系统配置（网络配置、软件包管理）等技能。

第 11 章 Linux 文件系统管理。介绍了 Linux 文件系统的组成、如何加载和卸载文件系统，以及常用的文件系统管理命令等技能。

第 12 章 Linux 系统监控与进程管理。介绍了常用系统管理方法（包括使用系统监视器、查看内存和磁盘管理）、系统日志管理和进程管理等技能。

第 13 章 Linux 系统编程开发环境。介绍了 Linux 操作系统平台开发编程风格、Shell 编程、C 语言和 Java 语言编程环境等应用技能。

在全书的撰写过程中，李涛老师参与部分实验的调试和正确性验证，张琦老师认真阅读本书初稿并提出了许多改进意见，对他们为此书所做出的贡献，一并表示衷心的感谢。同时，本书在编写过程中参阅了国内外同行编写的相关著作和文献，谨向各位作者致以深深的谢意。

由于作者水平有限，错误与疏漏之处在所难免，恳请广大读者及使用本书的师生提出宝贵的批评和建议。

编　者

目　　录

第1篇　操作系统基础原理篇

第 2 篇　Windows Server 2008 操作系统应用技能篇

第 3 篇　Linux 操作系统应用技能篇

第1篇
操作系统基础原理篇

> Chapter ONE

第1章 操作系统概述

操作系统作为计算机的核心控制系统，在计算机的运行过程中扮演什么角色呢？作为计算机系统（包括硬件系统和软件系统）的资源管理者，操作系统承担着分配、调度、协调等一系列重要的管理职责，是介于物理硬件和应用软件之间的一个软件系统，也是掌控计算机上所有事件的软件系统。因此，操作系统是通过为用户提供服务来管理计算机中的软硬件资源，保证对计算机资源的公平竞争和使用，防止对计算机资源的非法侵占的，并保障操作系统自身的正常运行。

【本章概要】
◆ 操作系统导论；
◆ 操作系统的发展与演变；
◆ 操作系统的硬件环境；
◆ 操作系统的使用界面。

1.1 操作系统导论

在计算机执行满足用户所需功能的工作过程中，主要是以计算机物理硬件为载体，运行计算机程序来实现的。那么，程序是怎样运行的呢？首先，需要使用称为"计算机程序设计语言"的编程语言进行编写程序，如 C、C++、Java 等。但由于计算机硬件并不认识高级语言编写的程序，需要通过编译将这些源程序"翻译"成计算机能够识别的机器语言程序，这就需要借助编译器和汇编器来完成。其次，机器语言需要加载到内存，形成一个运行中的程序（即进程），而这需要操作系统的帮助。进程需要在计算机芯片 CPU 上执行才算是真正在执行，而将进程调度到 CPU 上运行则必须由操作系统来完成。最后，在 CPU 上执行的机器语言指令，需转换成能够在一个个时钟脉冲里执行的基本操作，这必须由指令集结构和计算机硬件的支持来完成。而整个程序的执行过程，还需要操作系统所提供的服务与程序语言支撑环境（Runtime Environment）。这样，一个从源程序到微指令执行的全过程就完成了，如图 1-1 所示。

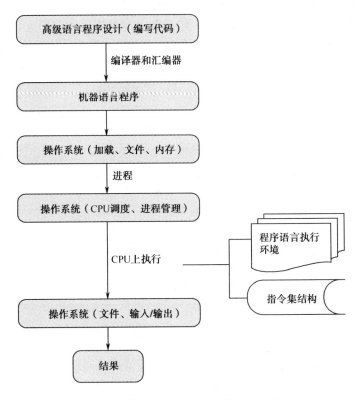

图 1-1 计算机中从程序到结果的演变

图 1-1 线性描述了从程序到结果的简单过程，没有考虑计算机中各种因素之间的穿插、交互等复杂过程，主要是用来帮助计算机专业初学者，更好地理解用户需求是如何通过程序在计算机上执行的。

1.1.1 什么是操作系统

计算机系统能够按用户的要求接收和存储信息，经过处理、计算，输出结果信息，整个工作过程的完成，依赖的是硬件和软件两部分。硬件是指处理器、存储器、输入/输出设备和通信装置等；软件是指为完成特定任务而由硬件执行的程序、数据和其他相关文档。

虽然计算机的体系结构一直在发展变化，但占主流地位的仍是以存储器程序原理为基础的冯·诺依曼型计算机，其存储程序的基本思想是：程序由指令组成，并与数据一起存放在计算机存储器中；计算机加电启动，就能按照程序规定的逻辑顺序，从存储器中读出指令逐条执行，自动完成程序所描述的工作。

计算机软件按照功能划分，可分为三大类：系统软件、支持软件和应用软件。系统软件的功能实现是直接与硬件发生联系，而与具体应用领域无关，主要包括操作系统、设备驱动程序、通信处理程序等；支持软件用于支撑具体应用软件程序的开发和维护，包括软件编译器、开发环境工具（如 JDK、Visual Studio.NET）等，有时支持软件和系统软件之间并没有严格的界限；应用软件则是针对特定应用领域问题的软件工具程序，包括文字处理程序（如 Word）、医疗行业软件、办公自动信息系统等。如图 1-2 所示的是一个计算机系统的软/硬件层次结构，其中每层都具有一组功能并对外提供相应的接口，接口对层内隐蔽实现细节，对层外提供特定的应用规范。

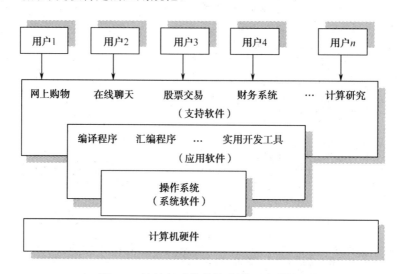

图 1-2　计算机系统的软/硬件层次结构

　　通过以上对软件程序在计算机系统中执行过程的描述，可以看出，操作系统是计算机系统的核心系统软件，能够有效地控制和管理计算机系统中的硬件和软件资源，并合理组织计算机工作流程，为用户方便而有效地使用计算机提供良好、高效的运行环境。使用操作系统的主要目标可归结为以下几点。

　　（1）方便用户使用。通过提供用户与计算机之间的友好界面来方便用户使用。

　　（2）扩充机器功能。通过扩充硬件功能为用户提供服务。

　　（3）管理各类资源。有效地管理系统中的所有软、硬件资源，使之得到充分的利用。

　　（4）提高系统效率。合理地组织计算机的工作流程，改进系统性能，提高系统效率。

　　（5）构筑开放环境。遵循国际标准来设计和构造一个开发环境，其具体含义是：遵循相关的国际工业标准和开放系统标准；支持体系结构的可伸缩性、可扩展性；支持应用程序在不同平台上的可移植性和互操作性。

　　操作系统与支持软件及应用软件之间的主要区别如下：虽然它们都是程序，但其功能意图不同，操作系统有权分配资源，而其他程序只能使用资源，两者之间是控制与被控制的关系；操作系统直接作用于硬件之上，隔离其他层上的软件，并为其提供接口和服务，所以操作系统是软件系统的核心，是各种软件运行的基础平台，而支持软件及应用软件在这方面的差别并不严格；操作系统对共性服务功能提供支持，与硬件相关但同应用领域无关，因此它可以支持很多应用领域；支持软件及应用软件只能通过操作系统来使用计算机系统的物理资源；操作系统实现资源管理机制，允许应用程序提供资源管理策略。

1.1.2 应用程序与操作系统

为了更好地理解操作系统，下面深入讨论一下用户应用程序和操作系统的关系。通过对计算机系统层次结构的描述，可以看出用户是通过操作系统来使用计算机的，操作系统为用户程序提供了一个虚拟的机器界面，应用程序运行在这个界面之上。但这个现象似乎太抽象，并不能帮助理解它们之间的关系。操作系统是一个"程序"（即程序集合），而用户程序也是程序，程序与程序之间是什么关系呢？实质上二者是调用与被调用的关系。

从用户的角度，操作系统通过虚拟的机器界面给应用程序提供各种服务功能，应用程序在运行过程中不断使用操作系统提供的服务来完成自己的任务。例如：用户应用程序在运行过程中需要读、写磁盘数据，这时就需要调用相应的系统调用（即系统服务函数），来完成该磁盘读、写操作；如果需要通过网络收、发数据包，就需要调用操作系统相应的网络协议服务功能来完成数据的通信。当调用操作系统的某项服务功能时，计算机的控制权从用户应用程序将转移到操作系统，而操作系统在完成这些应提供的功能后，将控制权再返回给应用程序。如图1-3所示，此时用户应用程序为主程序，操作系统成为子程序。

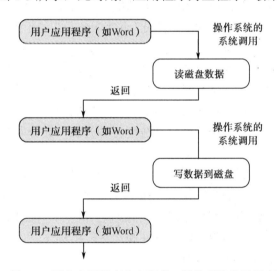

图1-3 用户应用程序为主程序，操作系统为子程序

以上用户应用程序的执行过程，是在整个系统都已正常运行情况下进行的，那么计算机在加电启动后，最先启动的程序是什么呢？是操作系统，用户的应用程序是不能在操作系统启动之前执行的。在此之后，每当启动执行一个应用程序，都相对于操作系统将控制权转移给用户程序，当其执行完毕再返回给操作系统。从计算机系统启动之初，操作系统的先运行角度看，操作系统成为了主程序，在计算机开机期间，都是它在不断调用用户的各种程序，循环往复，直到计算机关闭，如图1-4所示。

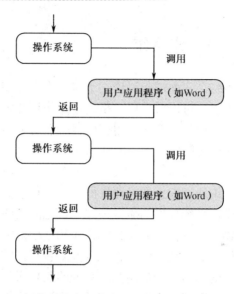

图1-4　操作系统为主程序，用户应用程序为子程序

下面深入介绍操作系统在计算机系统中的功能，从而加深理解操作系统的内涵。

操作系统在计算机系统中承担着"管理员"和"服务员"的角色。对内作为"管理员"，操作系统完成计算机系统各种资源的管理、控制与调度，提高系统效率和资源利用率。计算机资源主要包括两大类：硬件资源和信息资源。其中，硬件资源有处理器、存储器、外部设备（输入/输出型设备、存储型设备）等；信息资源则可分为软件程序和数据等。为了使应用程序能够正常运行，操作系统必须对其分配足够的资源；为了提高系统效率，操作系统必须支持多任务程序设计，合理调度和分配各种资源，充分发挥并行性能，使各种部件和设备最大限度地执行操作和保持忙碌。

对外作为"服务员"，操作系统是用户与硬件之间的接口（即人机界面），为用户提供尽可能友好的运行环境和最佳服务。操作系统不仅能够合理组织计算机的工作流程，协调各个机器部件有效地工作，为应用程序提供良好的运行环境，而且通过提供友善的人机接口，使用户能够方便、安全、高效地使用硬件和运行应用程序。

从资源管理的观点，操作系统具有以下六项主要功能。

1）处理器管理

处理器是计算机系统中最为稀有和宝贵的资源，应该最大限度地提高其利用率，可以采用多任务（多道）程序设计技术，组织多个作业同时执行，解决处理器的调度、分配和回收等问题。随着多处理器系统的出现，处理器的管理变得更加复杂。为了描述多道程序的并发执行，操作系统引入了进程的概念，处理器的分配、调度和执行都是以进程为基本单位。随着并行处理技术的发展，在提高资源利用率、系统效率的基础上，把并发执行单位进行进一步细化引入了线程的概念。对处理器的管理和调度最终归结为对进程和线程的管理和调度。

2）存储管理

存储管理的主要任务是管理存储资源，为多道程序运行提供有力的支撑，提高存储空

间的利用率。存储管理的重点是内部存储器管理。如果系统不断地完成已有程序的执行、接受新程序的执行请求，那么对内存资源的要求各不相同，操作系统必须正确地分配和回收内存。通常，程序中所表示的地址不同于该程序运行时的实际内存地址，操作系统要负责这两种地址之间的转换。当多个执行程序需要共享内存时，操作系统要保证它们彼此隔离、互不干扰。当用户程序的存储需要容量超过系统当前可提供的物理内存空间时，操作系统必须设法利用外存来满足用户程序的需要。简而言之，存储管理的主要功能包括存储分配、地址转换与存储保护、存储共享与扩充等。

3）设备管理

设备管理的主要任务是：管理各种外部设备，完成用户所提出的输入/输出（I/O）请求；加快数据传输速度，发挥设备的并行性，提高设备的利用率；提供设备驱动程序和中断处理程序，为用户隐蔽硬件操作细节，提供简单的设备使用方法。

4）文件管理

上述三种管理是针对计算机硬件资源的管理，文件管理则是针对信息资源的管理。在现代操作系统中，通常把程序和数据以文件形式存储在外存储器（如硬盘）上，以供用户使用。这样，外存储器上保存大量文件，如果对这些文件不能采取合理的管理方式，就会导致混乱或使系统遭受破坏，造成严重后果。为此，在操作系统中配置文件系统，主要任务是：对用户文件和系统文件进行有效管理，实现按名存取；实现文件的共享、加密/解密和压缩，保证文件的安全性；向用户提供一整套能够方便使用文件的操作命令。

5）网络与通信管理

计算机网络起源于计算机技术与通信技术的结合，近些年来，从单机之间的远程通信，到全世界成千上万台计算机的联网工作，网络应用领域已经十分广泛。操作系统至少应具有与网络有关的功能有：网络资源管理，实现网上资源共享，管理用户对资源的访问，保证信息的安全性和完整性；数据通信管理，按照通信协议的规定，通过通信软件来实现网络上计算机之间的信息传递。

6）用户接口

为了使用户能够灵活、方便地使用计算机硬件和系统所提供的功能服务，操作系统向用户提供一种使用手段，即用户接口。用户接口包括两类：程序接口和操作接口。用户通过这些接口能够方便地调用操作系统功能，有效地组织用户任务及其处理流程，使得整个计算机系统高效地运转。

1.1.3　为什么学习操作系统

在认识了什么是操作系统，操作系统与用户应用程序的关系，及其主要功能后，读者应体会到操作系统的重要性。如果仅仅是因为操作系统重要就学习它吗？我们生活的世界上重要的事情太多了，难道都要学吗？在计算机专业的学生中，有些不学操作系统也照样可以编写软件。那我们为什么还要学呢？

首先，操作系统的功能在很多领域都需要使用。例如，做基于 Web 的并发程序开发（Web

Services 方面的应用开发），这个领域就应用了大量的操作系统的概念和技术。如果你已经对操作系统学有所成，那么就可以充满信心地进行具有复杂功能程序的开发工作了。

其次，操作系统的思想及实现技巧应用在很多领域，如抽象、缓存、并发等。操作系统简单来讲，就是实现抽象、进程抽象、文件抽象、虚拟存储抽象等。而在其他领域中也使用抽象，如软件开发过程中，数据结构和算法设计就大量应用抽象，再如面向对象软件开发中的类/对象的抽象。

不过最重要的学习操作系统的理由，应是对操作系统知识的强烈求知欲所产生的浓厚的专业学习兴趣。对于一个从事计算机专业领域的人来说，难道不想知道自己编写的程序是如何在计算机上运行的吗？对于一个程序设计员，有没有考虑过为什么计算机能进行计算？在自己组装一台新计算机或者购买了一台新品牌计算机时，打开主机箱的盖子，看到一堆硬件：芯片、主板、布线等，这些硬件并不会告诉你太多有关计算机运转的信息。如果非常好奇地想知道计算机是如何运转的，就请学习操作系统吧！

1.2　操作系统的发展与演变

在操作系统的发展历程中，促使其不断进步和提高的因素很多。首先，硬件技术的快速发展促进了器件的更新换代。从电子管到晶体管，从集成电路到超大规模集成电路，微电子技术作为推动计算机技术飞速发展的"引擎"，促使计算机系统快速更新，由 8 位机、16 位机发展到 32 位机、64 位机，相应的 64 位操作系统也被研制和开发出来。计算机体系结构的不断发展，由硬件改进导致操作系统发展的事例很多：图形界面终端代替字符显示终端后，窗口系统被广泛应用；随着互联网的迅猛发展和日益普及，出现了分布式操作系统；随着信息家电产业化，出现嵌入式操作系统。其次，提高计算机系统的资源利用率始终是操作系统发展的动力之一。为了实现多用户共享计算机系统的资源，必须设法提高系统利用率，各种调度算法、分配策略被研究和采纳。最后，应用需求不断地促进操作系统变革。从批处理操作系统到交互型分时操作系统，改善了用户上机、调试程序的环境；从命令行交互进化到图形用户界面，使用计算机变得更加方便；当用户感觉现有功能不能满足需要时，操作系统往往要升级开发新工具，加入新设施。

1.2.1　批处理操作系统

批处理操作系统服务于一系列称为批（Batch）的作业，作业是把程序、数据连同作业说明书组织起来的任务单位，把批中的作业预先输入作业队列中，由操作系统按照作业说明书的要求调度和控制作业的执行，大幅度减少人工干预，形成自动转接和连续处理的作业流，由操作员在计算结束之后把运算结果返回给用户。采用批处理方式工作的操作系统通常称为批处理操作系统。

批处理操作系统是最先采用多道程序设计技术的系统，是根据预先设定调度策略选择若干作业并发地执行的，系统的资源利用率高，作业吞吐量大。其缺点是：作业的周转时间长，不具备交互式计算的能力，不利于程序的开发和调试。批处理操作系统的特征如下。

1）脱机工作

用户在提交作业直至获得计算结果之前，不再和计算机及其作业交互，因而作业控制技术对作业来说是必不可少的。

2）成批处理

操作员集中用户提交的一批作业，预先输入计算机中作为后备作业，由批处理操作系统按照调度策略逐批地选择并装入主存执行。

3）单/多道程序运行

早期批处理操作系统采用单道批处理，作业进入系统之后排定次序，依次进入主存处理，并自动进行作业的转接。后来采用多道批处理，从后备作业中选取多个作业进入主存，并同时运行，这是多道批处理系统。

现代"批"的含义已经发展为"表示非交互计算"，也就是一批作业不需要与任何用户交互，直到有足够的存储空间及空闲的处理器资源，才可以执行。在现代操作系统中，执行批作业的控制流采用"文件"形式表示，如 Windows 中的 autoexec.bat、Linux 中的 Shell 文件。用户在这些类型的文件中，可以定义一系列操作系统命令，利用批处理功能，自动、连续地执行控制文件。

1.2.2 分时操作系统

批处理操作系统的工作重点是性能，是由于当时计算机硬件的成本较高，希望在单位时间内将处理作业的数量最大化，通过批处理方式产生足够的工作量，再利用多道程序设计技术，让 CPU 和设备并行执行，从而达到提高作业吞吐能力的目的。但是，用户却不能干预自己程序的运行，无法得知程序的进展情况，不利于程序调试和排错，于是产生了分时操作系统。

1961 年，美国麻省理工学院开发了第一个分时系统 CTSS（Compatible Time-Sharing System，兼任分时系统），成功地运行在 IBM709 和 IBM7094 机上，支持 32 个交互式用户同时工作。1965 年，在美国国防部的支持下，美国麻省理工学院、贝尔实验室和通用电气公司合作开发了"公用计算服务系统"，以支持整个波士顿地区的所有分时用户，这就是著名的 MULTICS（Multiple Access Computer System，多路存取计算机系统）。该系统运行在 GE-635、GE-645 计算机上，使用高级语言 PL/1 编程，引入现代操作系统的许多概念雏形，如分时处理、远程联机、多级反馈调度和保护安全机制等，对其后操作系统的设计产生极大影响。1970 年，曾经参与 MULTICS 的美国 AT&T 贝尔实验室研究人员研制开发了著名的 UNIX 分时操作系统。在 CTSS、MULTICS 等系统消失多年之后，直到现在 UNIX 仍然是一个主流操作系统，可见其强大的生命力。几乎现代所有的操作系统都具备分时处理的功能。

所谓分时操作系统，就是允许多个联机用户同时使用一个计算机系统进行交互式计算的操作系统。其实现的基本思路是：用户在各自的终端上进行会话，程序、数据和命令均在会话过程中提供，以交互方式控制程序的执行。系统把处理器的时间划分成时间片，轮流分配给各个联机终端，若时间片用完则产生时钟中断，控制权转至操作系统并重新进行调度。如果原程序尚未完成，挂起并等待再次分得时间片。由于调试程序的用户常常只发送简短的命令，这样其要求总能得到快速的响应，好像用户独自占用计算机系统一样。实质上，分时操作系统是多道程序的一个变种，CPU 被若干交互式用户多路复用，不同之处在于每个用户都拥有一台联机终端。分时操作系统的特点如下。

（1）同时性：若干终端用户联机使用计算机，分时是指多个用户分享同一台计算机的 CPU 时间。

（2）独立性：终端用户彼此独立，互不干扰，每个终端用户感觉好像独占整台计算机。

（3）及时性：终端用户的立即型请求能够在足够短的时间内得到响应。

（4）交互性：人机交互，联机工作，用户直接控制程序的运行，便于程序调试和排错。

1.2.3 实时操作系统

虽然多道批处理操作系统和分时操作系统能够获得较佳的资源利用率和快速响应时间，使得计算机的应用范围日益扩大，但它们难以满足实时控制和实时信息处理的需要，于是产生了实时操作系统。典型的实时操作系统包括：过程控制系统、信息查询系统和事务处理系统。计算机用于过程控制时，要求系统实时采集数据，并对其进行分析处理，进而自动发出控制信号以控制相应的执行机构，使某些参数（如压力、温度、距离、湿度等）能够按照预定的规律变化，保证产品质量。实时操作系统还可用于实时信息处理，如情报检索系统，可同时接受各终端所发来的服务请求和提问，快速查询信息数据库，在极短时间内做出响应。事务处理系统不仅对终端用户及时做出响应，还要对系统中的文件或数据库频繁地加以更新。例如，飞机订票系统，这样的系统应该具有响应迅速、安全保密、可靠性高等特点。

实时操作系统是指当外部事件或数据产生时，能够对其予以接受并以足够快的速度进行处理，所得结果能够在规定时间内控制生产过程或对控制对象做出快速响应，并控制所有实时任务协调运行的操作系统。因此，提供及时的响应和高可靠性是其主要特点。由于实时操作系统所控制的过程系统较为复杂，通常包括四部分：数据采集，负责收集、接受和输入系统必要的信息或进行信号检测；加工处理，对进入系统的信息进行加工处理，获得控制系统工作所必需的参数或做出决定，然后进行结果输出、记录或显示；操作控制，根据处理结果采取适当的措施或动作，达到控制或适应环境的目的；反馈处理，监督执行机构的执行结果，并将此结果反馈至信号检测或数据接受部件，以便系统根据反馈信息进一步采取措施，达到施加控制的预期目的。

1.2.4 其他类型操作系统

操作系统已经存在了半个多世纪，除了以上三种基本类型的操作系统，还出现了其他各种类型的操作系统，简要介绍如下。

1．大型机操作系统

高端操作系统是用于大型机的操作系统，房间般大小的大型计算机往往可在一些大型企业组织的数据中心见到，它与个人计算机的主要差别表现在 I/O 处理能力等方面，如用户 1000 个磁盘和上 100 万 GB 的数据。大型机操作系统主要用于面向多个作业的同时处理，多数这样的作业需要巨大的 I/O 处理能力。大型机操作系统主要提供三类服务：批处理、事务处理和分时处理。

2．服务器操作系统

服务器操作系统一般运行在服务器（可以是大型的个人计算机、工作站等计算机）上，它们通过网络同时为若干个用户服务，并且允许用户共享硬件和软件资源。服务器操作系统可提供打印服务、文件服务或 Web 服务等功能。Internet 服务商往往运行着多台服务器以支持其用户，使 Web 站点保存 Web 页面并处理进来的请求。典型的服务器操作系统有 Solaris、Windows Server 200X、AIX 和 Linux Server 版等。

3．微机操作系统

微型计算机的出现引发了计算机产业革命，使其进入社会生活的各个领域，拥有巨大的使用量和最广泛的用户群。现代微机操作系统都支持多道程序处理，在启动时通常由十多个程序开始运行。它们主要功能是为单个用户提供良好的支持，广泛应用于文字处理、电子表格、游戏和 Internet 访问。常见的微机操作系统有 Windows XP/Vista、Macintosh、Linux Fedora 和 FreeBSD 等。

4．嵌入式操作系统

随着以计算机技术、通信技术为主导的信息技术的快速发展和互联网的广泛应用，3C（Computer、Communication、Consumer Electronics）合一趋势已现端倪。计算机技术是贯穿信息化的核心技术，网络和通信设备是信息化赖以存在的基础设施，电子消费产品是人与社会信息化的主要接口。3C 合一的必然产物是信息电器，同时计算机的微型化和专业化趋势已成为人们的共识，这就为计算机技术渗透进各行各业、应用于各个领域、嵌入到各种设备和开发各种产品奠定了坚实的物质基础。由于嵌入式操作系统的应用环境与其他类型的计算机系统存在较大的区别，随之而来的是对嵌入式软件的需求，而嵌入式操作系统是嵌入式软件的基本支撑。

嵌入式操作系统与具体的应用环境密切相关，按照应用范围划分，可分为通用型和专用型。通用型嵌入式操作系统适用于多种应用领域，著名的产品有 Windows CE、 VxWorks 和嵌入式 Linux；专用型嵌入式操作系统则面向特定的应用场合，如适用于掌上计算机的 Palm OS、适用于移动电话的 Symbian 等。

5．传感器节点操作系统

在一些配置微小传感器的网络中，传感器节点是一种可以彼此通信并且使用无线通信基站的微型计算机。这样的传感器网络可以为建筑物周边保护、国土边界保卫、森林火灾探测、气象预测用的温度与降水测量等重要参数进行相关信息收集。

传感器是一种内建有无线电的电池驱动的微小型计算机，长时间工作在无人的户外环境，通常是恶劣的环境条件下。其网络应用基础必须足够健壮，以允许个别节点失效。有时会随着内部电池逐步耗尽，这种失效节点会不断增加。每个传感器节点是一个配有 CPU、RAM、ROM 以及一个或多个环境传感器的实实在在的计算机。节点上运行一个小型但是真实的操作系统，通常这个操作系统是事件驱动的，可以响应外部事件，或者是基于内部时钟进行周期性的测量。该操作系统必须小且简单，因为这些节点的 RAM 容量很小，而且电池寿命有限。与嵌入式操作系统相似，所用的程序是预先装载的。TinyOS 就是一个用于传感器节点的知名操作系统。

1.3　操作系统的硬件环境

操作系统与运行操作系统的计算机硬件联系紧密，操作系统扩展了计算机的指令集并管理计算机资源。因此，为了能够运行工作，操作系统必须了解所使用的硬件。本节将主要介绍操作系统实现其管理功能时要用到的中央处理器（CPU）、内存储器（简称内存）和外部设备（简称外设）三大部件。

1.3.1　处理器

在这里处理器主要指中央处理器（CPU），它是计算机的"大脑"，负责从内存中取出指令并执行之。处理器都具有自己的指令系统，即一套可执行的专门指令集。用正确指令编写成的程序或者被正确转换成指令形式的程序，能够被处理器接受并处理。无论是操作系统控制下的程序，还是操作系统程序，最终都是通过在处理器上的执行来实现其功能的。

1.　处理器和指令

一般的处理器由运算器、控制器、一组寄存器和高速缓存构成。运算器实现指令中的算术和逻辑运算，控制器负责控制程序运行的流程，寄存器用于在处理指令的过程中暂存数据、地址和指令信息，高速缓存被用来在执行指令过程中减少存储器访问时间。

在最简单的情况下，处理指令的过程包括两个步骤：处理器从存储器读取一条指令，然后执行这条指令。执行指令又可细分为取操作数、执行操作和存储结果。取指令和执行指令这两个步骤构成一个指令周期，一系列指令周期组成程序的执行（如图 1-5 所示）。

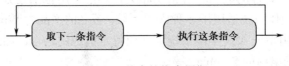

图 1-5　基本的指令周期

指令大致可以分成五类：访问存储器指令，用于处理器和存储器之间的数据传送；I/O 指令，用于处理器和 I/O 模块之间的数据传送和命令发送；算术逻辑指令（有时又称为数据处理指令），用于对有关数据的算术和逻辑操作；控制转移指令，用来指定一个新的指令

执行起点；处理器控制指令，用于修改处理器状态，改变处理器工作方式。

在应用多道程序设计的操作系统中，指令必须区分成特权指令和非特权指令两个部分。特权指令是只能由操作系统使用的指令，用户程序只能使用非特权指令。虽然不同体系结构计算机规定的特权指令不相同，但一般这些特权指令都只涉及到与硬件有关的操作，如启动设备、设置时钟、控制中断屏蔽、清内存和建立存储保护等。假如允许用户随便使用这些指令，就有可能使整个系统陷入混乱。

2. 单处理器系统和多处理器系统

处理器的任务是按照程序计数器的指向从主存读取指令，对指令进行译码，取出操作数，然后执行指令。如果计算机系统只包含一个处理器，则称为单处理器系统；如果计算机系统包含多个处理器，则称为多处理器系统。

早期的计算机是基于单处理器的顺序处理机器指令，程序员编写串行代码，让指令在处理器上执行。为了提高计算机的处理速度，采用流水线技术，把指令分解成简单的、可独立执行的操作步骤，并将多条指令或多个操作步骤按照流水线方式部分重叠执行，依次加快指令的执行速度。后来，流水线技术发展到更高阶段形成发射体系结构，其基本思路是：在一个机器周期内可以发射多条指令，同时取指令、译码并转储到保持缓冲区中，多个执行部件同时执行，只要存在空闲的执行部件，就会从非空保持缓冲区中读取并执行之，以提高指令执行的并行性。

随着硬件技术的不断进步，并行处理技术得到迅猛发展，多个处理器可以同时工作以提高计算机系统的性能和可靠性。现具有多处理器的并行计算机系统主要分为两大类：共享存储多处理器系统和分布存储多处理器系统。

共享存储多处理器系统根据处理器分配策略，又可分为主从式系统和对称式系统。主从式系统的基本思路是：在特定处理器上运行操作系统内核，在其他处理器上运行应用程序，内核负责调度和分配处理器，并向其他程序提供各种服务。这种方式实现起来简单易行，但如果主处理器发生问题则将导致系统崩溃，且极有可能形成性能瓶颈。对称式系统中，操作系统内核可运行在任意处理器上，操作系统内核被设计成多进程或多线程以实现并行执行，系统中的任何处理器都可以访问任何存储单元及设备。很多计算机制造商（如 IBM、HP、SUN）都设计和生产对称式系统计算机，用于联机分析处理、数据仓库等应用。

分布存储多处理器系统中，每个处理器都有独立的主存和通道，各个处理单元之间通过预设的线路或网络进行通信，构成互联的计算机系统。分布存储多处理器系统的典型例子就是集群系统，是迄今为止所开发出来的最为成功的并行计算机系统。集群操作系统是分布式操作系统，运行时构成统一的计算资源。

3. 处理器状态

1）核心态和用户态

处理器是如何得知当前其上运行的是操作系统，还是应用程序的呢？这主要取决于处理器状态标志，在执行不同的程序时，根据执行程序对资源和机器指令的使用权限将处理器设置成不同的标志。因此，处理器状态（又称为处理器模式）分为核心态和用户态。

当处理器处于核心态时，CPU 运行可信软件，硬件允许执行全部机器指令，可以访问所有主存单元和系统资源，并具有改变处理器状态的能力；当处理器处于用户态时，CPU 运行非可信软件，程序就无法执行特权指令，只能访问当前 CPU 上进程的地址空间，这样就能防止操作系统内核受到应用程序的侵害。处理器状态标志扩展了操作系统的保护权限，意味着在核心态执行的程序比用户态的拥有更多的权限，即访问主存和执行特权指令，那么状态标志位可被用来区分可信软件和非可信软件。

2）处理器状态转换

处理器的两种状态之间可以相互转换。处理器从用户态向核心态转换，往往是由两种情况导致的：一是程序请求操作系统服务，执行系统调用；二是在程序运行时，产生中断或异常事件，运行程序被中断，转向中断处理程序或异常处理程序工作。一般情况下，没有从用户态转向核心态的指令，否则任何进程都可以进入特权核心态，系统的保护机制将失效。系统实现核心态转向用户态的方法，通常是由计算机提供一条称作加载程序状态字的特权指令，用来实现从系统核心态到用户态，将控制权转交给应用程序。

1.3.2 存储器

目前，计算机系统均采用层次结构的存储子系统，以便在容量大小、速度快慢、价格高低等诸多因素中取得平衡点，获得较好的性能价格比。计算机系统的存储器层次结构，按照存储介质的访问速度从下而上由慢到快，如图 1-6 所示分为磁带、磁盘、主存储器、高速缓存和寄存器。其中，寄存器、高速缓存和主存储器均属于操作系统存储管理范畴，断电后其上存储的信息不复存在；磁盘、磁带属于操作系统设备管理对象，所存信息可长久保存。

可执行程序必须被保存在主存储器中，与设备相交换的信息也依托于主存地址空间。由于处理器在执行指令时主存访问时间远大于其处理时间，因此寄存器和高速缓存的引入可更好地解决 CPU 指令执行与主存访问之间的瓶颈问题。

寄存器是访问速度最快、价格最昂贵的存储器，其容量较小，一般以字（Word）为单位，一个计算机系统

图 1-6　计算机系统的存储器层次结构

可能包括几十个寄存器，用于加速存储访问速度。高速缓存的容量较寄存器稍大，其访问速度快于主存。利用高速缓存来存放主存中经常访问的一些信息，以提高程序执行速度。

由于程序在执行和处理数据时往往存在顺序性和局部性，执行时并不需要将其全部调入主存，仅调入当前使用的一部分，其他部分待需要时再逐步调入。这样，计算机系统为了容纳更多的作业，或为了处理更大批量的数据，可在磁盘上建立磁盘高速缓存，以扩充主存储器的存储空间。那么，计算机程序和所处理的数据可装入磁盘高速缓存，操作系统

自动实现主存储器与磁盘高速缓存之间程序和数据的调进调出，从而向用户提供比实际主存容量大得多的存储容量。

1.3.3　外部设备

计算机系统中除了 CPU 和主存储器之外，其他大部分硬件设备均称为外部设备（简称外设），主要是指输入/输出（I/O）设备。I/O 设备一般包括两部分：设备控制器和设备本身。控制器是插在计算机主电路板上的一块芯片或一组芯片，芯片电路板物理地控制设备工作，负责从操作系统接受命令，如从设备读数据。

在许多情形下，对这些外部设备的控制是非常复杂和具体的，因此设备控制器的任务是为操作系统提供一个简单接口。通过对接口的标准化，操作系统就可以通过这些隐藏在设备控制器中的接口，管理具有复杂物理电气特征的外部设备。例如：在计算磁盘操作中，当磁盘控制器接受一个读数据的命令从磁盘的某个位置开始，那么控制器将把该逻辑参数转化为物理磁盘的磁头、柱面和扇区等物理信号。磁盘控制器必须确定磁头臂应该位于哪个柱面，并对磁头臂发出一串脉冲信号，使其前后移动到所要求的柱面号上，接着等待对应的扇区转动到磁头下面并开始读数据，随着数据从驱动器读出并计算校验和。最后，把读入的二进制数据位组成字并存放到主存储器中。由于磁盘的外柱面比内柱面有较多的扇区，有时磁盘设备会有一些坏扇区，并将这些坏扇区映射到磁盘的其他地方，所以这种转化是比较复杂的。

每类设备的控制器都是不同的，如显示器控制器（简称显卡）、网络设备控制器（简称网卡），需要不同的软件进行控制。这些专门与控制器交互信息，发出命令并接收响应的软件，称为设备驱动程序。每个设备控制器生产厂家，要为其所支持的操作系统提供相应的设备驱动程序。例如：某个品牌的扫描仪设备在出售时，随机配备有支持 Windows XP、Vista 及 Linux 的设备驱动程序。为了能够使用设备驱动程序，必须把设备驱动程序转入到操作系统中。将设备驱动程序转入操作系统，可有三种方式实现：一是将操作系统内核与设备驱动程序重新链接，然后重新启动操作系统使其生效，许多 UNIX 系统以这种方式工作。二是在操作系统中设置一个文件入口，并通知给文件需要一个设备驱动程序，然后重新启动操作系统。在系统启动时，操作系统将找寻所需的设备驱动程序并装载之，Windows操作系统是以这种方式工作的。三是操作系统能够在运行时接受新的设备驱动程序并且立即将其安装好，无须重新启动系统。这种方式目前较少，但是越来越多地被系统所采用。例如，热插拔设备 USB 等都可以实现动态装载设备驱动程序。

1.4　操作系统的使用界面

操作系统的用户主要分为程序员、系统管理员和操作使用者。操作系统向用户提供服务和功能，主要是通过程序接口（系统调用）和操作接口（命令）方式实现的，这些接口也就构成了用户与操作系统之间的使用界面。

1.4.1　程序接口（系统调用）

程序接口是操作系统对外提供重要服务和功能的手段，它由一系列系统调用组成，在应用程序中使用系统调用可获得操作系统的低层服务，访问或使用系统管理的各种软、硬件资源。操作系统的主要功能是为应用程序的运行创建良好的环境。为了这个目标，操作系统内核提供了一系列具备预定功能的内核函数，通过一组称为系统调用的接口供用户使用。系统调用把应用程序的请求传送至内核，调用相应的内核函数完成所需的处理，将处理结果返回给应用程序。如果没有系统调用和内核函数，用户不可能编写出功能强大的应用程序。

操作系统之所以通过系统调用的方式供用户使用，其根本原因是为了对系统进行保护。程序的运行空间分为内核空间和用户空间，其程序各自按不同的特权运行，在逻辑上相互隔离。应用程序不能直接访问内核空间和用户空间，也无法直接调用内核函数，只能在用户空间操纵用户数据，调用用户空间函数。但在很多情况下，应用程序需要获得系统服务，这时就必须利用系统提供给用户的特殊接口——系统调用。系统调用在用户和硬件之间，扮演着一种中介角色，应用程序只有通过系统调用才能请求系统服务并使用系统资源，同时也使程序员的编程效率得到提高。

1.4.2　操作接口（命令）

操作接口由一组控制命令组成，是操作系统为用户提供组织和控制作业任务的手段。不同操作系统的命令接口有所不同，这不仅体现在命令的类型、数量及功能方面，也体现在命令的形式和用法等方面。不同的形式和用法组成不同的用户界面，用户界面可分成以下几种。

1．字符型用户界面

字符型用户界面通过命令语言来实现，分为以下两种。

1）命令行方式

命令行方式以命令为基本单位来完成预定的工作任务，完整的命令集构成命令语言，从而反映系统向用户提供的全部功能。命令以命令行的形式输入并提交给系统，命令行有命令动词和一组参数构成，指示操作系统完成规定的功能。命令的一般形式为：

```
command    arg1 arg2 … argn
```

其中，command 是命令名（即命令动词），其后是此命令所带的执行参数。某些命令可以没有参数。例如，Linux 操作系统的常用命令可分成文件管理类、进程管理类、软件开发类及系统维护类等类型。

2）批处理命令方式

在使用操作命令的过程中，有时需要连续使用多条命令，有时需要重复使用若干条命

令，还可能需要有选择地使用不同的命令，如果是用户每次都将命令由键盘逐条输入，既浪费时间，又容易出错。大多数操作系统都支持称为批处理命令的特别命令，其基本原理是：规定批处理命令文件，这种文件有特殊的扩展名（如 Windows 约定其扩展名为 bat）。用户预先把一系列命令组织在这种文件中，实现一次建立，多次执行，从而减少输入次数，方便用户操作，节省时间，降低出错率。对批处理命令，操作系统还支持一套控制子命令，可编写带有形式参数的批处理命令文件。当批处理命令文件执行时，可以使用不同的实际运行参数来替换形式参数。这样批处理方式可以执行不同的命令序列，大大增强了命令集的处理能力。

2. 图形用户界面

字符型用户界面对于系统管理员来说，进行系统环境的管理与配置，是非常不错的方式。但是，对于普通的计算机操作使用者而言，需要牢记各种命令及其参数，是非常不方便的事情。于是，图形用户界面（Graphical User Interface，GUI）便应运而生。它采用了图形化操作界面，利用窗口、图标、菜单、鼠标等技术，用户通过选择窗口、菜单、对话框和滚动条等来完成对资源的控制和操作。用户不必死记操作命令，就能够轻松自如地进行各项工作，或者娱乐、游戏，使计算机系统成为了非常有效且生动有趣的工具。

Microsoft 公司的 Windows 系列操作系统就是图形化用户界面的代表。在开机系统初始化后，Windows 操作系统为终端用户生成一个运行 explorer.exe 程序的进程，它是一个具有窗口界面的解释程序（即桌面窗口）。在"开始"菜单中，罗列了系统可用的各种实用程序，它们也都提供了图形化窗口界面。当单击某个实用程序，解释程序将创建一个新进程（由新进程完成该程序功能），弹出一个窗口，该窗口的菜单栏或图标会显示该程序的子命令，用户进一步单击子命令，当该命令需要参数时，会弹出一个对话框，等待用户输入所需参数，最后单击"确定"按钮，执行命令。

Windows 系统的所有系统资源，如文件、目录、打印机、磁盘、网上邻居等各种应用程序都使用了生动的图标。所有程序都拥有图形化窗口界面，窗口中使用的滚动条、按钮、编辑框、对话框等各种操作对象都采用统一的图形显示和标准的操作方法。在这种图形化界面的视窗环境中，用户面对的不再是使用单一的命令行形式，而是用各种图形表示的一个个对象。用户可以通过鼠标（或键盘）选择需要的图标，采用单击方式操纵这些图形对象，达到控制与管理系统、运行程序等操作目的，从而方便了用户。

习题与实训

1. 填空题

（1）计算机软件按照功能划分，可分为三大类：_____、支持软件和应用软件。

（2）使用操作系统的主要目标可归结为以下几点：方便用户使用；扩充机器功能；_____；提高系统效率；构筑开放环境。

（3）为了描述多道程序的并发执行，处理器的分配、调度和执行都以_____为基本单位。

（4）操作系统提供给用户的接口主要分为_____和命令接口。

（5）作为计算机系统的"服务员"和"管理员"，操作系统主要提供了_____、存储管理、设备管理、文件管理、网络通信管理和用户接口等功能。

（6）操作系统的基本类型有三种：批处理操作系统、_____和分时操作系统。

（7）计算机系统的存储器层次结构，按照存储介质的访问速度从下而上由慢到快，分为：磁带、磁盘、_____、高速缓存和寄存器。

（8）操作系统的操作接口包括字符型界面（命令行和批处理命令）与_____两种。

（9）处理器状态（又称为处理器模式）分为_____和用户态。

（10）操作系统的 I/O 设备一般包括两部分：_____和设备本身。

2. 简答题

（1）什么是操作系统？它在计算机系统中处于怎样的地位？

（2）试述操作系统与支持软件及应用软件之间的区别。

（3）简述使用操作系统的主要目标有哪些？

（4）从资源管理的观点，简述操作系统的主要功能有哪些？

（5）试述操作系统为程序员、系统管理员及普通用户等各种用户分别提供了哪些用户界面？

（6）从操作系统对计算机硬件资源管理的功能实现，分别说明处理器、存储器和外部设备都有哪些特征？

实训项目 1

（1）实训目的：了解目前主流操作系统的种类及其主要特征。

（2）实训环境：Windows XP 桌面操作系统，局域网环境并与互联网连接正常。

（3）实训内容：使用 IE 浏览器，通过搜索引擎查阅主流操作系统种类及其主要特征。

第2章 处理器管理基本原理

计算机，顾名思义，是用来进行计算的，而进行计算的关键部件是计算机的芯片，即处理器，这里主要讲述计算机的中央处理器（Central Processing Unit，CPU）。CPU 在操作系统这个指挥者的控制下，能够按照一定的顺序进行正确计算。而操作系统对 CPU 进行管理的方法及手段就是进程和线程。因此，进程和线程，是理解操作系统的重要内容之一。

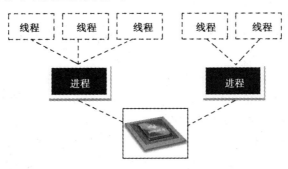

【本章概要】

◆ 进程的概念及其管理；

◆ 线程的含义；

◆ 处理器调度基本算法。

2.1 进程

在现代操作系统中，为了提高系统资源利用率，常采用多道程序设计技术，即允许多个程序同时进入计算机系统的内存并执行。系统中同时运行的程序，可共享系统资源，充分发挥处理器和外围设备之间的并行工作能力，极大地提高了处理器和各种资源的使用效率，但同时也带来了对系统资源的竞争。操作系统必须对各种资源进行合理的分配和调度，处理并发程序在访问共享系统资源时可能出现的问题，以及处理并发程序之间的制约关系及通信管理问题。操作系统中的进程管理就能很好地解决上述问题。

2.1.1 进程的概念

进程是操作系统中最基本、最重要的概念，是在多道程序系统中，为刻画系统内部的动态状况，描述运行程序的活动规律而引出的新概念。进程的概念最早是 1960 年在美国麻省理工学院的 MULTICS 和 IBM 公司的 CTSS/360 系统中提出和实现的，直到目前为止，有关进程的名称和定义有多种：美国麻省理工学院称进程（Process）、IBM 公司称任务（Task）、Univac 公司称活动（Action）。

进程的具体含义是什么呢？进程是可并发执行的程序在某个数据集合上的一次计算活动，是操作系统进行资源分配和保护的基本单位。

下面将从物理、逻辑和时序这三个视角进一步讨论进程的内涵，如图 2-1 所示。一个程序加载到内存后就转变为进程，也可以讲，进程是执行着的程序。

（1）从物理内存的分配来看，每个进程占用一片内存空间。由于在任意时刻，CPU 上只能执行一条指令，那么 CPU 上可执行的进程只有一个，并且那条指令执行是由物理程序计数器来指定的。也就是说，在物理层面上，所有进程共用一个程序计数器。

（2）从逻辑上来看，每个进程可以执行，也可以暂时挂起让别的进程执行，然后再接着执行其未完的代码行。这样，进程就需要某种方法记住其每次挂起时自己所处的执行位置，以便接下来再次执行时从正确的地点开始。因此，从这个角度看，每个进程有着自己的计数器，记录自己下条指令所在的位置。

（3）从时间顺序（时序）上看，每个进程都是必须向前推进的。在运行一定的时间后，进程都应该完成一定的工作量。

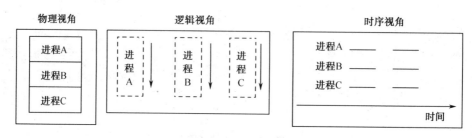

图 2-1 进程的三个视角

通过以上对进程概念的讲述，总结进程具有以下一些属性。

（1）结构性：进程包含数据集合和运行于其上的程序，它至少由程序块、数据块和进程控制块等要素组成。

（2）共享性：同一程序同时运行于不同的数据集合上时，将构成不同的进程，即多个进程可以执行相同的程序代码，因此进程和程序并不是一一对应的。共享性还表现在进程之间可以共享某些公用变量，通过引用公用变量就可实现交换信号，从而进程的运行环境不再是封闭的。

（3）动态性：进程是程序在数据集合上的一次执行过程，是动态的概念。同时，进程是有生命周期的，即由创建而产生、由调度而执行、由事件而等待、由撤销而消亡。而程序是由一组有序指令所组成的序列，是静态的概念，是作为一种系统资源永久存在的。

（4）独立性：进程是系统中资源分配、保护和调度的基本单位，说明它具有独立性，凡是未建立进程的程序，都不能作为独立单位参与调度和运行。此外，每个进程都可以由各自独立的、不可预知的速度在处理器上推进，即按照异步方式执行。

（5）制约性：并发进程之间存在着制约关系，造成进程执行速度的不可预测性，因此必须对进程的并发次序、相对执行速度加以协调。

（6）并发性：进程的执行可在时间上有所重叠，在单处理器系统中和多处理器系统中都可并行执行。

2.1.2　进程的产生与消失

进程从因创建而产生到撤销而消亡的整个生命周期中，有时占用处理器执行，有时虽然可以运行但分不到处理器，有时虽然处理器空闲但因等待某个事件发生而无法执行。这一切都说明了进程是活动的且有状态变化，状态及状态之间的转换体现了进程的动态性。

1. 进程的三种基本状态

在现代操作系统中，往往同时存在着多个进程，这些进程并发执行并共享系统资源，那么它们彼此之间相互制约，使得进程的状态不断发生变化。一般，按照进程在执行过程中的不同情况至少定义三种基本状态。

（1）运行态：进程占用处理器运行时的状态。

（2）就绪态：进程具备运行的条件，等待系统分配处理器以便其运行的状态。

（3）阻塞态：又称为等待态或睡眠态，是指进程不具备运行条件，正处于等待某个事件完成的状态。处于该状态的进程，即使处理器空闲，也无法运行。

进程并非固定处于某一状态，其状态会随着自身的推进和外界条件的变化而发生变化。通常，可以用一个进程状态图来说明每个进程可能具备的状态，以及这些进程状态发生转换的原因，如图 2-2 所示。

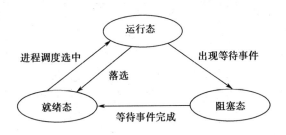

图 2-2　进程基本状态转换

2. 进程的新建态和终止态

在很多操作系统中，除了以上三种基本进程状态外，还有另外两个进程状态：新建态和终止态。具有五种状态的进程模型图如图 2-3 所示。

新建态的引入对于进程管理非常有用，新建态对应于进程被创建时的状态。创建进程要通过两个步骤：首先，为新进程分配所需资源，建立必要的管理信息；其次，设置此进程为就绪态，进入就绪队列等待被调度执行。

终止态是指进程完成任务到达正常结束点，或因出现无法克服的错误而异常终止，或被操作系统及有终止权的进程所终止时所处的状态。进程终止也要通过两个步骤：首先，等待操作系统或相关进程进行相关善后处理；其次，操作系统回收被占用的资源并删除该进程。

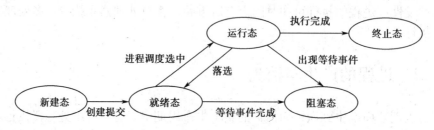

图 2-3　具有五种状态的进程模型图

在一个成熟的实际操作系统中，为了方便和管理，往往设置多种进程状态，如 Linux 进程状态分为六种，UNIX 进程状态分为九种。

3. 具有挂起功能的进程状态转化

到目前为止，所有进程的执行都是在主存中进行的。事实上，可能出现一些这样的情况：由于不断创建进程，系统资源特别是主存资源已经不能满足进程运行的要求，此时必须把某些进程挂起（或称暂停），置于磁盘交换区中，释放其所占用的某些资源，起到平衡系统负载的目的；也可能因为系统出现某种故障，暂时挂起一些进程，以便故障消除之后，再恢复这些挂起进程的执行；用户在调试程序的过程中，也可以请求挂起其进程，以便进行某些检查或修改。总之，引起进程挂起的原因多种多样。

如图 2-4 所示，就是具有挂起进程功能的系统进程状态转化图。

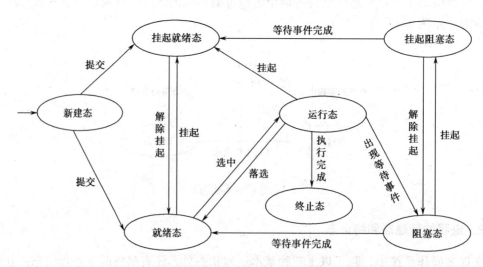

图 2-4　具有挂起进程功能的系统进程状态转化图

说明： 挂起就绪态，表明进程具备运行条件，但目前在辅助存储器中，只有当进程被对换到主存中时才能调动执行；挂起阻塞态，则表明进程正在等待某一事件发生且进程在辅助存储器中。

2.1.3　进程的管理

进程的管理也称为进程的控制，其职责是对系统中的所有进程实施有效的管理，包括进程创建、进程终止、进程阻塞和唤醒等功能，这些功能一般是由操作系统的内核来实现的。

在现代操作系统中，往往把一些与硬件紧密相关的模块或运行频率较高的模块，以及许多模块所公用的一些基本操作安排在靠近硬件的软件层次中，并使其常驻内存，以提高操作系统的运行效率，通常把该部分软件称为操作系统内核。操作系统内核是基于硬件的第一次软件扩充，为系统控制和进程管理提供了良好的环境。

进程的管理和控制是通过执行各种原语来实现的。所谓的原语，是指由若干条机器指令构成的一段程序，用以完成特定功能。这段称为原语的程序块，在执行期间是不可分割的，也就是说，原语的执行不能被中断，那么原语具有原子性。

1. 进程创建

1）进程图

一个进程可以创建若干个新进程，新进程又可以创建子进程。为了描述进程之间的创建关系，引入了如图 2-5 所示的进程图。

进程图又称为进程树，是描述进程家族关系的一棵有向树。图中的节点表示进程，若进程 A 创建了进程 B，则从节点 A 有一条有向边指向节点 B，说明进程 A 是进程 B 的父进程，进程 B 是进程 A 的子进程。进程 B 又创建了进程 D、E。由进程 A 创建的进程 C 又创建了进程 F。

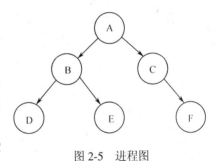

图 2-5　进程图

2）进程创建原语

在操作系统中，要使一个应用程序执行，必须为它创建进程。引起进程创建的常见事件有以下几类。

（1）用户登录。在交互式系统中，当用户登录进入系统时，操作系统要建立新进程（如命令解释程序进程），负责接收并解释用户输入的命令。

（2）操作系统提供服务。当运行中的应用程序向操作系统提出某种请求时，操作系统会创建进程来完成用户程序所需的服务功能。例如：用户程序请求打印一个文件，操作系统将建立一个打印进程，负责管理用户程序需要的打印工作。

（3）应用请求。前两种情况都是操作系统根据需要为用户创建进程，事实上应用程序也可以根据自身功能需要来创建一个新进程，使之与父进程等并发执行，以完成特定的复杂任务。

进程的创建原语，就是完成创建一个新进程的任务，其主要操作过程如下。

① 向系统申请一个空闲的进程控制块（PCB，Process Control Block，又称为进程描述符，是进程存在的唯一标志，是操作系统用来记录和刻画进程状态及有关信息的数据结构）；

② 为新进程分配资源，即根据新进程提出的资源需求为其分配资源；

③ 初始化该进程的 PCB，如进程标志符、处理器初始状态、进程优先级等；

④ 设置该进程的状态为就绪态，并移入就绪进程队列。

2. 进程撤销

一个进程在完成其任务后应予以撤销，以便及时释放其所占用的系统资源。引起进程撤销的事件大致有以下一些。

（1）进程正常结束。当一个进程完成其任务后，应该将其撤销并释放其所占用的资源。

（2）进程异常结束。当进程运行期间，如果出现了错误或故障，则进程被迫结束运行，如运行超时、内存空间不足、I/O 错误、算术运算错误等。

（3）外界干预。即进程因外界的干预而被迫结束运行。外界干预包括操作人员或操作系统的干预。例如：为了解除死锁，操作人员或操作系统要求撤销进程；父进程终止，当父进程终止时操作系统会终止其子孙进程；父进程请求，父进程有权请求系统终止其子孙进程。

进程的撤销原语可以采用两种撤销策略：一种是只撤销指定标志符的进程；另一种是撤销指定进程及其子孙进程。下面给出后一种的原语功能描述。

① 从系统的 PCB 表中找到要撤销进程的 PCB；

② 检查被撤销进程的状态是否为执行状态，若是则立即停止该进程；

③ 检查被撤销进程是否有子孙进程，若有还应撤销其子孙进程；

④ 回收该进程占有的全部资源并回收其 PCB。

3. 进程阻塞（等待）与唤醒

当进程在执行过程中因等待某事件的发生而暂停执行时，进程调用阻塞原语将自己挂起，并主动让出处理器。当阻塞进程等待的事件发生时，由事件的发生者进程调用唤醒原语，将该阻塞进程唤醒，使其进入就绪状态。引起进程阻塞和唤醒的事件大致有以下几类：

（1）请求系统服务。当正在执行的进程向系统请求某种服务时，由于其他原因无法满足其要求，进程便暂时停止执行而转换为阻塞（等待）状态。例如：当进程在执行中请求打印服务时，由于打印机已被其他进程占用，那么该进程只能进入等待状态，当打印系统服务为其他进程所完成时，再将其唤醒。

（2）启动某种操作并等待操作完成。当进程执行时启动了某种操作，且进程只有在该操作完成后才能进行执行，那么该进程也将暂停执行而变为阻塞（等待）状态。例如：进程启动了某种 I/O 设备进行 I/O 操作，但由于设备速度较慢而不能立刻完成指定的 I/O 任务，那么该进程就进入阻塞等待状态，当进程启动的 I/O 操作完成后，将唤醒这个阻塞进程。

（3）等待合作进程的协同配合。相互合作的进程有时需要等待合作进程提供新的数据

或等待合作进程做出某种配合而暂停执行，那么进程也将停止执行而变为阻塞（等待）状态。例如：计算进程不断地计算数据并将结果存入缓冲区中，打印进程会从缓冲区中取出数据进行打印，如果计算进程尚未将数据送到缓冲区中，则打印进程只能变为阻塞状态而等待。

（4）系统进程无新工作可做。系统中往往设置了一些具有特定功能的系统进程，每当它们的任务完成后便将自己阻塞起来，以等待新任务的到来。例如：系统中设置的通信数据传送进程，若已有发送请求全部完成且无新的发送请求，这时该进程将阻塞等待，当系统接收到了新的通信任务请求时，应将该阻塞进程唤醒。

阻塞原语的功能是将进程由执行状态转变为阻塞状态，其主要操作过程如下：

① 停止当前进程的执行；

② 保存该进程的 CPU 现场信息，为了使进程以后能够重新调度执行，应将该进程的现场信息送入其 PCB 数据区中保存起来；

③ 将进程状态设置为阻塞等待，并插入到相应事件的等待队列中；

④ 调度程序从就绪队列中选择一个新的进程执行。

唤醒原语的功能是将进程由阻塞状态转变为就绪状态，其主要操作过程如下。

① 将被唤醒的进程从相应等待队列中移出；

② 将进程状态设置为就绪，并插入到就绪队列中。

注意：一个进程由执行状态转变为阻塞状态，是这个进程自己调用阻塞原语来完成的。而进程由阻塞状态转变为就绪状态，则是另外一个发现者进程（即为有合作关系的进程）调用唤醒原语实现的，这个发现者进程和被唤醒进程是合作的并发进程。

2.2　线程

线程技术是现代操作系统领域出现的一个非常重要的技术。如果说操作系统中出现进程是为了使多个进程并发执行，并改善资源利用率及提高系统吞吐量，那么使用线程技术，则是为了减少程序并发执行时所付出的时空（时间和空间）开销，增强系统的并发性。

2.2.1　线程的含义

1. 线程的定义

进程是操作系统进行资源分配和保护的基本单位，它有一个独立的虚拟地址空间，用来容纳进程相关联的程序和数据，并以进程为单位对各种资源实施保护。

线程是进程中能够并发执行的实体，是进程的组成部分，也是处理器调度和分派的基本单位。允许进程包含多个可并发执行的线程，这些线程共享进程所获得的主存空间和资源，可为完成某一项任务而协同工作。有时也把线程称为轻量进程。

由此，进程可以分为两个部分：资源集合和线程集合。进程支撑线程的运行，为线程提供地址空间和各种资源。

2. 线程的状态

与进程类似，线程也有生命周期，因而也存在各种状态。线程的状态有运行、就绪和阻塞，其转换也与进程类似。但线程不是资源的拥有单位，挂起状态对于线程是没有意义的。因为进程在挂起后被对换出主存，它的所有线程因共享地址空间，也必须被全部对换出去。可见由挂起操作所引起的状态是进程级状态，而不是线程级状态。类似，进程的终止将导致进程中所有线程的终止。

进程中可有多个线程，当处于运行态的线程在执行过程中需要系统服务时，如执行I/O 请求而转换为阻塞状态，那么，如果存在另一个就绪态的线程，则调用此线程运行，否则进程转化为阻塞（等待）状态。对于多线程进程的操作系统，由于进程不是调度单位，就不必把进程的状态划分得过细，如 Windows 操作系统仅把进程划分为可运行态和不可运行态。

多线程技术的引入使得单个进程可以实现 CPU 和设备之间的并行性，以及多处理器之间的并行性。并且，多线程技术已在现代计算机软件中得到广泛的应用，如客户/服务器应用模式、任务异步处理和用户界面设计等。应用多线程程序设计可以提高系统性能，还可减少管理开销、节省主存空间。

在此以用户常用的字处理程序为例，说明多线程的程序应用。如果该字处理程序是单线程的，那么输入、编辑和存盘三项任务将串行完成。例如：在进行磁盘备份时，来自键盘和鼠标的命令和信息不会被处理，直至备份结束，这样用户会感觉系统性能很差。假设字处理程序被编写成含有三个线程：第一个线程在界面与用户交互，监控键盘和鼠标，一旦发现有变化便通知第二个线程；第二个线程在后台工作，得到通知时重新进行编辑处理；第三个线程在后台周期性地将文件写入磁盘，以免因发生故障而丢失已处理的内容。这三个线程处于同一地址空间，且共享同一个文件，因而能协调、高效地工作。

2.2.2　线程的实现

在操作系统中有多种方式可实现对线程的支持，最常用的方法是由操作系统内核提供线程的控制机制。在以进程概念为主的操作系统中，可以由用户程序利用函数库提供线程控制机制。还有一种方法就是同时在操作系统内核和用户程序两个层次上提供线程控制机制。

内核级线程是指依赖操作系统内核程序，由操作系统内核完成线程的创建和撤销工作。在支持内核级线程的操作系统中，内核维护进程和线程上下文信息并完成线程切换工作。一个内核级线程由于 I/O 操作而阻塞时，不会影响其他线程的运行。这时，处理器时间分配的对象是线程，所以有多个线程的进程将获得更多的处理器时间。

用户级线程是指不依赖于操作系统核心，由应用程序利用线程库提供创建、同步、调度和管理线程的函数来控制的线程。由于用户级线程的维护由应用程序完成，不需要操作系统内核了解用户线程的存在，因此可以用于不支持内核级线程的多用户操作系统，甚至是单用户操作系统。用户级线程切换不需要内核特权，其调度算法可针对应用程序优化，

在许多应用软件中都有自己的用户级线程。由于用户级线程的调度在应用进程内部进行，通常采用非抢占式或更简单的规则，无须进行用户态与核心态的切换，因此速度特别快。当然，由于操作系统内核不了解用户级线程的存在，当一个线程阻塞时，整个进程都必须等待，这时处理器时间是分配给进程的，进程内有多个线程时，每个线程的执行时间相对就少一些。

在有些操作系统中，提供了上述两种方法的组合实现。在这种系统中，内核支持线程的创建、调度与管理；同时，系统提供了使用线程库的便利，允许用户程序建立、调度和管理用户级的线程。由于同时提供内核线程控制机制与用户线程程序库，因此这样的操作系统可以很好地将内核线程和用户线程的优点结合起来。

2.2.3　线程与进程的比较

由于进程与线程密切相关，因此有必要对进程与线程进行比较，这样也可以更好地帮助读者理解二者的含义，下面将从四方面进行比较。

1. 调度管理

在传统操作系统中，拥有资源和独立调度的基本单位都是进程。在引入线程的操作系统中，进程是资源拥有的基本单位，线程是独立调度的基本单位。在同一进程中，线程的切换不会引起进程切换。在不同进程中进行线程切换，如从一个进程内的线程切换到另一个进程中的线程时，将会引起进程的切换。

2. 拥有资源

不论是传统操作系统还是设有线程的现代操作系统，进程都是拥有资源的基本单位，而线程不拥有系统资源，但线程可以访问其隶属进程的系统资源。

3. 并发性

在引入线程的操作系统中，不仅进程之间可以并发执行，而且同一进程内的多个线程之间也可以并行执行，从而使操作系统具有更好的并发性，从而大大提高了系统的吞吐量。

4. 系统开销

由于创建或撤销进程时，系统都要为之分配或回收资源，如内存空间、I/O 设备等，因此操作系统所付出的开销远大于创建或撤销线程时的开销。在进行进程切换时，涉及到当前执行进程 CPU 环境的保存及新调度的进程 CPU 环境的设置；而线程切换时只需保存和设置少量寄存器内容，因此开销少。另外，由于同一进程内的多个线程共享进程的地址空间，因此这些线程之间的同步与通信非常容易实现。

2.3　处理器调度基本算法

在多进程、多线程并发的环境中，虽然从概念上看，有多个进程或线程同时执行，但在任何时刻单一 CPU 上运行的只能有一个进程或线程，而其他线程处于非执行状态。那么如何确定某一时刻哪个线程执行，哪些不执行呢？或者说如何进行线程的调度呢？这就是关于处理器的如何调度。处理器调度是操作系统进程管理的重要组成部分，其任务是怎么选择下一个要运行的进程/线程，其主要目标是要使系统达到极小化的平均响应时间、极大化的系统吞吐率，保持系统各个功能部件均处于繁忙状态和提供某种公平机制。

不同的操作系统由于设计目标不同，所采用的处理器调度算法也不相同，下面将介绍几种基本的处理器调度算法。

2.3.1　先来先服务算法

先来先服务算法（First Come First Served，FCFS）是按照作业进入系统后备作业队列的先后次序来选择作业，先进入系统的作业将优先被挑选进入主存，创建用户进程，分配所需资源，然后移入就绪队列。该算法易于实现，但效率不高。

例如：有两个程序 A 和 B，A 需要运行 100 秒，B 需要运行 1 秒。A 程序与 B 程序几乎同时启动，但 B 被排在 A 之后执行，那么 B 需要等待 100 秒。这样 A 的响应时间为 100 秒，而 B 的响应时间为 101 秒，从而平均响应时间为 100.5 秒。其响应时间如图 2-6 所示，实线为实际执行时间，虚线为等待时间。

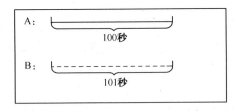

图 2-6　FCFS 算法中 A 与 B 的响应时间

从表面看，先来先服务调度算法对所有作业是公平的，即按照作业到来的先后次序进行服务。但若一个长作业先到达系统，就会使许多短作业等待很长时间，从而引起许多短作业用户的不满。现代操作系统中，先来先服务算法已很少用做主要的调度策略，尤其是不能作为分时操作系统和实时操作系统的主要调度策略，但常被结合在其他调度策略中使用。例如，在使用优先级作为调度策略的系统中，往往对多个具有相同优先级的进程按先来先服务原则处理。

2.3.2　时间片轮转算法

时间片轮转算法是对 FCFS 算法的一种改进，其主要目的是改善短作业（或短程序）的响应时间，其方法就是周期性地进行进程切换。例如，每 1 秒钟进行一次进程切换。这样，短程序排在长程序后面也可以很快地得到执行（因为长程序执行 1 秒后就得把 CPU 让出来），因此整个系统的响应时间就得到改善。

以前面的 A、B 程序为例，A 需要运行 100 秒，B 需要运行 1 秒。使用 FCFS 算法时，系统平均响应时间为 100.5 秒。而使用时间片轮转算法，则 A 在执行 1 秒后，CPU 切换到进程 B，执行 1 秒后，B 结束，A 接着执行 99 秒。这样 A 的响应时间为 101 秒，B 的响应时间为 2 秒，系统的平均响应时间是 51.5 秒。如图 2-7 所示时间片轮转算法中 A 与 B 的响应时间。

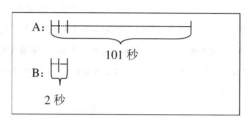

图 2-7　时间片轮转算法中 A 与 B 的响应时间

从以上例子可看出，系统响应时间依赖于时间片的选择。那如何选择一个合适的时间片呢？主要需要考虑的是进行一次进程切换所用系统消耗和用户能够承受的整个系统消耗，这样就可得出合适的时间片了。例如：如果每次进程切换需要消耗 0.1 毫秒 CPU 时间，则选择 10 毫秒的时间片将浪费 1% 的 CPU 时间在上下文切换上；如果选择 5 毫秒的时间片，浪费为 2%；20 毫秒的时间片浪费为 0.5%。如果用户能够承受的 CPU 浪费为 1%，则选择 10 毫秒的时间片就很合适。另外，时间片选择还需考虑的一个因素是：有多少进程在系统里运行。如果运行的进程多，时间片就需要短一些，不然，用户的交互体验会很差。进程数据量少，时间片就可以适当长一些。因此，时间片的选择是一个综合的考虑，需要权衡各方利益，进行适当折中。

2.3.3　短任务优先算法

应用时间片轮转算法可以改善系统响应时间，但有时该算法达到的系统响应时间并不是我们所要求达到的响应时间下限。例如：如果有 30 个用户，其中一个用户只需要 1 秒钟时间执行，而其他 29 个用户需要 30 秒钟执行，某种原因造成这个只要 1 秒钟的程序排在其他 29 个程序的后面轮转，则需要等待 29 秒钟才能执行（假设时间片长度为 1 秒），那么这个程序的响应时间和交互体验将变得非常差。

要改善短任务排在长任务后面轮转而造成响应时间和交互体验下降的办法，就是短任务优先算法。这种算法的核心是所有的程序并不都是一样的，而是有优先级的不同的。具体来说，就是短任务的优先级比长任务的高，该算法优先安排优先级高的程序来运行。

下面举例介绍短任务优先算法的执行过程。假定有 A、B、C 三个进程，A、B 均是纯计算进程，分别需要使用 CPU 计算的时间是 50 毫秒和 100 毫秒，而 C 进程每计算 1 毫秒后进行 9 毫秒的输入/输出操作，并这样重复 10 次。如果 A、B 进程单独运行，则 CPU 利用率是 100%，如果 C 进程单独运行，则磁盘资源的利用率是 90%。但是现在是这三个进程一起在系统中运行，在短任务优先算法调度下结果是怎么样呢？首先需要清楚地认识到哪个任务是短任务，哪个任务是长任务。A、B、C 三个进程，C 是短任务，因为 C 使用 CPU 的时间远远小于其花在 I/O 上面的时间。而 A 和 B 相对来讲，A 又是短任务，因为其使用 CPU 的时间小于 B 进程。这样短任务优先算法调度的优先级就是 C、A、B。由此可得到如图 2-8 所示（每个字符占用 1 毫秒）的调度工作过程。

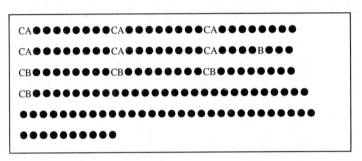

图 2-8　短任务优先算法对 A、B、C 进程的调度

在该例中，磁盘在 90%的情况下保持繁忙，A 进程在系统启动后 56 毫秒结束，B 进程在系统启动后 160 毫秒结束，C 进程共执行了 100 毫秒，因此整个系统的平均响应时间为 105.3 毫秒。

2.3.4　优先级调度算法

优先级调度算法是根据确定的优先级来选取进程/线程，总是选择就绪队列中的优先级最高者来使用 CPU 运行。在进程/线程的运行过程中，如果就绪队列中出现优先级更高的进程/线程，系统可预先规定策略，即非剥夺式或剥夺式。所谓非剥夺式是让当前进程/线程继续运行，直到它结束或出现阻塞事件而主动让出处理器，再调度另一个优先级高的进程/线程来运行。剥夺式策略是指立即重新调度，剥夺当前运行进程/线程所占有的处理器，分配给更高优先级的进程/线程使用。

设定用户进程/线程优先级的方法有两种：一种方法是用户提出优先级，称做外部指定法，有的用户为了尽快获得计算结果，就设法提高其进程/线程的优先级，系统可规定优先级越高需付出的开销越多，以施加限制；另一种方法是由系统综合考虑有关因素来确定进程/线程的优先级，称为内部指定法，如根据进程/线程类型、空间需求、运行时间、打开文件数、I/O 操作多少和资源申请情况等来确定，确定优先级时各种因素所占的权重应根据该操作系统设计目标来分析而定。

优先级调度算法的突出优点，就是可以赋予重要进程/线程以高优先级来确保重要任务能够优先得到 CPU 时间。有时，优先级调度算法可能会造成低优先级进程/线程出现"饥饿"（即迟迟不能执行）问题，解决办法就是动态调整其优先级。例如，在一个进程执行特定 CPU 时间后，将其优先级降低一个级别，或者提高处于等待进程的优先级。这样一个进程如果等待时间很长，其优先级将因持续提升而超越其他进程的优先级，从而得到 CPU 时间。

习题与实训

1. 填空题

（1）在现代操作系统中，为了提高系统资源利用率，常采用_____，即允许多个程序同时进入计算机系统的内存并执行。

（2）进程是可并发执行的程序在某个数据集合上的一次计算活动，是操作系统进行_____的基本单位。

（3）为了描述多道程序的并发执行，处理器的分配、调度和执行都以_____为基本单位。

（4）进程具有以下一些属性：_____、_____、_____、_____、_____和_____。

（5）一般，按照进程在执行过程中的不同情况至少定义三种基本状态：_____、_____和_____。

（6）进程的管理也称为进程的控制，其职责是对系统中的所有进程实施有效的管理，包括_____等功能，这些功能一般是由操作系统的_____来实现的。

（7）进程的管理和控制是通过执行各种原语来实现的。所谓的原语，是_____。

（8）线程是进程中能够并发执行的实体，是进程的组成部分，也是处理器_____的基本单位。

（9）多线程技术的引入使得单个进程可以_____，以及多处理器之间的并行性。

（10）在操作系统中有多种方式可实现对线程的支持，最常用的方法是由_____提供线程的控制机制。

（11）处理器调度是操作系统进程管理的重要组成部分，其任务是怎么选择下一个要运行的进程/线程，其主要目标是要使系统_____和提供某种公平机制。

（12）常用的基本处理器调度算法有：_____。

2. 简答题

（1）从物理、逻辑和时序等不同角度阐述进程的含义。

（2）试述进程与线程之间的区别。

（3）简述进程创建、撤销、阻塞和唤醒等状态发生的原因及其管理过程。

（4）请分别举例说明先来先服务、时间片轮转和短任务优先等处理器调度算法的实现内容。

实训项目 2

（1）实训目的：理解处理器调度算法的实现过程，掌握进程/线程的含义。

（2）实训内容：分析并回答以下有关进程的问题。

① 没有运行进程是否一定没有就绪进程？

② 没有运行进程是否说明操作系统中无任何进程？

③ 运行进程是否一定是进程中优先级高的吗？

第3章 资源管理基本原理

操作系统作为计算机系统的资源管理者，主存储器、文件数据和输入/输出设备等系统资源成为其主要的管理对象。存储管理是操作系统的重要组成部分，由于任何程序和数据必须占用主存空间才能得以执行和处理，因此存储管理的优劣直接影响系统性能。内存的使用需要电能支持才能保持数据，一旦断电，所有数据都将丢失。因此，数据和程序代码想要长久保存，就需要一个更为持久的地方存储，这就是磁盘。计算机磁盘管理的手段或抽象就是文件系统。操作系统要为人机交互提供一个通道，使得人与计算机更好地进行沟通，这就是操作系统的输入/输出管理，其管理目的是提供统一的界面来屏蔽各种输入/输出设备的差异，使得数据的表示能够在不同设备之间相互转换而无须用户的操心。

【本章概要】

◆ 内存管理基本原理；

◆ 文件系统管理基础；

◆ 输入/输出（I/O）设备管理。

3.1 内存管理基本原理

程序要运行，必须加载到内存中。所以，普通用户（包括程序员）对内存的要求是：大容量、高速度和持久性。计算机系统的存储器系统分为寄存器、高速缓存、主存储器和磁盘等四层结构，如图 3-1 所示。存储介质的访问速度从下至上越来越块，而市场价格也越来越高。在这个层次结构中，主存储器即内存，是用来存放当前正在运行的程序代码及其数据。当计算机处于开机通电状态时，内存中包括操作系统本身的代码和数据，及用户申请执行的程序代码及其要处理的数据。操作系统需要常驻内存（通常在开机时就装入），而用户程序则只在申请时才进入内存，执

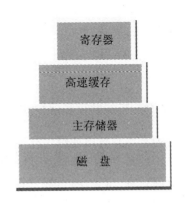

图 3-1　计算机系统存储层次结构

行完毕后即退出内存。计算机处于关机断电状态时，内存中什么也没有（内存所用的存储元器件通常不具有断电保存信息的特性）。

3.1.1 内存管理的功能

计算机内存的使用一般分为两部分：一部分是系统空间，存放操作系统本身代码及相关系统数据；另一部分是用户空间，存放用户的程序和数据。尽管现代计算机的内存容量不断增大，但仍然不能保证有足够大的空间来支持大型应用程序及数据的使用。因此，操作系统的主要任务之一是尽可能地方便用户使用和提高内存的利用率。具体地说，内存管理包括以下功能。

1. 内存空间管理

内存空间管理负责记录每个内存单元的使用状态，负责内存的分配与回收。内存分配有静态分配和动态分配两种方式。静态分配不允许程序在运行时再申请内存空间，而是在转入内存时就一次性地分配所需的所有空间。动态分配允许程序在运行过程中再申请附加空间，最初装入内存时只分配了所需的基本空间。

2. 地址转换

程序在装入内存执行时对应一个内存地址，而用户不必关心程序在内存中的实际位置。用户的应用程序一旦开发编译之后每个目标模块都以"0"为基地址进行编址，这种地址称为相对地址或逻辑地址。而内存中各个物理存储单元的地址是从统一的基地址顺序编址，此地址称为绝对地址或物理地址。当内存分配确定后，需要将逻辑地址转换为物理地址，这种地址转换过程称为地址转换，也叫重定位。

3. 内存扩充

内存的容量是受实际存储单元限制的，而运行的程序却不受内存大小限制，这就需要有效的存储管理技术来实现内存的逻辑扩充。这种扩充不是增加实际的物理内存单元，而是通过虚拟存储、覆盖、交换等技术来现实的。内存扩充后，就可以执行比实际内存容量大的程序。

4. 内存的共享和保护

为了更有效地使用内存空间，要求共享内存。共享内存指共享内存中的程序或数据。例如：当两个进程都要调用 C 编译程序时，操作系统只把一个 C 编译程序装入内存，让两个进程共享内存中的 C 编译程序，这样就可以减少内存空间的占有，提高内存利用率。当多道程序共享内存空间时，需要对内存信息进行保护，以保证每个程序在各自内存空间正常运行；当信息共享时，也需对共享区进行保护，防止任何进程去破坏共享区中的信息。

在了解了操作系统内存管理的具体功能后，后面将介绍内存管理的一些常用技术。

3.1.2　虚拟内存的概念

由于内存存放的程序数量是很有限的，这将极大地限制多道程序的发展。那如何解决物理内存容量偏小的缺陷呢？最简单的方法就是购买更大的物理主存，这也许会给计算机用户带来不断上升的经济成本，以及糟糕的使用体验。于是虚拟内存技术的出现，解决了在不增加成本的情况下扩大内存容量的问题。

虚拟内存的基本思想，是将物理内存扩大到便宜、大容量的磁盘上，即将磁盘空间看做是内存空间的一部分。用户程序存放在磁盘上就相当于存放在内存中。用户程序既可以完全存放在内存中，也可以完全存放在磁盘上，当然也可以部分存放在内存、部分存放在磁盘。而程序执行时，程序发出的地址到底是在内存还是在磁盘上，则由操作系统的内存管理程序负责判断，并到相应的地方进行读写操作。事实上，可以更进一步把缓存包括进来，构成一个效率、价格、容量平衡的存储系统。

特别指出的是，虚拟内存是操作系统发展历史上的一个革命性突破（当然，也是使操作系统变得更加复杂的一个主要因素）。正是有了虚拟内存，程序员编写的程序从此不再受代码长度的限制。虚拟内存除了让技术人员感觉到内存容量大大增加之外，还让用户体验到内存速度也加快了许多。这是因为虚拟内存将尽可能地从缓存满足用户的访问请求，从而给人以速度提升了的感觉。

3.1.3　页式内存管理

在操作系统的存储管理中，以往多采用了分区管理（即内存被划分成若干个分区，分区的大小可以相等或不等，除操作系统核心代码占用一个分区外，其余分区分配给用户应用程序）、覆盖（即要求程序员把一个程序划分成不同的程序子段，并规定好它们的执行和覆盖顺序，操作系统根据程序员提供的覆盖结构来完成程序段之间的覆盖）和交换（也称为对换，是把暂时不能执行的程序部分从内存换出到磁盘中去，以便节省出内存空间，或将具备执行条件的程序从磁盘换入内存中，并将控制权交给它，让其在系统上运行）等技术。

但是，无论是分区管理，还是交互管理，随着程序的换入换出，会产生大量的内存空间的"碎片"现象，浪费了大量的、宝贵的内存空间资源。内存空间碎片化的主要原因是每个程序的大小是不一样的，这样分配内存就出现了不一致性。解决的办法就是将空间按照某种规定的大小进行分配，即将虚拟内存与物理内存都分成大小一样的部分，这就是页，然后按页进行内存分配，可有效克服外部碎片的问题。另外，利用分页可以解决程序无须全部加载运行的问题，即只将当前需要的页面放在内存里，其他暂时不用的页面放在磁盘上，这样一个程序同时占用内存和磁盘，其增长空间就大大增加了，避免原来交换时程序倒出倒进的开销，从而大大提高了空间的增长效率。

以上就是为解决交换等内存管理技术缺陷而出现的页式内存管理，也称为分页内存管理。页式内存管理的核心就是将虚拟内存空间和物理内存空间皆划分为大小相同的页面，如 4KB、8KB 或 16KB 等，并以页面作为内存空间的最小分配单位，一个程序的一个页面

可以存放在任意一个物理页面里。这样，由于物理空间是页面的整数倍，并且空间分配也以页面为单位，将不会再产生外部碎片。同时，由于一个虚拟页面可以存放在任何一个物理页面里，空间增长也容易解决：只需要分配额外的虚拟页面，并找到一个空闲的物理页面存放即可。在解决程序比内存大的问题时，可以允许一个程序的部分虚拟页面存放在物理页面之内，也就是磁盘上。在需要访问这些外部虚拟页面时，再将其调入物理内存来。

3.1.4　段式内存管理

在分页内存管理中，有一个较大的缺点就是共享困难。一个页面的内容很可能既包括代码又包括数据，即很难使一个页面只包含需要共享的内容或不需要共享的内容。那么，只要一个页面里有一行地址是不能共享的，这个页面就不能共享。而一个页面里存在一行不能共享的地址是完全可能的。这样，想自由共享任何内容几乎变得不可能了。于是，一种新的内存管理模式——段式内存管理，可很好地解决以上问题。

段式内存管理，又称为分段内存管理，就是将一个程序按照逻辑单元分为多个程序段，每一个段使用自己单独的虚拟地址空间。一个程序占据多个虚拟地址空间，那么不同的段有可能有同样的虚拟地址，因此分段管理区分一个虚拟空间所在不同的段时，会在其前冠以一个称为段号的前缀。也就是说，在分段情况下，一个虚拟地址将由段号和段内偏差两部分组成。

逻辑分段的优点十分明显。首先，每个逻辑单元可单独占一个虚拟地址空间，这样使编写程序的空间增大，几乎可以开发出没有尺寸限制的程序来。其次，由于段是按逻辑关系而分的，共享起来非常方便，不会出现分页管理下一个页面里面可能同时包含数据和代码而造成共享不便的问题。还有对于空间稀疏的程序来说，分段管理将节省大量的空间。

但是，分段内存管理也存在缺点。一个程序的执行，往往需要它所有的逻辑段，实行分段管理，则每个段必须全部加载到内存中，出现程序空间增长问题。而这正是分页内存管理的主要优势，不过分页不是前面的直接对程序进行分页，而是对程序里面的段进行分页，即形成了另一种内存管理模式——段页式内存管理。这里不再对段页式内存管理进行讲述，如需对操作系统内存管理进行深入学习，可参阅有关文献书籍。

3.2　文件系统管理基础

内存需要电能支持才能保持数据，一旦断电，所有数据将丢失。因此，想要长久保存数据和程序代码，就需要磁盘这种存储介质。由于操作系统本身需要存放在磁盘上，且操作系统内的文件系统也主要是基于磁盘的。所以，磁盘是操作系统不可分割的一部分，理解磁盘将对理解操作系统原理具有重要意义。

3.2.1　磁盘组织

什么是磁盘呢？通俗地讲，磁盘就是形状像圆盘的磁性存储介质。磁盘可以持久地存放数据，正常情况下不会消失。对于现代计算机而言，磁盘已经成为一个不可缺少的组件。

1. 磁盘的结构

一块磁盘实际并不是只有一块盘片，而是由多块盘片组成的，每块盘片的正反两面皆可存放数据。每个盘面上都配有一个读写磁头，所有的读写磁头连在一根共享的传动磁臂上。当磁臂运动时，所有的磁头均做相同的运动。盘片则以常速不停地旋转，这个旋转速度通常为每分钟 3500 转至 10000 转，即大约每 6 毫秒到 17 毫秒转一圈。图 3-2 显示的是将磁盘外壳去掉所看到的结构。

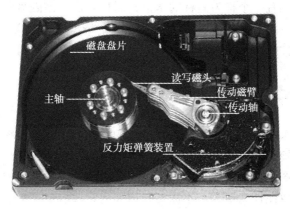

图 3-2　磁盘的物理结构

除此之外，一块磁盘还含有电路系统，通过这些电路将系统用户与系统的运作原理隔离开来。对于磁盘驱动器用户而言，无须了解磁盘表面上数据字位的读写操作是如何完成的。这些电路系统可提供较为复杂的功能，如数据纠错、数据分拆与组装和磁盘调度等。

常见的磁盘驱动器的尺寸有：5.25 英寸宽×7 英寸长×3 英寸高、2.5 英寸宽×4 英寸长×0.5英寸高。较小尺寸的磁盘为当今手提电脑（或笔记本电脑）所使用。在 2002 年，磁盘驱动器的容量从 100GB 到 200GB 不等，并且这些磁盘驱动器的容量在 2006 年以前以每年 50%的速度递增。到 2009 年年末，磁盘驱动器的容量已经达到了 2TB（Terabytes，1TB=1024GB）。

在每一个盘片表面上，只有一个读写磁头。该磁头由少量的空气垫层浮起，悬浮在盘面上方的几微米高度处。磁头在盘面上的移动操作由一个电路机制负责控制。读写磁头可以在 6 到 17 毫秒的时间内遍历磁盘的整个活动区域，这个时间与磁盘旋转一圈的时间一样。整个磁盘驱动系统，在任何时候只能有一个磁头处于活动状态，即从盘面输出的数据流或输入盘面的数据流总是以位串方式出现。

2. 盘面的结构

为了方便存储数据，将每块盘面分为磁道和扇区，如图 3-3 所示。磁道是一个个同心圆，每个磁道被分为扇区。数据则以扇区为单位进行存储，扇区也是磁盘输入/输出的最小单位。

扇区存储的信息通常包含三部分：标题、数据和纠错信息。扇区的标题信息包含了同步和位置信息，其中同步信息允许磁头的定位电路将磁头保持在磁道的中心位置，而位置信息则允许磁盘控制器来决定扇区的身份。如果是读取操作，则磁头将捕捉存放在扇区上的信息；如果是写入操作，则将数据写入扇区。对于不同的磁盘系统来说，扇区中的信息和扇区大小会有所不同，但是数据部分则通常是 512 字节。

一般来讲，磁盘驱动器的制造商会将磁盘进行初始化或格式化，即将原始的磁道和扇区信息存入盘面，并对盘面进行检查以判断数据是否可以写入每个扇区或从其中读出。如果某个扇区确认损坏，则格式化过程将对这个扇区做出标记，这样操作系统就不会在这个扇区上进行任何读写操作。

说明：在磁盘中还有一个称为磁柱的术语，磁柱是由一个磁盘驱动器的所有盘面上处于同一位置的磁道构成的。如果一个磁盘驱动器有 4 个盘片，则这个磁盘的一个磁柱由 8 个磁道构成，这个磁柱的 8 个磁道距离磁盘的中心旋转轴的距离均一样。

3.2.2　文件系统基础

文件系统是操作系统中负责存取和管理信息的程序模块，采用统一方法管理用户信息和系统信息的存储、检索、更新、共享和保护，并为用户提供一套行之有效的文件使用及操作方法。文件系统令磁盘使用变得更加容易，将用户从数据存放的细节中解放出来：用户不需要指导数据存放在什么地方，不需要知道如何存放，更不需要知道磁盘到底是怎样工作的。因此，文件系统是磁盘管理的一个抽象，如图 3-4 所示。用户对磁盘进行访问，只需要给出指定的路径名和文件名即可，无须知道磁柱、磁道、扇区等信息。当然文件系统不一定在应用磁盘上，也可以应用在光盘上。但由于绝大多数文件系统都是基于磁盘的应用，这里主要讨论基于磁盘应用的文件系统。针对其他媒介的文件系统与磁盘文件系统非常类似，读者可以很容易地理解。

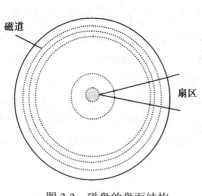

图 3-3　磁盘的盘面结构

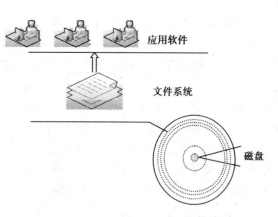

图 3-4　文件系统为操作系统的磁盘抽象

1. 文件

1）文件的概念

文件是由文件名所识别的一组信息的集合，而文件名是由字母或数字组成的字母数字

串，其格式和长度因操作系统不同而异。

操作系统实现的文件系统功能，首先，是便于用户无须记住信息存放在磁盘上的物理位置，无须考虑如何将信息存放在介质上，只要知道文件名，给出相关的操作要求便可访问，实现"按名存取"（当文件存放位置发生改变，对用户不会产生丝毫影响）；其次，文件安全可靠，由于用户是通过文件系统才能访问文件，而系统能提供各种安全、保密措施，可防止对文件信息的有意或无意的破坏；最后，通过文件系统能够提供的共享功能，不同用户可使用同名或异名的同一个文件，这样可合理利用文件的磁盘存储空间，缩短传输信息的交换时间，提高文件空间的利用率。那么，计算机数据的管理可利用文件形式进行数据的组织、控制。

2）文件名

文件是存储设备的一种抽象机制，这一机制中最重要的是文件命名。系统按名管理和控制文件信息，进程创建文件时必须给出文件名，以后此文件将独立于进程存在直到被显式地删除。当其他进程要使用文件时，必须显式地指出相应的文件名。

各个操作系统的文件命名规则略有不同，文件名的格式和长度因系统而异。一般来说，文件名由文件名称和扩展名两部分组成，前者用于识别文件，后者用于区分文件类型（如".txt"指明是纯文本文件、".exe"表示可执行二进制代码文件），中间用"."分隔开来。它们都是由字母和数字所组成的字符串，操作系统还提供通配符"？"和"*"，便于对一组文件进行分类或操作。例如：Windows 操作系统的文件名不区分大小写，文件名称和扩展名不能使用"\"、"/"、"<"、">"等字符。

3）文件类型

按照各种方法对文件进行分类，如按用途分成系统文件、库文件和用户文件；按保护级别分成只读文件和可读写文件；按信息流向分成输入文件和输出文件；按文件存放时限分成临时文件和永久文件；按数据类型分成源程序文件、目标文件和可执行文件；按设备类型分成磁盘文件、磁带文件和光盘文件。在现代操作系统中，不但信息组织成文件，对设备的访问也都是基于文件进行的。例如：打印一批数据就是向打印机设备文件写数据，从键盘接受一批数据就是从键盘设备文件接受数据。

4）文件属性

大多数操作系统设置专门的文件属性用于文件的管理控制和安全保护，它们不属于文件内容本身，但对于文件系统的管理和控制十分重要。文件属性主要包括：

（1）文件基本属性：如文件名称和扩展名、文件属主 ID 和文件所属组 ID 等。

（2）文件类型属性：如系统文件、设备文件和文本文件等。

（3）文件保护属性：规定了谁能够访问文件，以何种方式访问。常用的文件访问方式有可读、可写和可执行等，有的文件系统还为文件设置口令，用以保护文件。

（4）文件管理属性：如文件创建时间和最后修改时间等。

（5）文件控制属性：如文件长度、信息位置和文件打开次数等。

说明：文件保护属性用于防止文件被破坏，包括两个方面：一是防止因系统发生崩溃所造成的文件破坏；二是防止文件主和其他用户有意或无意的非法操作所造成的文件不安全性。因此，常使用定时转储、备份等技术手段来保证数据文件的安全。

5）文件存取方法

文件存取方法是指读写文件存储介质上的物理记录的方法。由于文件类型不同，用户的使用要求不同，因而需要操作系统提供多种存取方法来满足用户需求。常用的存取方法如下。

（1）顺序存取：存取操作都是在上次的基础上进行。系统设置读、写两个位置指针，指向要读出或写入的字节位置或记录位置。读操作总是读出位置指针所指向的若干字节，写操作将若干字节写到写指针所指的位置。根据读出或写入的字节数，系统自动修改相应指针的值。

（2）直接存取：直接存取文件对于读或写的次序没有任何限制。为实现直接存取，文件可看做是由顺序编号的物理块组成的，这些块被划分等长，作为定位和存取的最小单位。例如：用户可请求读块 25，然后读块 8，再读块 40，等等。用户向操作系统提供的相对块号（即相对于文件开始位置的偏移量），而绝对块号则由文件系统计算得到。

（3）索引存取：这是基于索引文件的存取方法。由于文件中的记录不按位置而是按其记录名或记录键来编址，所以用户提供记录名或记录键之后，先按名搜索，再查找所需要的记录。在实际系统中，大都采用多级索引，以加快记录的查找速度。

2. 文件目录

计算机系统中的文件种类繁多、数量庞大，为了有效地管理这些文件，提高系统查找文件的效率，应采用科学、合理的方法进行文件组织。那么，文件系统一般是通过目录来实现文件组织的。

文件系统在创建文件时，会给每个文件建立一个称为文件控制块（File Control Block，FCB）的数据结构，FCB 中包括文件的一些属性信息。一个文件由两部分组成：FCB 和文件体。正是有了文件控制块，文件系统才可以方便地实现文件的"按名存取"。每当创建一个文件时，系统就要为其建立一个 FCB，用来记录文件的属性信息。存取文件时，先找到 FCB，再找到文件信息盘块号或首块物理位置就能存取文件信息了。

为了有效地组织文件和加快文件的查找速度，文件系统把 FCB 集中起来进行管理，组成文件目录。文件目录包含许多目录项，目录项有两种，分别用于描述子目录和文件的 FCB。目录项的格式按统一标准定义，全部由目录项所构成的文件称为目录文件。与普通文件不同的是，目录文件永远不会为空，它至少包含两个目录项：当前目录项 "." 和父目录项 ".."。文件目录的基本功能是将文件名转换成此文件信息所在磁盘上的物理位置。实际上，文件系统就是文件和目录的层次结构和集合，是用来管理文件系统结构的系统文件。

一般，操作系统的文件系统都支持多级层次结构，根目录是唯一的，每一级目录可以是下一级目录的说明，也可以是文件的说明，从而形成树状目录结构。如图 3-5 所示的 Linux 和 Windows 目录层次结构，它是一棵倒置的有根树，树根是根目录；从根向下，每个树枝是子目录；而树叶是文件。树状多级目录结构有许多优点：较好地反映现实世界中具有层

次关系的数据集合；确切地反映系统内部文件的分支结构；不同的文件可以重名，只要它们不位于同一子目录中；易于规定不同层次或子目录中文件的不同权限；便于文件的保护和共享；有利于文件系统的维护和查找。

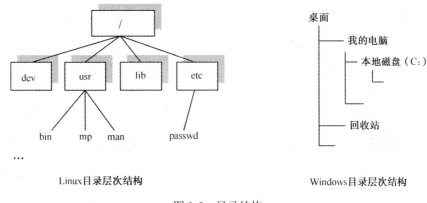

图 3-5 目录结构

在树状目录结构中，一个文件的全名包括从根目录起至文件为止，在路径上所遇到的所有子目录名之间用斜线隔开，子目录名所组成的部分又称为路径名。文件可在目录中被聚合成组，目录文件自身被作为文件存储，在很多方面可以类似于文件一样处理。

3.3 输入/输出设备管理

现代计算机系统配置大量外部设备，外部设备分为两大类：一类是存储设备（如磁盘机、磁带机等），以存储大量信息和快速检索为目标，作为主存储器的扩充，有时又称为辅助存储器；另一类是输入/输出（Input/Output，I/O）设备（如显示器、打印机和通信设备等）它们把外界信息输入计算机，把计算结果从计算机中输出，完成计算机之间的通信或人机交互。操作系统的重要功能之一就是设备管理，通过使用 I/O 中断、缓冲区管理、通道和设备驱动调度等技术，较好地解决了这些低速外部设备和高速 CPU 之间速度的不匹配所引起的问题，使主机和设备能够并行工作，提高设备使用效率。

3.3.1 输入/输出设备硬件原理

1. I/O 系统

I/O 设备种类繁多，功能各不相同，操控也不尽相同。对于普通人或电气工程师来说，I/O 设备呈现的首要特征是其物理组件：芯片、布线、电机和电源等。而对于软件工程师或程序员来说，I/O 设备呈现出的则是程序员或用户界面：可接受的命令、能提供的功能和错误处理机制等。

通常把 I/O 设备及其接口线路、控制部件、通道和管理软件称为 I/O 系统，把计算机的主存储器和设备介质之间的信息传送称为 I/O 操作。可按照 I/O 信息交换单位，分为字符设备和块设备。块设备，就是以数据为单位存储和传输数据的 I/O 设备，如磁盘、光盘、

U 盘和磁带等。字符设备是将数据按照字符（字节）为单位来存放和传输的设备，如鼠标、键盘、打印机和网络接口等。

2. 设备控制器

I/O 设备本身并不是一个不可分割的整体，而是由不同的部件构成的。一般，一个 I/O 设备至少包括两部分：机械部分和电子部分。机械部分是设备的物理硬件部分，而电子部分则是设备的控制器。控制器有时也称为适配器，通常为一块印制电路板。控制器可以处理多个设备，或者说多个同类设备可以共用一个控制器。图 3-6 显示的就是 I/O 设备及其控制器。

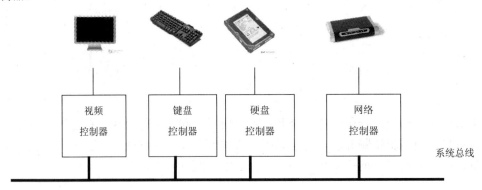

图 3-6　I/O 设备及其控制器

I/O 设备控制器的主要任务是：控制设备的物理运行；将序列字位流转化为字符块流；进行纠错操作。设备控制器与 CPU 之间的数据交互通过设备寄存器进行。设备寄存器是附着在设备控制器上的。通过向这些设备控制器进行读写，操作系统可向设备发出 I/O 指令。为了提高与 CPU 交互数据的效率，I/O 设备通常还备有数据缓冲区。例如：视频控制器（又称显卡）通常带有自己的视频 RAM，CPU 与视频 RAM 进行数据交互，就可以快速传输大量的显示数据。

3. I/O 控制方式

I/O 控制在计算机处理中占据重要的地位，为了有效地实现 I/O 操作，必须通过软、硬件技术，对 CPU 和设备的职能进行合理分工，以平衡性能和硬件成本之间的矛盾。按照 I/O 设备控制器功能的强弱及其与 CPU 之间联系方式的不同，可以把 I/O 设备的控制方式分为以下四类。

1）轮询方式

轮询方式又称程序直接控制方式，使用查询指令测试设备控制器的忙闲状态，确定主存储器和设备是否能交换数据。假如 CPU 上所运行的程序需要从设备读入一批数据，则 CPU 设置交换字节数和输入读入内存的起始地址，然后向设备发出查询指令，设备控制器便把状态返回给 CPU。如果 I/O 操作忙或未就绪，则重复测试过程，继续进行查询；否则，开始数据传送，CPU 从 I/O 控制器读取一个字，再用存储指令存放到内存。如果传送尚未

结束，再次向设备发出查询指令，直到全部数据传输完成。

2）中断方式

中断方式要求 CPU 与设备控制器及设备之间存在中断请求线，设备控制器的寄存器中要设置相应的中断允许位。CPU 与设备之间传输数据的过程如下。

（1）进程发出启动 I/O 的指令，这时 CPU 会加载控制信息到设备控制器的寄存器，然后进程继续执行不涉及本次 I/O 数据的任务，或放弃 CPU 等待设备 I/O 操作完成；

（2）设备控制器检查状态寄存器的内容，按照 I/O 指令的要求，执行相应的 I/O 操作（如读指令，就命令设备把数据传送到 I/O 缓冲寄存器），一旦传输完成，设备控制器通过中断请求线发出 I/O 中断信号；

（3）CPU 收到并响应 I/O 中断后，转向设备的 I/O 中断处理程序执行；

（4）中断处理程序（有的操作系统会把控制权再交给设备驱动程序，并退出中断）执行数据读取操作，将 I/O 缓冲寄存器的内容写入内存，操作结束后退出中断处理程序，返回中断前的执行状态；

（5）进程调度程序在适当时刻对得到数据的进程唤醒执行。

3）DMA 方式

虽然中断方式消除程序轮询中的忙测试，提高了 CPU 资源的利用率，但在响应中断请求之后，必须停止现行程序，转入中断处理程序并参与数据传输操作。如果设备能直接与主存储器交换数据而不占用 CPU，那么 CPU 资源的利用率还可以提高。这就出现了直接存储器存取（Direct Memory Access，DMA）方式。在 DMA 方式中，主存储器和设备之间有一条数据通路，成块地传送数据，无须 CPU 干预，实际数据传输操作由 DMA 直接完成。

DMA 方式的实现线路简单、价格低廉，因此小型计算机、微型计算机中的快速设备均采用这种输入/输出方案。但是，DMA 传输需要与 CPU 抢占总线时钟周期，降低 CPU 处理效率；另外，DMA 的功能不够强大，不能满足复杂 I/O 操作要求，所以在大中型计算机中一般使用通道技术。

4）通道技术

为了充分发挥 CPU 和设备之间的并行工作能力，也为了让种类繁多且物理特性各异的设备能够以标准的接口连接到系统中，计算机系统引入自成体系的通道结构。通道又称 I/O 处理器，能完成主存储器和设备之间的信息传递，与 CPU 并行地执行操作。具有通道装置的计算机系统的主机、通道、控制器和设备之间实施三级控制。一个 CPU 通常可以连接若干个通道，一个通道可以连接若干控制器，一个控制器可以连接若干台设备。CPU 通过执行 I/O 指令对通道实施控制，通道通过执行通道命令对控制器实施控制，控制器发出动作序列对设备实施控制，设备执行相应的 I/O 操作。

采用 I/O 通道技术，I/O 操作的过程如下：CPU 在执行主程序时遇到 I/O 请求，启动在指定通道上选址的设备，一旦启动成功，通道开始控制设备进行操作，这时 CPU 就可以执行其他任务并与通道并行工作，直到 I/O 操作完成；当通道发出 I/O 操作结束中断时，处理器响应并停止当前的工作，转而处理 I/O 操作结束事件。

3.3.2 输入/输出设备软件原理

I/O 设备的管理是需要硬件与软件的结合，一起实施的。软件就是操作系统中负责管理 I/O 设备的程序模块。I/O 设备软件的总体设计目标是：高效率和通用性。操作系统把 I/O 设备软件依次组成四个层次：I/O 中断处理程序；I/O 设备驱动程序；独立于设备的 I/O 软件和用户空间的 I/O 软件，如图 3-7 所示。

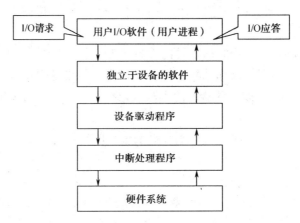

图 3-7 I/O 设备软件的层次

1. I/O 中断处理程序

通常中断处理程序是设备驱动的组成部分之一，位于操作系统底层，与硬件设备密切相关的软件，它与系统的其余部分尽可能少地发生联系。当进程请求 I/O 操作时，通常将被挂起，直到数据传输结束并产生 I/O 中断时，操作系统接管 CPU 后转向中断处理程序执行。

CPU 响应中断请求并转入中断处理程序执行，通常需要做到：检查设备控制器中的状态寄存器的内容，判断产生中断的原因，根据 I/O 操作的完成情况进行相应的处理；若数据传输有错，应向上层软件报告设备出错信息，实施重新执行；若正常结束，应唤醒等待传输的进程，使其转化为就绪态；若有等待传输的 I/O 命令，应通知相关软件启动下一个 I/O 请求。

2. I/O 设备驱动程序

设备驱动程序包括与设备密切相关的所有代码，其任务是：把用户提交的逻辑 I/O 请求转化为物理 I/O 操作的启动和执行，如设备名转化为端口地址、逻辑记录转化为物理记录和逻辑操作转化为物理操作等；同时，监督设备是否正确执行，管理数据缓冲区，进行必要的纠错处理。

具体讲，在收到一个 I/O 请求后，设备驱动程序首先做的事情是检查输入参数是否合法。如果不合法，则返回错误；如果参数正常，则将 I/O 请求的抽象表示转换为设备能够认识的具体表现，如磁盘 I/O 将线性数据块号转化为磁头号、磁道、扇区等。然后，设备

驱动程序需要检查设备状态以确认其是否处于闲置状态。如果设备繁忙，则将 I/O 请求送入该设备的等待队列里面以待处理；如果设备空闲没有工作，则驱动设备运行并启动电机。在所有数据传输完毕后，设备驱动程序将返回到调用者那里。

3. 独立于设备的 I/O 软件

一般来讲，设备驱动程序并不直接从用户处接受 I/O 请求，而是通过另外一层中介软件获得用户请求，这就是介于设备驱动程序与用户程序之间的独立于设备的操作系统 I/O 软件。操作系统在设计时之所以有这层软件，是因为 I/O 软件的一部分与设备有关，另一部分与设备无关。而与设备无关的部分，就可以将其公用，放置在设备驱动程序之上，为用户提供一个统一的 I/O 界面。

4. 用户空间的 I/O 软件

用户空间的 I/O 软件，就是操作系统提供给用户直接操控设备读取的界面，其中用户较为常用的 I/O 软件是库函数。虽然大部分 I/O 软件都包含在操作系统中，但有一部分是与应用程序链接在一起的库函数，完全由运行于用户态的程序组成。例如 C 语言的语句：

```
count=write(fd,buffer,nbytes);
```

就是用户层的软件。这条语句里面的 write 被很多程序员误认为是操作系统的系统调用，实际上并不是。这是一个由高级语言提供的库函数，它将操作系统相关的系统调用封装进去了。库函数所做的工作只是将系统调用时所用的参数放在合适的位置，然后执行访问指令嵌入内核，再由内核函数实现真正的 I/O 操作。I/O 数据的格式处理常常由库函数实现，以 printf 为例，它以格式串和一些参数变量为输入，构造一个 ASCII 字符串，然后通过系统调用完成输出这个字符串的实际操作。操作系统的标准开发函数库中包含有许多涉及 I/O 操作的函数，都是作为应用程序的一部分运行的。

习题与实训

1. 填空题

（1）计算机系统的存储器系统分为寄存器、高速缓存、_____和磁盘等四层结构。

（2）计算机内存的使用一般分为两部分：一部分是_____，存放操作系统本身代码及相关系统数据；另一部分是_____，存放用户的程序和数据。

（3）为了方便存储数据，每块磁盘的盘面分为_____和_____。

（4）磁盘扇区中存储的信息通常包含三部分：_____。

（5）文件系统是操作系统中_____的程序模块，采用统一方法管理用户信息和系统信息的存储、检索、更新、共享和保护，并为用户提供一套行之有效的文件使用及操作方法。

（6）文件是由文件名所识别的一组信息的集合，文件名是由_____组成的字母数字串，其格式和长度因操作系统不同而异。

（7）大多数操作系统设置专门的_____用于文件的管理控制和安全保护，它们不属

于文件内容本身，但对于文件系统的管理和控制十分重要。

（8）操作系统中文件的存取方法很多，常用的有_____。

（9）一般，操作系统的文件系统都支持多级层次结构，根目录是唯一的，每一级目录可以是下一级目录的说明，也可以是文件的说明，从而形成_____结构。

（10）现代计算机系统配置大量外部设备，外部设备分为两大类：一类是存储设备；另一类是_____。

（11）通常把输入/输出（I/O）设备及其接口线路、控制部件、通道和管理软件称为_____，把计算机的主存储器和设备介质之间的信息传送称为_____。

（12）操作系统把 I/O 设备软件依次组成四个层次：I/O 中断处理程序；_____；独立于设备的 I/O 软件和用户空间的 I/O 软件。

2．简答题

（1）操作系统内存管理的主要功能有哪些？

（2）试述操作系统中虚拟内存技术的含义。

（3）分别简述页式内存管理与段式内存管理的内容。

（4）操作系统中按照输入/输出控制器功能的强弱及其与 CPU 之间联系方式的不同，设备控制方式有哪几种，其具体含义是什么？。

实训项目 3

（1）实训目的：理解操作系统中硬盘、内存，以及 I/O 设备等资源管理的含义。

（2）实训环境：微型计算机组装零配件，包括硬盘、内存条和 I/O 设备控制器；微机加电后可正常运行的 Windows 操作系统。

（3）实训内容：

① 按照微机硬件组装要求，认识计算机的硬件资源；

② 在可运行的 Windows 操作系统环境中，通过体验一些 I/O 设备的驱动程序，从而认识操作系统输入/输出设备的软件原理。

第2篇
Windows Server 2008
操作系统应用技能篇

>Chapter TWO

第4章 Windows Server 2008安装与基本管理

　　Windows Server 2008 操作系统与微软以往发布的操作系统相比，有很多亮点，彻底摆脱了 Windows 昔日的桌面操作、升级方式和应用模式，成为一款全新界面、全新功能的操作系统，也是截至目前为止，微软发展史上性能最全面、网络功能最丰富的一款操作系统，为用户提供了性能稳定、运行可靠的 Windows 平台，满足企业级用户所有的业务负载和应用程序需求。Windows Server 2008 具有强大的网络应用及服务平台，提供了更加丰富的网络应用，如 Web、文件共享和流媒体等应用；成熟的虚拟化技术有助于降低企业的 IT 运营成本，加强了网络的集中管理，增强了网络安全，减少了软件维护工作量，并且能节约服务器资源；完善的安全方案，Windows Server 2008 中带有高级安全的 Windows 防火墙是基于主机的防火墙，运行时保护计算机免受恶意用户、网络程序的攻击。

　　【本章概要】
◆ Windows Server 2008 技术概述；
◆ 在虚拟机中安装 Windows Server 2008；
◆ 使用 Microsoft 管理控制台和服务器管理器；
◆ 配置 Windows Server 2008 基本环境。

4.1 技能 1 Windows Server 2008 技术概述

　　20世纪80年代初，微软的 MS-DOS 操作系统是个人计算机使用较为广泛的操作系统。1985 年，微软公司正式发布了第一个基于图形用户界面（Graphical User Interface，GUI）窗口式多任务操作系统——Windows 1.0，打破了以往人们用命令行来接受用户指令的方式，用鼠标单击就可以完成命令的执行。随后，微软先后在 1990 年推出了 Windows 3.X、1995 年推出了 Windows 95，到 1998 年 Windows 98 的发布上市，Windows 操作系统已经占据了个人微型计算机操作系统 90%以上的市场。微软公司的操作系统可分为两大类：一类是面向普通用户的 PC 桌面操作系统，如 Windows 95/98、Windows 2000 Professional、Windows XP、Windows Vista 及 Windows 7；另一类就是定位在高性能工作站、台式机、服务器，以及政府机关、大型企业网络、异形机互连设备等多种应用环境的

企业级服务器操作系统，如 Windows NT Server、Windows 2000 Server、Windows Server 2003 和 Windows Server 2008 等。

无论是从最初的 Windows3.X 到现在用户量较大的 Windows XP 桌面操作系统，还是针对企业用户开发的 Windows NT3.0 到 Windows Server 2003 服务器操作系统，每一款操作系统在界面外观和功能上基本相同，缺少新意和创新。特别是对企业用户而言，步入互联网时代之后，在操作系统功能的实现上提出了更高的应用要求。Windows Server 2008 正是较以往操作系统的不足，借助新技术以全新的界面、强大的功能，为用户提供了性能稳定、安全可靠的系统环境，从而更好地满足企业级用户的所有业务负载和应用程序需求。

1. Windows Server 2008 的主要新特性

1）增强的系统管理与控制

Windows Server 2008 系统中，在系统管理与控制方面的功能更加完善、高效。在 Windows Server 2008 以前的操作系统中，NTFS 文件系统卷中只要有一个细小的错误就必须重启文件服务器，并运行 chkdsk.exe 去修正它。在修正 NTFS 文件系统时，系统管理员往往花费大量时间，造成服务器系统处于不可用的状态。Windows Server 2008 具有了 NTFS 在线修复功能，可自动修正 NTFS 文件系统出现的部分问题，无须执行 chkdsk.exe 和重启服务器（自修复 NTFS 在 Windows Server 2008 中被默认打开）。

在日常工作中，系统管理员有时需要重新启动服务器或关闭服务器，但是关闭服务器，需要手工结束正在运行的一些程序，这样会导致关机过程缓慢。Windows Server 2008 提供了快速关机服务，可以在应用程序需要被关闭时发出信号，立即关闭。快速关机服务对于服务器的快速重启是十分重要的，因为它决定了计算机网络系统停用时间的长短，减少企业网络停用造成的损失。

2）更加优良的 Web 应用性能

Windows Server 2008 为 Web 应用程序和服务提供了更高的性能和伸缩性，同时允许系统管理员更好地控制和监视应用程序和服务利用关键系统资源的情况。

Windows Server 2008 为 Web 发布提供了统一平台，此平台集成了 Internet Information Services 7.0（IIS7.0）、ASP.NET、Windows Communication Foundation 及 Microsoft Windows SharePoint Services。对现有的 IIS Web 服务器（如 IIS 6.0）而言，IIS 7.0 功能更加完善，其主要优点包括提供了更有效的管理功能，改进其系统安全性和降低企业系统运行的支持成本。这些功能有助于创建一个统一的开发、管理模型平台，为设计基于 Web 的应用解决方案提供了优秀的系统环境。

IIS7.0 中新的管理实用工具——IIS 管理器，是一个更为高效的 Web 服务器管理工具，提供了对 Internet Information Services 和 ASP.NET 配置设置、用户数据、运行时诊断信息的支持。新用户界面还支持托管或管理网站的用户，将管理控制权委派给开发人员或内容所有者，从而减少拥有成本和系统管理员的管理负担。IIS7.0 管理器界面支持通过 HTTP 进行远程管理，允许集成本地、远程甚至互联网中的管理实现，不必要求在防火墙中打开 DCOM 或其他管理端口。IIS7.0 在对 Web 服务器进行故障排除时，较以往版本更容易操作，系统管理员可监视 Web 服务器并查看其详细的实时诊断信息。

3）更灵活的服务器管理

Windows Server 2008 提供了集中式管理工具，以其直观的界面和自动化的功能，使系统管理员在中央网络或远程位置（如企业的分支机构），更加轻松地管理各种服务器运行，简化了复杂的日常服务器管理。通过 Windows Server 2008 新的服务器管理控制台，可大大简化应用组织中管理、保护多个服务器角色的任务。所谓服务器管理控制台，是将各种管理界面和工具合并到统一的管理界面中，方便系统管理员不必在多个界面、工具和对话框之间切换，即可完成常见任务的管理。如图 4-1 所示的 Windows Server 2008 的"服务器管理器"主界面。

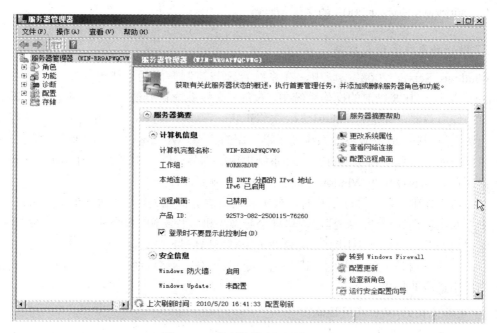

图 4-1　"服务器管理器"主界面

此外，Windows Server 2008 还提供了方便的服务管理控制工具，用于执行不同的管理任务。这些不同的工具均集成在一起（即使用统一的用户界面），并且使用相同的菜单或命令来完成不同的任务（这些内置的管理工具一般只能完成一个管理任务）。这就是 Windows Server 2008 提供的"统一管理控制台"MMC（Microsoft Management Console），用户可以在 MMC 中根据具体应用新增或删除管理单元，并将这个控制台的内容保存到一个文件中，以便下次重新打开使用该控制台。

4）成熟的虚拟化技术

虚拟化技术有助于降低企业的 IT 运营成本，加强网络的集中管理，增强网络安全，减少软件维护工作量，并且能够节约服务器设备及电力等资源，推动实现信息化的低碳运行。Windows Server 2008 操作系统实现了较为成熟的虚拟化技术和应用，即已融合了 Intel 与 AMD 两大平台的虚拟化技术，进一步衍生了丰富的虚拟化应用，从而更好地满足企业用户对虚拟化技术的应用需求。

2. Windows Server 2008 版本

在 Windows Server 2008 操作系统家族中，由于所支持功能、服务器角色等方面的不同，主要介绍其中的四个版本。不同的版本在硬件支持、性能、网络服务的提供等方面均有一些差别，用户可以根据自己的实际情况进行选择。下面分别介绍 Widows Server 2008 不同的版本的功能及主要作用。

1）Windows Server 2008 Standard

Windows Server 2008 Standard 是为中小型企业单位或大型企业的部门应用而设计的，其可靠性、伸缩性和安全性完全满足小型局域网的部署要求。Windows Server 2008 Standard 是专为增强服务器基础架构的可靠性与弹性而设计的，可简化服务器配置、管理工作，提供了大多数服务器所需要的角色和功能。

2）Windows Server 2008 Enterprise

Windows Server 2008 Enterprise 是为大中型企业的服务应用设计的，可提供相对功能强大的企业应用平台，可部署关键性业务应用系统，具备 Hot-Add 处理器功能，可协助改善应用性能，整合身份识别管理功能，增强系统安全性。企业版除了包含标准版所具有的一切功能外，还支持许多标准版不具有的特性。它支持了企业基础架构、业务应用程序和电子商务实务的功能，是各种应用程序、Web 服务和基础架构的理想平台，它提供高度可靠性、高性能和出色的商业价值。

3）Windows Server 2008 Datacenter

Windows Server 2008 Datacenter 即数据中心版，是功能最强的版本，具有最高的可靠性、可扩展性和可用性。数据中心版可以用作关键业务数据库服务器、企业资源规划系统、大容量事务处理及服务器合并等。与企业版的最大区别是数据中心版支持更强大的多处理方式和更大的内存。其所具备的群集和动态硬件分割功能，进一步改善系统的可用性。通过使用 Windows Server 2008 Datacenter 可建立企业级虚拟化扩充解决方案，为企业级平台提供良好的基础。

需要注意的是，数据中心版并不独立销售，只能通过 Windows 数据中心项目提供，该项目提供了来自 Microsoft 和合格的服务器供应商（如原始设备制造商（OEM））的硬件、软件和服务集成。

4）Windows Server 2008 Web

Windows Server 2008 Web 版是专为用做 Web 服务器而构建的操作系统。为 Internet 服务提供商（ISP）、应用程序开发人员及其他只想使用或部署特定 Web 功能的用户提供了一个单用途的解决方案。Windows Server 2008 Web 版的主要目的是作为 IIS 7.0 Web 服务器使用。它提供了一个快速开发和部署 XML Web 服务和应用程序的平台，这些服务和应用程序使用 ASP.NET 技术，该技术是 .NET 框架的关键部分，便于部署和管理。

另外，微软在 Windows Server 2008 家族中推出了多个应用于特殊领域的版本：Windows Server 2008 for Itanium-Based Systems 是微软基于 Itanium 处理器架构设计的操作系统；Windows HPC Server 2008，是为专业高性能计算领域设计的集群服务器操作系统，能提供高速网络、高效灵活的集群管理工具、面向服务体系结构工程进度安排、支持合作伙伴的集群文件系统等功能。

4.2　技能 2　在虚拟机中安装 Windows Server 2008

操作系统是所有硬件设备、软件运行的平台，虽然 Windows Server 2008 有良好的安装界面、近乎全自动的安装过程并支持大多数最新的设备，但要顺利完成安装，仍需要在安装 Windows Server 2008 之前，收集所有必要的信息，做好准备工作，以便安装过程顺利进行。在安装前，除了对系统需求有基本的了解外，还要规划好以后的使用环境。如表 4-1 说明了安装 Windows Server 2008 的系统需求。

表 4-1　安装 Windows Server 2008 的系统需求

系 统 组 件	要　　求
处理器	最小速度：1GHz
	建议：2GHz
	最佳速度：3GHz 或更快
	注意：基于 Itanium 系统的 Windows Server 2008 需使用 Intel Itanium 2
内存	最小空间：512MB RAM
	建议：1GB RAM
	最佳空间：2GB RAM（完全安装）或 1GB RAM（服务器核心安装）或更大空间
	最大空间（32 位系统）：4GB（Standard）或 64GB（Enterprise、Datacenter）
	最大空间（64 位系统）：32GB（Standard）或 2TB（Enterprise、Datacenter）
可用磁盘空间	最小空间：8GB
	建议：40GB（完全安装）或 10GB（服务器核心安装）
	最佳空间：80GB（完全安装）或 40GB（服务器核心安装）或更大空间
	注意：RAM 大于 16GB 的计算机将需要更多的磁盘空间以用来分页、休眠和转储文件
驱动器	DVD-ROM 驱动器
显示器和外围设备	SVGA 或更高分辨显示器
	键盘
	Microsoft 鼠标或兼容的指针设备

4.2.1　创建虚拟机及其配置

1. 虚拟机简介

虚拟机（Virtual Machine）一台是虚拟出来的、拥有独立的操作系统，并且仿真模拟各种计算机功能的计算机。虚拟机完全就如真正的计算机那样进行工作，如可以安装操作系统、安装应用程序、服务网络资源等。

首先介绍一下在虚拟机系统中常用的重要术语，主要有：

● 物理计算机（Physical Computer）：运行虚拟机软件（如 VMware Workstation、Virtual PC 等）的物理计算机硬件系统，又称为宿主机。

- 虚拟机（Virtual Machine）：指提供软件模拟的具有完整硬件系统功能的、运行在一个完全隔离环境中的完整计算机系统。这台虚拟的计算机符合 X86 PC 标准，拥有自己的 CPU、内存、硬盘、光驱、软驱、声卡和网卡等一系列设备。这些设备是由虚拟机软件工具"虚拟"出来的。但是在操作系统看来，这些"虚拟"出来的设备也是标准的计算机硬件设备，也会将这些虚拟出来的硬件设备当做真正的硬件来使用。虚拟机在虚拟机软件工具的窗口中运行，可以在虚拟机中安装能在标准 PC 上运行的操作系统及软件，如 UNIX、Linux、Windows 和 Netware、MS-DOS 等。
- 主机操作系统（Host OS）：在物理计算机（宿主机）上运行的操作系统，在它之上运行虚拟机软件（如 VMware Workstation 和 Virtual PC）。
- 客户操作系统（Guest OS）：运行在虚拟机中的操作系统。注意，它不等于桌面操作系统（Desktop Operating System）和客户端操作系统（Client Operating System），因为虚拟机中的客户操作系统可以是服务器操作系统，如在虚拟机中安装 Windows Server 2003。
- 虚拟硬件（Virtual Hardware）：指虚拟机通过软件模拟出来的硬件系统，如 CPU、HDD、RAM 等。

2. 使用 VMware Workstation 创建、配置虚拟机

目前，主流虚拟机软件有 VMware 公司和 Microsoft 公司的虚拟机系列产品，其中根据应用平台的不同主要又分为服务器版本和 PC 桌面版本。我们这里将介绍功能较为强大、应用更为广泛的 VMware Workstation 虚拟机。VMware Workstation 支持多个标准的操作系统，并因其可靠安全、性能优越而著称。本文以 VMware Workstation 6.0.4 for Windows 版本来介绍 VMware Workstation 虚拟机的使用，可从 http://www.vmware.com 网站下载其试用版。

VMware Workstation 6.0.4 for Windows 的安装程序是 Windows 环境的标准安装程序，安装系统环境符合该软件的运行要求，其安装程序为：VMware-Workstation-6.0.4-93057.exe（需要序列号）。VMware Workstation 6.0.4 的安装过程不再详述，安装完后，运行界面如图 4-2 所示。

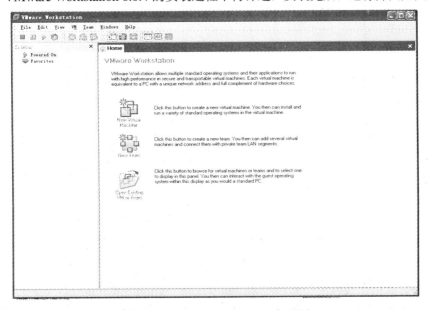

图 4-2　VMware Workstation 主界面

① 在 VMware Workstation 主界面的"Home"选项卡上，单击"New Virtual Machine"选项按钮，开始创建新的虚拟计算机，如图 4-3 所示。

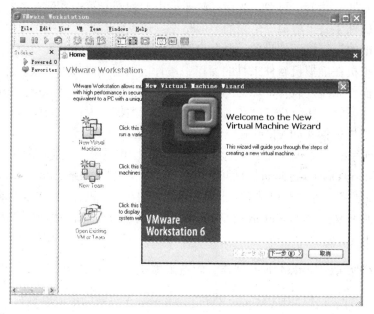

图 4-3　创建新虚拟计算机的欢迎界面

② 单击图 4-3 中"下一步"按钮，出现如图 4-4 所示的窗口，选择虚拟机配置方式：Typical 或 Custom。"Typical"方式可以使用较为通用的设备创建、配置选项，创建新虚拟计算机；"Custom"方式可以使创建者以更多选择项，定制地创建新虚拟计算机。这里，我们选择"Typical"方式，然后单击"下一步"按钮。

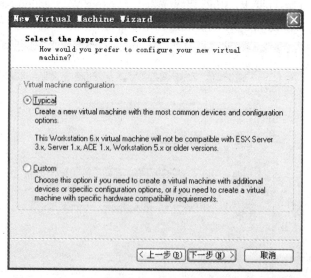

图 4-4　选择创建、配置方式

③ 选择客户操作系统的类型和版本，这里选择"Microsoft Windows"单选钮，在下拉列表中选择"Windows Server 2008 [experimental]"，如图 4-5 所示，单击"下一步"按钮。

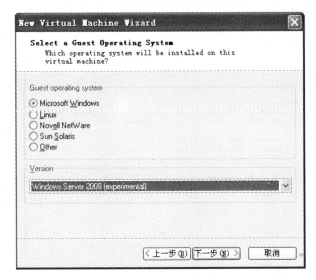

图 4-5　客户机操作系统的选择

④　在如图 4-6 所示窗口中，可以对即将新建的虚拟计算机进行命名，并指定该虚拟机文件在主机操作系统上的存储位置，然后单击"下一步"按钮。

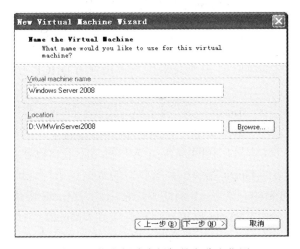

图 4-6　指定新建虚拟机的名称和位置

⑤　在 Network Type 如图 4-7 所示界面中，设置虚拟机与宿主机连接的网络类型（即网络模式），选中"Use bridged networking"单选钮，单击"下一步"按钮。

注意： VMware Workstation 虚拟机主要有三种网络类型（模型）：Bridge（桥接）网络、NAT 网络和 Host-only 网络。在介绍 VMware Workstation 虚拟机的网络模型之前，首先有几个 VMware 虚拟网络设备的概念需要解释清楚。VMnet0：这是 VMware 虚拟桥接网络下的虚拟交换机。VMnet1：这是 VMware 虚拟 Host-only 网络下的虚拟交换机。VMnet8：这是 VMware 虚拟 NAT 网络下的虚拟交换机。VMware Network Adapter VMnet1：这是宿主机用于与 Host-only 虚拟网络进行通信的虚拟网卡。VMware Network Adapter VMnet8：这是宿主机用于与 NAT 虚拟网络进行通信的虚拟网卡。

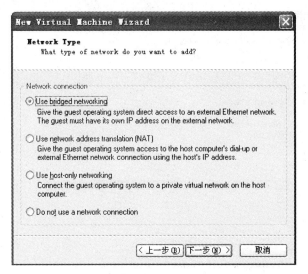

图 4-7　指定虚拟机与宿主机的网络连接类型

● Bridge 网络

Bridge（桥接）网络是较为容易实现的，是最为常用的一种虚拟网络。Host 主机的物理网卡和 Guest 客户机的网卡在 VMNet0 上通过虚拟网桥进行连接，也就是说，Host 主机的物理网卡和 Guest 客户机的虚拟网卡处于同等地位，此时的 Guest 客户机就好像 Host 主机所在的一个网段上的另外一台计算机。如果 Host 主机网络存在着 DHCP 服务器，那么 Host 主机和 Guest 客户机都可以把 IP 地址获取方式设置为 DHCP 方式。

● NAT 网络

NAT（Network Address Translation，网络地址转换）网络主要可以实现使虚拟机通过 Host 主机系统连接到互联网，也就是说，Host 主机能够访问互联网资源，同时在该网络模型下的 Guest 客户机也可以访问互联网。Guest 客户机是不能自己连接互联网的，必须通过主机系统对所有进出网络的 Guest 客户机系统收发的数据包进行地址转换。在这种方式下，Guest 客户机对外是不可见的。在 NAT 网络中，使用到 VMnet8 虚拟交换机，Host 主机上的 VMware Network Adapter VMnet8 虚拟网卡被连接到 VMnet8 交换机上，来与 Guest 客户机进行通信，但是 VMware Network Adapter VMnet8 虚拟网卡仅仅是用于和 VMnet8 网段通信用的，它并不为 VMnet8 网段提供路由功能，处于虚拟 NAT 网络下的 Guest 客户机是使用虚拟 NAT 服务器来连接到互联网上的。

● Host-only 网络

Host-only 网络被用来设计成一个与外界隔绝的网络。其实 Host-only 网络和 NAT 网络非常相似，唯一不同的地方就是在 Host-only 网络中，没有用到 NAT 服务，没有服务器为 VMnet1 网络做路由。可是如果此时 Host 主机要和 Guest 客户机通信怎么办呢？当然是要用到 VMware Network Adapter VMnet1 这块虚拟网卡了。

⑥ 在如图 4-8 所示的窗口中，指定虚拟硬盘的容量，选择默认的大小 16GB，单击"完成"按钮，显示如图 4-9 所示窗口，成功创建了新虚拟计算机。

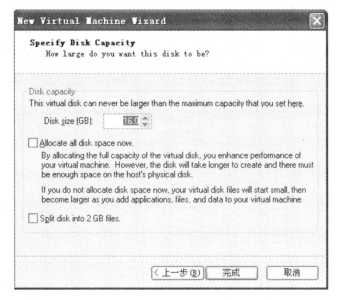

图 4-8　指定磁盘容量

图 4-9　新虚拟机创建成功

4.2.2　全新安装 Windows Server 2008 Standard

Windows Server 2008 中文版已正式发布，下面就以 Windows Server 2008 Standard 的安装过程为例介绍其安装步骤。

① 首先，从微软网站下载大小近 2GB 的 ISO 安装文件，把该 ISO 文件刻录成安装光盘，使用光驱进行全新安装，也可直接在虚拟机中，加载该镜像文件并读取其中内容进行安装。在 VMware Workstation 的虚拟机中加载镜像文件，需在该虚拟计算机的"Commands"区域选择"Edit virtual machine settings"选项，打开"Virtual Machine Settings"对话框，如图 4-10 所示，在"Hardware"选项卡中，选择光驱设备，在"Connection"区域选择"Use ISO image"单选钮然后单击"Browse"按钮打开已下载有 ISO 文件，再单击"OK"按钮

即可完成安装镜像文件的加载。

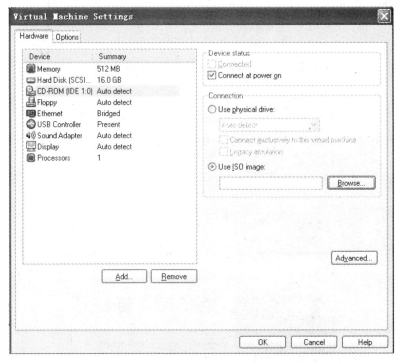

图 4-10   "Virtual Machine Settings"对话框

② 启动新建的虚拟计算机，可在"Commands"区域选择"Start this virtual machine"选项按钮（该操作类似打开硬件电源启动计算机），开始装载安装文件进行操作系统的安装。当出现如图 4-11 所示界面时，选择"需安装的语言"、"时间和货币格式"、"键盘和输入方法"，这里保持默认选项，单击"下一步"按钮继续出现如图 4-12 所示的"现在安装"界面。

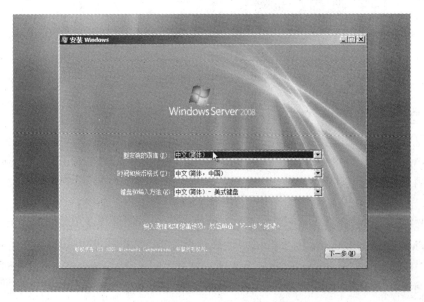

图 4-11   Windows Server 2008 安装界面

图 4-12　"现在安装"界面

③ 单击"现在安装"选项后，出现输入产品序列号窗口。输入序列号后，单击"下一步"按钮，出现如图 4-13 所示的"选择要安装的操作系统"的对话框。这里单击选择要安装的"Windows Server 2008 Standard（完全安装）"，然后单击"下一步"按钮。

图 4-13　"选择要安装的操作系统"对话框

④ 在如图 4-14 所示的"软件许可条款"对话框中，选中"我接受许可条款"单选项，然后单击"下一步"按钮。

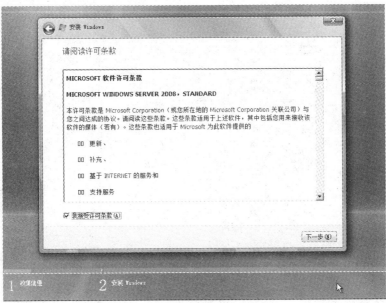

图 4-14　"软件许可条款"对话框

⑤ 在出现的安装类型界面中，如图 4-15 所示，单击"自定义（高级）"选项，用于全新配置安装。

图 4-15　选择安装类型界面

⑥ 在"选择安装系统位置"对话框中，如图 4-16 所示，选择将操作系统安装在硬盘的何处（注意，硬盘要有足够的安装空间，并将自动格式化为 NTFS 类型文件系统）。如果直接单击"下一步"按钮，安装程序将整个硬盘创建成一个分区，用来安装操作系统。如果单击"驱动器（高级）"按钮，如图 4-17 所示，可以创建磁盘分区，可选择安装系统位

置。如图 4-18 所示，指定新建一个分区，其大小为 16GB，单击"应用"按钮。

⑦ 在图 4-18 中，单击"下一步"按钮，开始复制文件，安装系统，如图 4-19 所示。在安装过程中，计算机可能重新启动数次（不需人工干预），自动完成"系统文件复制"、"安装功能"、"安装更新"和"完成安装"等过程。在此期间，安装 Windows Server 2008 不像安装其他 Windows 版本还要输入计算机名字、设置管理员密码和网络基本配置等信息。

图 4-16　"选择安装系统位置"对话框

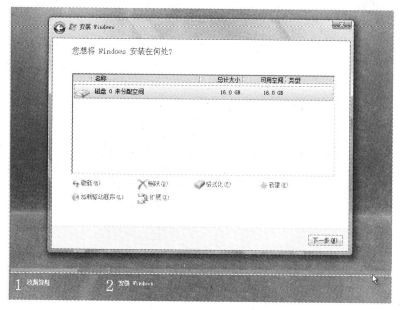

图 4-17　新建驱动器分区

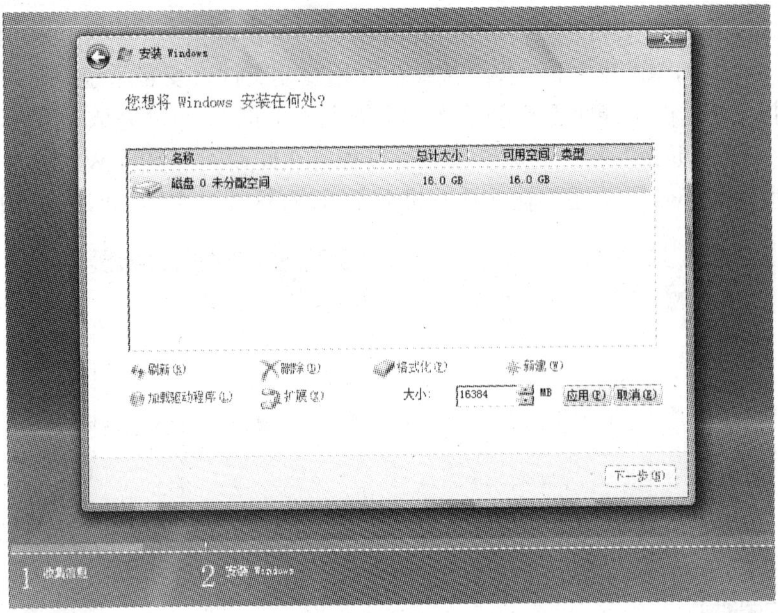

图 4-18　指定新建分区大小

图 4-19　安装过程界面

4.2.3　安装完成后的初始化

在 VMware 虚拟软件支持的环境中，安装完 Windows Server 2008 操作系统后，首次登录要将光标进入虚拟机窗口中，如果要想将光标从 Windows Server 2008 虚拟机中释放出来，需要按"Ctrl+Alt"组合键。这是因为 Windows Server 2008 虚拟机环境中没有安装 VMware Tools 工具。

　　用户首次登录刚安装完的 Windows Server 2008 系统时，必须更改密码（即设置系统管理员用户"Administrator"的密码），如图 4-20 所示，单击"确定"按钮，进入图 4-21 所示的设置"Administrator"密码的界面。

图 4-20　首次登录界面

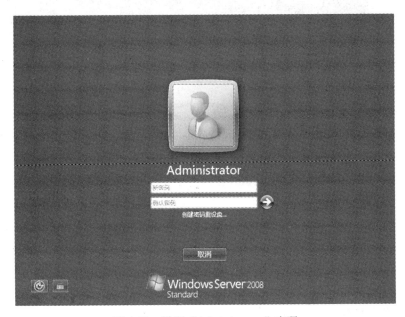

图 4-21　设置"Administrator"密码

　　"Administrator"的新密码必须满足系统的复杂性要求，即密码中要包括字母、数字和特殊符号，还必须是 7 位以上。这样的密码才能满足 Windows Server 2008 系统默认的密码策略要求，如果是单纯的字母或数字，无论设置的密码有多么长都不会达到系统要求（即密码设置失败）。

　　为了在 VMware 虚拟机环境中，更加方便地使用 Windows Server 2008 操作系统，可安装 VMware Tools 工具。其安装步骤是：在如图 4-22 所示的界面中，选择菜单"VM"|"Install VMware Tools"，注意安装该工具，必须是虚拟操作系统启动并运行，如图 4-23 所示的提示对话框。在出现的"自动播放"对话框中单击"运行 setup.exe"，安装完成后重启

虚拟机操作系统（即客户操作系统），这里是 Windows Server 2008。

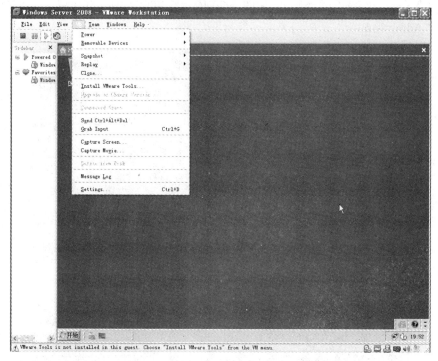

图 4-22　安装 VMware Tools 工具

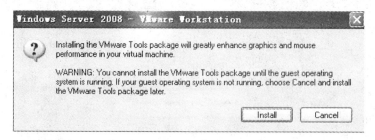

图 4-23　安装 VMware Tools 的提示对话框

正确安装完"VMware Tools"工具，以后就可得到许多增强的功能，如在宿主机和客户机之间同步时间、自动捕获和释放光标、在宿主机和客户机之间或者虚拟机之间进行文件的复制和粘贴操作等。

4.3　技能 3 使用 Microsoft 管理控制台和服务器管理器

4.3.1　使用 Microsoft 管理控制台

Windows Server 2008 具有完善的集成管理工具特性，这种特性允许系统管理员为本地和远程计算机创建自定义的管理工具。这个程序工具就是 Microsoft 管理控制台（Microsoft Management Console，MMC），它提供了用来管理 Windows 系统的网络、计算机、服务及

其他系统组件的管理平台。

Microsoft 管理控制台不是执行具体管理功能的程序，只是一个集成管理平台的工具。MMC 集成了一些被称为管理单元的管理性程序，这些管理单元也就是 MMC 提供的用于创建、保存和打开管理工具的标准方法。

1. 启动 Microsoft 管理控制台

Windows Server 2008 系统使用的管理控制台是 MMC 3.0 版本，可以通过 Windows 界面或命令行启动 MMC。

使用 Windows 界面：单击"开始"按钮，在"开始搜索"文本框中输入"mmc"，然后按回车键，出现窗口如图 4-24 所示；

使用命令行：打开"命令提示符"窗口，直接输入"mmc"命令即可，出现窗口如图 4-24 所示。

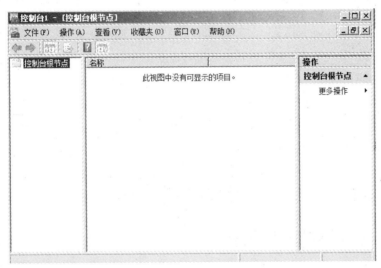

图 4-24　Microsoft 管理控制台主界面

Windows Server 2008 在 MMC 中实现了两种类型的管理单元：独立管理单元和扩展管理单元。管理单元是用户直接执行管理任务的应用程序，作为 MMC 控制台的基本组件。独立管理单元（我们常称为管理单元），可以直接添加到控制台根节点下，每个独立管理单元提供一个相关功能。扩展管理单元，是为独立管理单元提供额外管理功能的管理单元，一般是添加到已经有了独立管理单元的节点下，用来实现丰富其管理功能。

2. 添加或删除管理单元

添加或删除管理单元的主界面如图 4-25 所示，其主要操作步骤如下。

① 在打开的 MMC 3.0 控制台的"文件"菜单上，选择"添加/删除管理单元"命令；

② 在"可用的管理单元"列表中突出显示需要添加的管理单元，然后单击"添加"按钮将该管理单元添加到"所选管理单元"列表中；

③ 通过单击管理单元，然后阅读对话框底部"描述"框中的内容来查看任意列表中管理单元的简短描述（某些管理单元可能没有提供描述）；

④ 通过在"所选管理单元"列表中单击管理单元，然后单击"上移"或"下移"按钮来更改管理单元控制台中管理单元的顺序；

⑤ 通过在"所选管理单元"列表中单击管理单元，然后单击"删除"按钮来删除管理单元；

⑥ 完成添加或删除管理单元之后，请单击"确定"按钮。

要保存创建的 MMC 控制台，选中"文件"|"保存"，控制台文件以.msc 为扩展名进行存储。

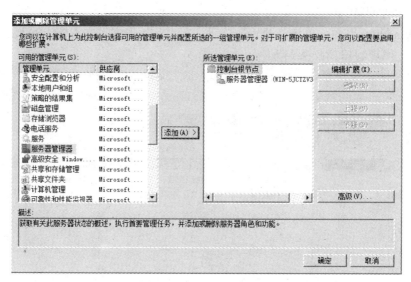

图 4-25　添加或删除管理单元的主界面

4.3.2　服务器管理器简介

服务器管理器是 Windows Server 2008 扩展的 Microsoft 管理控制台（MMC），允许查看和管理影响服务器工作效率的主要信息，用于管理服务器的标志及系统信息、显示服务器状态、通过服务器角色配置来识别问题，以及管理服务器上已安装的所有角色。通过服务器管理器控制台缓解了企业中对多个服务器角色进行管理及安全保护的任务压力。

在 Windows Server 2008 系统管理中，有两个重要的概念：角色和功能。它们相当于以前 Windows Server 2003 中的 Windows 组件，重要的组件划分到 Windows Server 2008 角色，其他服务和服务器功能实现划分到 Windows Server 2008 功能。

（1）角色是 Windows Server 2008 中一个新概念，主要是指服务器角色，也就是指运行某一个特定服务的服务器角色。当一台硬件服务器安装了某个服务后，那么这台机器就被赋予了某种角色，这个角色的任务就是为应用程序、计算机或整个网络环境提供该项服务。

（2）功能是一些软件程序，这些软件程序不直接构成角色，但可以支持或增强角色的应用，甚至增强整个服务器的功能应用。例如，"Telnet 客户端"功能允许通过网络与 Telnet 服务器进行远程通信，从而全面实现服务器的通信应用。

服务器管理器的主界面如图 4-26 所示，主要包含了"服务器摘要"、"角色摘要"、"功

能摘要"和"资源和支持"等区域。

（1）"服务器摘要"区域，显示了有关在故障排除期间特别有用的服务器的详细信息，如计算机的名称和网络地址，以及在计算机上运行的操作系统的产品 ID。在"服务器摘要"区域中，可以查看和修改网络连接、修改系统属性，并启用和配置远程桌面。

（2）"角色摘要"区域，显示了在计算机上安装的所有角色的列表。计算机上安装的角色名称显示为超文本，单击角色名称可打开"服务器管理器"主页来管理该角色。若要安装其他角色或删除现有角色，请单击位于"角色摘要"区域右边的适当命令。此部分中的"转到管理角色"命令可以打开角色主页，在该页面上可以找到有关已安装角色的详细信息，如安装了适用于该角色的哪些角色服务、角色的操作状态，以及是否可以读取有关角色的事件消息。

（3）"功能摘要"区域，显示计算机上已安装的功能列表。若要安装其他功能或删除现有功能，可单击"功能摘要"区域右边缘中的相应命令。

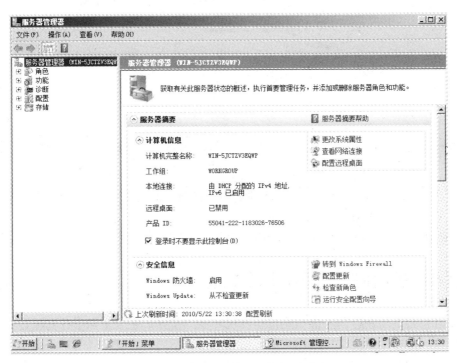

图 4-26　服务器管理器的主界面

4.4　技能 4　Windows Server 2008 基本配置

4.4.1　设置用户的桌面环境

系统登录后，首次出现的桌面只有一个回收站图标，可通过"个性化设置"把桌面设置成符合自己管理工作需要的桌面。

① 在桌面上单击鼠标右键，选择"个性化"命令，弹出如图 4-27 所示"个性化"窗

口界面。此时桌面上没有"计算机"、"用户的文件"、"控制面板"和"网络"等图标，可以选择"任务"下的"更改桌面图标"选项，增设以上桌面图标，方便以后管理员的快捷操作。

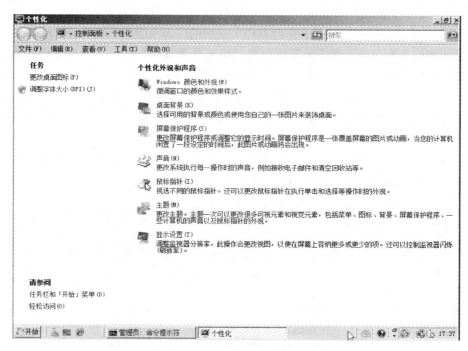

图 4-27 "个性化"窗口

② 可通过"个性化"窗口中"个性化外观和声音"选项的各个功能应用，包括"Windows颜色和外观"、"桌面背景"、"屏幕保护程序"、"声音"、"鼠标指针"、"主题"和"显示设置"，实现 Windows Server 2008 用户的详细环境设置。

4.4.2 更改用户、系统环境变量

对于计算机的应用，各种类型用户所使用环境的差异，主要是由于各自配置文件的组成内容的不同，即配置文件中各用户的环境变量设置不同。系统环境变量是操作系统或应用程序所使用的数据，通过环境变量可以使操作系统或该应用程序获得所运行平台的重要信息。系统环境变量的值对于登录到系统中的不同用户来讲都是相同的。而用户环境变量主要定义了每个登录用户的不同信息，当用户使用不同的账户名登录操作系统时，那么其用户环境变量值是不同的。通过配置环境变量，能使系统管理员更好地管理不同用户的登录情况。

① 打开"服务器管理器"，在"服务器摘要"区域中，单击"更改系统属性"按钮；

② 在如图 4-28 所示对话框的"高级"选项卡中，单击"环境变量"按钮；

③ 如图 4-29 所示"环境变量"对话框，其中上部区域是系统中已有用户的环境变量编辑窗口，下部区域为系统环境变量的编辑窗口。

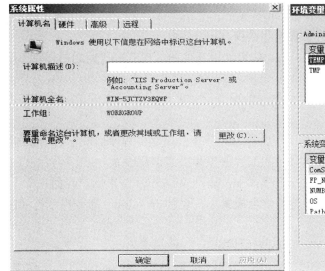

图 4-28　"系统属性"对话框

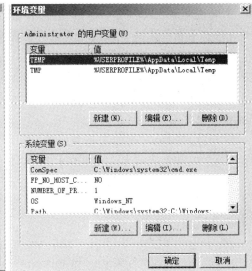

图 4-29　"环境变量"对话框

4.4.3　使用"系统配置"排除系统故障

"系统配置"是一种高级工具，可用来帮助系统管理员，查找 Windows 操作系统非正常启动的问题。可在禁用常用服务等启动程序情况下，启动操作系统，然后再逐一启动所需服务程序。

建议： 应用系统配置工具，可使用二分法快速找到导致问题的服务或程序，即先禁用一半服务程序，观察系统是否运行正常，如果正常，则再禁用另一半服务程序，这样很快就能找到引起问题的服务程序。

启动系统配置工具，可选择"开始"|"运行"命令，在运行对话框中输入"msconfig"命令，即可打开如图 4-30 所示系统配置工具主界面。

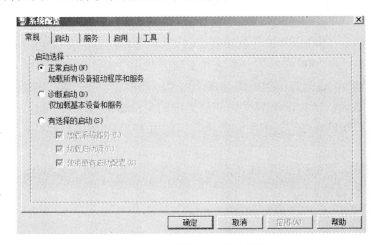

图 4-30　系统配置工具主界面

下面说明系统配置中可用的选项卡及其作用。

（1）"常规"选项卡，列出了启动配置模式选项。

① 正常启动：以通常方式启动操作系统，如果使用其他两种模式解决问题后，要使用此模式启动系统。

② 诊断启动：以使用基本服务和驱动程序情况下启动系统，此模式可帮助排除基本Windows 文件造成的问题。

③ 有选择启动：在使用基本服务、驱动程序和选择其他应用服务程序情况下启动系统。

（2）"启动"选项卡，主要包括操作系统的配置选项和高级调试设置。

① 最小：仅在运行关键系统服务的安全模式下，启动 Windows 图形用户界面。

② 其他外壳：仅在运行关键系统服务的安全模式下，启动 Windows 命令提示符（图形界面和网络已禁用）。

③ 无 GUI 启动：启动时不显示 Windows 初始屏幕。

④ 启动日志：将所有启动进程中的信息存储在%SystemRoot%\Ntbtlog.txt 日志文件中。

⑤ 基本视频：在最小 VGA 模式下启动图形用户界面。

⑥ OS 启动信息：显示启动过程中加载的驱动程序名称。

（3）"服务"选项卡，列出当前计算机中启动并运行的所有服务程序，及其状态（"正在运行"、"已停止"）。可通过使用该选项卡功能，查找可能引起启动问题的服务。选中"隐藏所有 Microsoft 服务"复选框，可在服务列表中仅显示第三方应用程序。

（4）"启用"选项卡，列出计算机启动时运行的应用程序及其发行者的名称、可执行文件的路径、注册表项的位置或运行此应用程序的快捷方式。如果系统管理员怀疑某个应用程序不安全，可查"命令"列获取其存放的路径。

（5）"工具"选项卡，提供可以运行的诊断工具，和其他高级工具的方便列表。

4.4.4 配置本地网络连接

1. 配置直接使用 TCP/IPv4 进行通信

Windows Server 2008 操作系统在支持 TCP/IPv4 通信协议的基础上，增加了 TCP/IPv6 协议。Windows Server 2008 系统默认状态下会优先使用 TCP/IPv6 通信协议进行网络连接，而目前对应 TCP/IPv6 通信协议的网络连接应用范围还很小，许多现存网络设备不支持该协议通信（不久的将来，TCP/IPv6 将是网络环境中的主流通信协议）。这样，Windows Server 2008 系统发现 TCP/IPv6 通信失败后，会再尝试使用 TCP/IPv4 进行通信，从而导致网络传输速度慢半拍。

下面操作步骤介绍如何取消 TCP/IPv6 协议选项，让 Windows Server 2008 直接使用 TCP/IPv4 选项进行通信。

① 打开"控制面板"|"网络和共享中心"，如图 4-31 所示；

② 在"任务"区域下，选择并单击"管理网络连接"选项，在"本地连接"图标上单击鼠标右键，打开其"属性"对话框，如图 4-32 所示。此时会看到系统默认状态下，"Internet协议版本 6（TCP/IPv6）"被选中，取消该选项，并保持"Internet 协议版本 4（TCP/IPv4）"

与"Microsoft 网络的文件和打印机共享"选项被选中，单击"确定"按钮即可。

图 4-31 "网络和共享中心"窗口

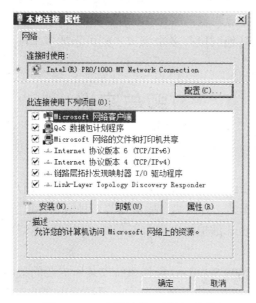

图 4-32 "本地连接"属性对话框

2. 配置静态 IP 地址

静态 IP 地址，是系统管理员指定的固定计算机 IP 地址。在网络规模不大，且网络中的计算机较为固定时，可使用静态 IP 网络地址。以下步骤介绍配置静态 IP 地址的过程。

① 打开"网络和共享中心"界面，选择"本地连接"图标，打开其"属性"窗口，如

图 4-32 所示，选中"Internet 协议版本 4（TCP/IPv4）"选项，单击"属性"按钮，如图 4-33 所示。

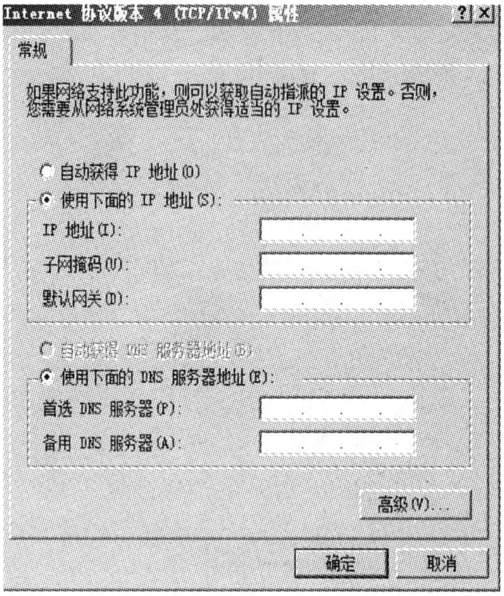

图 4-33　"Internet 协议版本 4（TCP/IPv4）属性"对话框

② 输入指定的 IP 地址、子网掩码、默认网关及 DNS 服务器等相关网络配置参数。单击"高级"按钮，可以给计算机输入多个 IP 地址和网关（网关就是路由器的接口地址），如果该计算机所在网络到其他网段有多个出口，则可添加多个网关；如果该网络只有一个出口，默认网关就指定一个。

习题与实训

1. 填空题

（1）微软公司的操作系统可分为两大类：一类是面向普通用户的 PC 桌面操作系统；另一类就是定位在高性能工作站、台式机、服务器等多种应用环境的企业级_____。

（2）VMware Workstation 虚拟机主要有三种网络类型（模型）：_____、NAT 网络和 Host-only 网络。

（3）Windows Server 2008 Standard 操作系统安装所需要的最小内存空间是_____。

（4）Windows Server 2008 操作系统安装完，系统中内置的管理员用户名是_____。

（5）Windows Server 2008 "Administrator" 用户的新密码必须满足系统的复杂性要求，即密码中要包括_____，还必须是 7 个字符以上。

（6）Microsoft 管理控制台 MMC 不是执行具体管理功能的程序，是一个_____工具。

（7）在 Windows Server 2008 系统管理中，有两个重要的概念：_____和功能。

2. 简答题

（1）Windows Server 2008 系列操作系统有哪些主要版本？它们的区别是什么？

（2）Windows Server 2008 操作系统的新特性主要有哪些？

（3）简述 Windows Server 2008 环境变量的含义及作用。

实训项目 4

（1）实训目的：掌握虚拟机软件 VMware Workstation 的使用，学会在 VMware Workstation 中安装 Windows Server 2008 操作系统，熟练配置 Windows Server 2008 系统基本环境。

（2）实训环境：局域网，VMware Workstation 工具，Windows Server 2008 ISO 安装文件。

（3）实训内容：

① 在 VMware Workstation 中创建新的虚拟计算机，准备安装 Windows Server 2008 Standard。

② 在虚拟机中，全新安装 Windows Server 2008 Standard。

③ 在 Windows Server 2008 系统中配置网络环境参数，并与主机系统之间进行网络连接测试。

第5章 Windows Server 2008 本地用户和组的管理

操作系统的账户管理是系统管理员日常所要完成的最重要工作之一。作为多用户、多任务的操作系统，Windows Server 2008 拥有一个完备的系统账户和安全、稳定的工作环境，系统所提供的账户类型主要包括用户账户和组账户。用户只有首先登录到系统中，才能够使用系统所提供的资源。

【本章概要】

本地用户账户管理；

本地组账户管理；

本地用户相关的安全管理操作。

5.1 技能 1 本地用户账户管理

用户账户是用来登录到计算机或通过网络访问计算机及网络资源的凭证，它是用户在 Windows Server 2008 操作系统中的唯一标志。如果用户要登录到 Windows Server 2008 的计算机系统或者 Windows Server 2008 所支持的网络资源环境，那么其必须拥有一个合法的用户账户。Windows Server 2008 通过创建账户（包括用户账户和组账户），并赋予账户合适的权限来保证使用网络和计算机资源的合法性，以确保数据访问、存储的安全需要。

5.1.1 用户账户简介

用户账户是操作系统实现其安全机制的一种重要技术手段，操作系统通过用户账户来辨别用户身份，让具有一定使用权限的人登录计算机，访问本地计算机资源或从网络访问这台计算机的共享资源。系统管理员根据不同用户的具体工作情景，指派不同用户不同的应用权限，从而可以让用户执行并完成不同功能的管理任务。因此，运行 Windows Server 2008 系统的计算机，都需要有用户账户才能登录计算机，用户账户是 Windows Server 2008 系统环境中用户唯一的标志符。在 Windows Server 2008 启动运行之初或登录已运行系统的过程中，都将要求用户输入指定的用户账户名和密码，当系统比较用户输入的账户标志符和密码，与本地安全数据库中的用户相关信息一致时，才允许用户登录到本地计算机或从网络上获取对资源的访问权限。

用户登录系统时，本地系统验证用户账户的有效性的基本原理是这样的：如果用户提供了正确的用户名和密码，则本地系统分配给用户一个访问令牌（Access Token），该令牌定义了用户在本地计算机系统上的访问权限，资源所在的计算机系统负责对该令牌进行鉴别，以保证用户只能在系统管理员定义的权限范围内使用本地计算机上的资源。对访问令牌的分配和鉴别是由本地计算机操作系统的本地安全权限功能负责的。

Windows Server 2008 支持两种用户账户：本地用户账户和域用户账户。

本地用户账户是指安装了 Windows Server 2008 的计算机在本地安全目录数据库中建立的账户。使用本地账户则只能登录到建立该账户的计算机上，并访问该计算机上的系统资源。此类账户通常在工作组网络中使用，其显著特点是基于本机。

域用户账户是建立在域控制器的活动目录数据库中的账户。此类账户具有全局性，可以登录到域网络环境模式中的任何一台计算机，并获得访问该网络的权限。这需要系统管理员在域控制器上，为每个登录到域的用户创建一个用户账户。本章主要介绍本地用户和组的管理。

另外，Windows Server 2008 还提供内置用户账户（即系统用户账户），它用于执行特定的管理任务或使用户能够访问网络资源。Windows Server 2008 系统的最常用的两个内置账户是 Administrator 和 Guest 。

Administrator：即系统管理员，拥有最高的使用资源权限，可以对该计算机或域配置进行管理，如创建修改用户账户和组、管理安全策略、创建打印机、分配允许用户访问资源的权限等。Administrator 账户是在安装 Windows Server 2008 过程中创建的，系统默认的名称是 Administrator，用户可以根据需要改变其名称，但无法删除它。

Guest：即为临时访问计算机的用户而提供的账户。Guest 账户也是在系统安装中自动添加的，并且不能删除。在默认情况下，为了保证系统的安全，Guest 账户是禁用的，但在安全性要求不高的网络环境中，可以使用该账户，且通常分配给它一个口令。Guest 账户只拥有很少的权限，系统管理员可以改变其使用系统的权限。

5.1.2　创建用户账户的方法

1. 用户账户创建前的规划

在系统中操作创建之前，先制定一个用户账户创建所遵循的规则或约定，这样可以更好地方便和统一账户的日后管理工作，提供高效、稳定的系统应用环境。

1）用户账户命名规划

（1）用户账户命名注意事项。一个良好的用户账户命名策略有助于系统用户账户的管理，首先要注意以下的用户账户命名注意事项。

① 账户名必须唯一：本地账户必须在本地计算机系统中唯一。

② 账户名不能包含以下字符：?+*∧[]=<>"。

③ 账户名称最长只能包含 20 个字符（用户可以输入超过 20 个字符，但系统只识别前 20 个字符）。

④ 用户名不区分大小写。

（2）用户账户命名推荐策略。为加强用户管理，在企业应用环境中通常采用下列命名规范：

① 用户全名：建议用户全名以企业员工的真实姓名命名，便于系统管理员查找、管理用户账户。比如张玉婷，系统管理员创建用户账户时将其姓指定为"张"，名指定为"玉婷"，则用户在打开"活动目录用户和计算机"时可以方便地查找到该用户账户。

② 用户登录名：用户登录名一般要符合方便记忆和具有安全性的特点。用户登录名一般采用姓的拼音加名的首字母，如张玉婷，将其登录名命名为 Zhangyt。

2）用户账户密码的规则

（1）用户密码设置注意事项。

① Administrator 账户必须指定一个密码，并且除系统管理员外的用户不能随便使用该账户。

② 系统管理员在创建用户账户时，可给每个用户账户指定一个唯一的密码，要防止其他用户对其进行更改，最好使该用户在第一次登录时修改，输入自己的密码。

（2）用户密码设置推荐策略。

① 采用长密码：Windows Server 2008 用户账户密码最长可以包含 127 个字符，理论上，用户账号密码越长，安全性就越高。

② 采用英文大小写字母、数字和特殊字符组合密码：Windows Server 2008 用户账户密码严格区分大小写，采用英文大小写字母、数字和特殊字符组合密码将使用户密码更加安全。

2. 创建本地用户账户

创建本地用户账户的操作用户必须拥有管理员权限才可以执行。一般，可以通过使用"计算机管理"中的"本地用户和组"管理单元来创建本地用户账户，创建的步骤如下。

（1）单击"开始"菜单，打开"控制面板"，选择"管理工具"，单击"计算机管理"控制台，打开如图 5-1 所示"计算机管理"窗口。

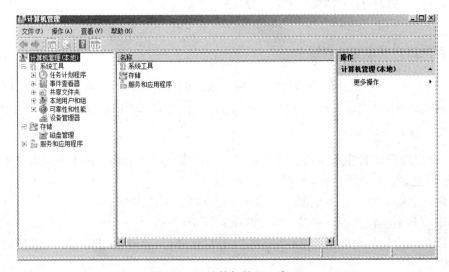

图 5-1　"计算机管理"窗口

（2）在"计算机管理"控制台中，展开"本地用户和组"节点，在"用户"文件夹上单击鼠标右键，选择"新用户"命令，打开如图 5-2 所示"新用户"对话框。

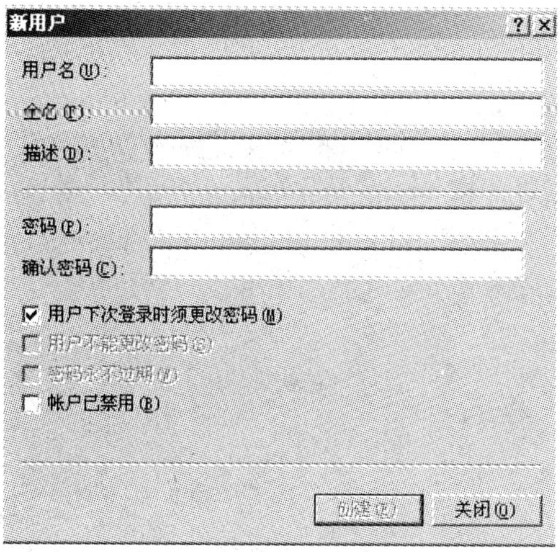

图 5-2　"新用户"对话框

（3）在"新用户"对话框中，输入用户名、全名和用户描述信息，以及用户密码。指定用户密码选项，单击"创建"按钮新增用户账户。创建完用户后，单击"关闭"按钮返回到"计算机管理"控制台。

如表 5-1 所示详细说明了各个用户密码选项的作用。

表 5-1　用户账户密码选项说明

选　　项	说　　明
用户下次登录时须更改密码	选择该项，用户第一次登录系统会弹出修改密码的对话框，要求用户更改密码
用户不能更改密码	选择该项，系统不允许用户修改密码，只有管理员能够修改用户密码。通常用于多个用户共用一个用户账户，如 Guest 等
密码永不过期	默认情况下，Windows Server 2008 操作系统用户账户密码最长可以使用 42 天，选择该项用户密码可以突破该限制继续使用。通常用于 Windows Server 2008 的服务账户或应用程序所使用的用户账户
账户已禁用	禁用用户账户，使用户账户不能再登录，用户账户要登录必须清除对该项的选择

注意： 密码选项中的"用户下次登录时须更改密码"和"用户不能更改密码"及"密码永不过期"互相排斥，不能同时选择。

本地用户账户仅允许用户登录并访问创建该账户的计算机。当创建本地用户账户时，Windows Server 2008 使用的数据库是位于%Systemroot%\system32\config 文件夹下的安全数据库（SAM）。

Windows Server 2008 创建的用户账户是不允许相同的，并且系统内部通过使用安全标志符（Security Identifier，SID）来识别每个用户账户。每个用户账户都对应一个唯一的安全标志符，这个安全标志符在用户创建时由系统自动产生。系统指派权利、授权资源访问

权限等都需要使用这个安全标志符。

注意：当删除一个用户账户后，重新创建名称相同的账户并不能获得先前账户的权利。

用户登录后，可以在命令提示符状态下输入"whoami /logonid"命令查询当前用户账户的安全标志符，如图 5-3 所示。

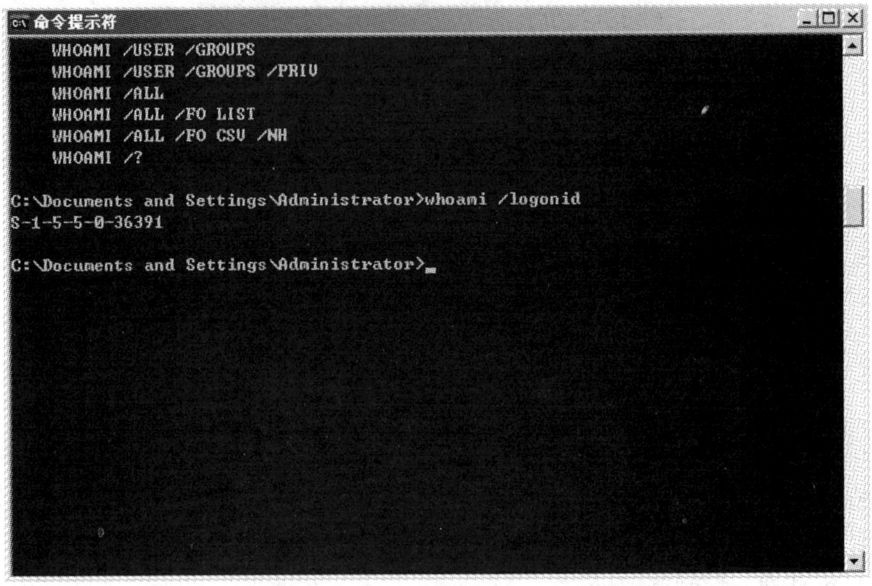

图 5-3　查询当前账户的完全标志符

5.1.3　设置用户账户属性

为了管理和使用的方便，一个用户账户不只包括用户名和密码等信息，还包括其他的一些属性，如用户隶属的用户组、用户配置文件、用户的拨入权限和终端用户设置等。可以根据需要对账户的这些属性进行设置。在"本地用户和组"窗口的右侧栏中，双击一个用户，将显示该用户的"用户属性"对话框。如图 5-4 所示为 Administrator 用户的属性设置对话框。

下面分别介绍常用的用户账户属性设置。

1."常规"选项卡

在"常规"选项卡中，可以设置与账户有关的一些描述信息，包括全名、描述、账户及密码选项等。系统管理员可以设置密码选项，可以禁用账户，如果账户已经被系统锁定，管理员可以解除锁定。

2."隶属于"选项卡

在"隶属于"选项卡中，可以设置该账户和组之间的隶属关系，把账户加入到合适的本地组中，或者将用户从组中删除。"隶属于"选项卡，如图 5-5 所示。

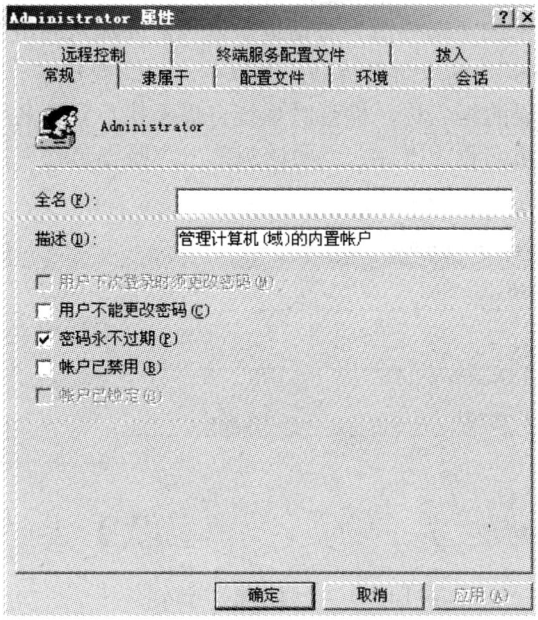

图 5-4　Administrator 用户属性对话框

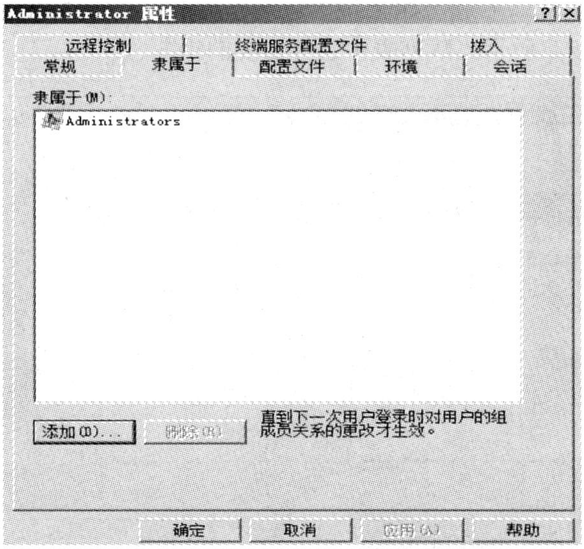

图 5-5　"隶属于"选项卡

为了管理的方便，通常把用户加入到组当中，通过设置组的权限统一管理用户的权限。根据需要对用户组进行权限的分配与设置，用户属于哪个组，用户就具有该用户组的权限。新增的用户账户默认是加入到 Users 组，Users 组的用户一般不具备一些特殊权限，如安装应用程序、修改系统设置等。因此，当要分配这个用户一些别的权限时，可以将该用户账户加入到其他拥有这些权限的组。如果需要将用户从一个或几个用户组中删除，单击"删除"按钮即可完成。

下面以将本地用户账户"usera"添加到管理员组为例，介绍添加用户到组的操作步骤。

（1）单击图 5-5 中的"添加"按钮。

（2）在如图 5-6 所示的"选择组"对话框中输入需要加入的组的名称，如输入管理员组的名称"Administrators"。输入组名称后，可以单击"检查名称"按钮，检查一下名称是否正确，如果输入了错误的组名称，检查时系统将提示找不到该名称。如果没有错误，名称会改变为"本地计算机名称\组名称"。如该例单击"检查名称"按钮后，名称会改变为"ABC\Administrators"。

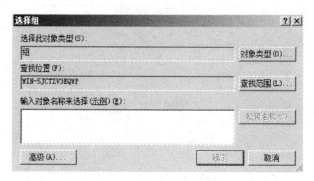

图 5-6　"选择组"对话框

也可以找出可用的组的列表，从中选择需要的组，这样可以不用手动输入组名称。单击图 5-6 中"高级"按钮，在接下来出现的窗口中单击"立即查找"按钮，就可以出现可用的组的列表，如图 5-7 所示。从列表中选择需要的组即可。

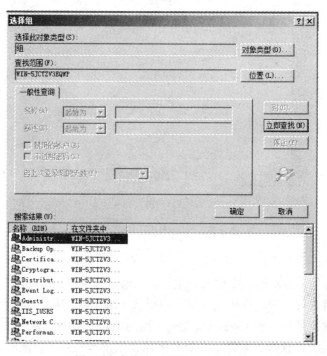

图 5-7　查找选择可用的组的列表

3."配置文件"选项卡

在"配置文件"选项卡中，可以设置用户账户的配置文件路径、登录脚本和主文件夹

路径。用户配置文件是存储当前桌面环境、应用程序设置及个人数据的文件夹和数据的集合，还包括所有登录到某台计算机上所建立的网络连接。由于用户配置文件提供的桌面环境与用户最近一次登录到该计算机上所用的桌面相同，因此就保持了用户桌面环境及其他设置的一致性。当用户第一次登录到某台计算机上时，Windows Server 2008 自动创建一个用户配置文件并将其保存在该计算机上。本地用户账户的配置文件，都是保存在本地磁盘的%userprofile%文件夹中。

　　"配置文件"选项卡如图 5-8 所示。下面分别介绍用户配置文件、登录脚本和用户主文件夹的相关知识。

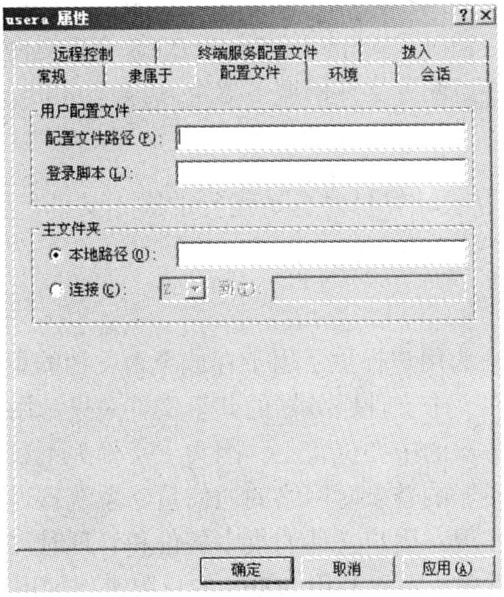

图 5-8　"配置文件"选项卡

1）用户配置文件

用户配置文件有以下几种类型。

　　（1）默认用户配置文件。默认用户配置文件是所有用户配置文件的基础。当用户第一次登录到一台运行 Windows Server 2008 的计算机上时，Windows Server 2008 会将本地默认用户配置文件夹复制到%Systemdrive%\Documents and Settings\%Username%中，以作为初始的本地用户配置文件。

　　（2）本地用户配置文件。本地用户配置文件保存在本地计算机上的%Systemdrive%\Documents and Settings\%Username%文件夹中，所有对桌面设置的改动都可以修改用户配置文件。

　　（3）强制用户配置文件。强制用户配置文件是一个只读的用户配置文件。当用户注销时，Windows Server 2008 不保存用户在会话期内所做的任何改变。可以为需要同样桌面环境的多个用户定义一份强制用户配置文件。

　　配置文件中，隐藏文件 Ntuser.dat 包含了应用单个用户账户的 Windows Server 2008 的部分系统设置和用户环境设置，系统管理员可以通过将其改名为 Ntuser.man，从而把该文件变成了只读型，即创建了强制用户配置文件。

　　（4）漫游用户配置文件。通过设置漫游用户配置文件，可以支持在多台计算机上工作的用户。

漫游用户配置文件只能由系统管理员创建。漫游用户配置文件可以保存在某个网络服务器上，用户无论从哪台计算机登录，均可获得这一配置文件。用户登录时，Windows Server 2008 会将该漫游用户配置文件从网络服务器复制到该用户当前所用的计算机上。因此，用户总是能得到自己的桌面环境设置和网络连接设置。漫游用户配置文件只能在域环境下实现。

在第一次登录时，Windows Server 2008 将所有的文件都复制到本地计算机上。此后，当用户再次登录时，Windows Server 2008 只需要比较本地储存的用户配置文件和漫游用户配置文件。这时，系统只复制用户最后一次登录并使用这台计算机时被修改的文件，因此缩短了登录时间。当用户注销时，Windows Server 2008 会把对漫游用户配置文件本地备份所做的修改复制到存储该漫游配置文件的服务器上。

2）登录脚本

登录脚本是希望用户登录计算机时自动运行的脚本文件，脚本文件的扩展名可以是VBS、BAT 或 CMD。

3）用户主文件夹

Windows Server 2008 还为用户提供了用于存放个人文档的主文件夹。主件夹可以保存在客户机上，也可以保存在一个文件服务器的共享文件夹里。用户可以将所有的用户主文件夹都定位在某个网络服务器的中心位置上。因为主文件夹不属于漫游用户配置文件的一部分，所以，它的大小并不影响登录时网络的通信量。系统管理员在为用户实现主文件夹时，应考虑以下因素：在实现对用户文件的集中备份和管理时，基于安全性考虑，应将用户主文件夹存放在 NTFS 卷中，可以利用 NTFS 的权限来保护用户文件（放在 FAT 卷中只能通过共享文件夹权限来限制用户对主目录的访问）。用户可以通过网络中任意一台联网的计算机访问其主文件夹。

5.1.4　删除本地用户账户的方法

对于不再需要的账户可以将其删除，但在执行删除操作之前应确认其必要性，因为删除用户账户会导致与该账户有关的所有信息的丢失。从前面学习的内容我们知道，每个用户都有一个名称之外的唯一的标志符 SID 号，SID 号在新增账户时由系统自动产生，不同账户的 SID 不会相同。由于系统在设置用户的权限、访问控制列表中的资源访问能力等信息时，内部都使用 SID 号，所以一旦用户账户被删除，这些信息也就跟着消失了。即使重新创建一个名称相同的用户账户，也不能获得原先用户账户的权限。系统内置账户如Administrator、Guest 等无法删除。

删除本地用户账户在"计算机管理"控制台中进行，选择要删除的用户账户，执行删除功能，出现如图 5-9 所示对话框，进一步确认即可。

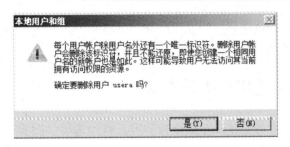

图 5-9　"本地用户和组"对话框

5.2　技能 2 管理组账户

5.2.1　组账户简介

组是多个用户、计算机账号、联系人和其他组的集合，也是操作系统实现其安全管理机制的重要技术手段。属于特定组的用户或计算机称为组的成员。使用组可以同时为多个用户账户或计算机账户指派一组公共的资源访问权限和系统管理权利，而不必单独为每个账户指派权限和权利，从而简化管理，提高效率。

需要注意的是组账户并不是用于登录操作系统的，用户在登录到系统中时均使用用户账户，同一个用户账户可以同时为多个组的成员，这样该用户的权限就是所有组权限的合并。

根据创建方式的不同，组可以分为内置组和用户自定义组。内置组是 Windows Server 2008 操作系统自动创建的一些组，有一组由系统事先定义好的执行系统管理任务的权利。

关于内置组的相关描述，可以参看系统内容。具体查看的操作：打开"计算机管理"控制台，在"本地用户和组"节点中的"组"文件夹里，可以查看本地内置的所有组账户，如图 5-10 所示。

图 5-10　查看本地内置的所有组账户

管理员可以根据自己的需要向内置组添加成员或删除内置组成员，管理员可以重命名内置组，但不能删除内置组。

5.2.2 创建本地用户组的方法

只使用系统内置组可能无法满足安全性和灵活性的需要。因为通常情况下，系统默认的用户组能够满足某些方面的系统管理需要，但是这些组常常不能满足一些系统管理的特殊需要，所以系统管理员必须根据需要新增一些组，即用户自定义组。这些组创建之后，就可以像管理系统内置组一样，赋予其权限和进行组成员的增加。只有本地计算机上的 **Administrators** 组和 **Power Users** 组成员有权创建本地用户组。

在本地计算机上创建本地组的步骤如下。

（1）单击"开始"菜单，打开"控制面板"，选择"管理工具"，单击"计算机管理"控制台。

（2）从"计算机管理"控制台中展开"本地用户和组"，在"组"文件夹上单击鼠标右键，选择"新建组"命令，如图 5-11 所示。

图 5-11 "新建组"对话框

（3）在"新建组"对话框中输入组名和描述，然后单击"创建"按钮即可完成创建。

可以在创建用户组的同时向组中添加用户。在图 5-11 所示对话框中，单击"添加"按钮，将显示"选择用户"对话框，如图 5-12 所示。可以在文本框中输入成员名称，或者使用"高级"按钮查找用户，然后单击"确定"按钮。

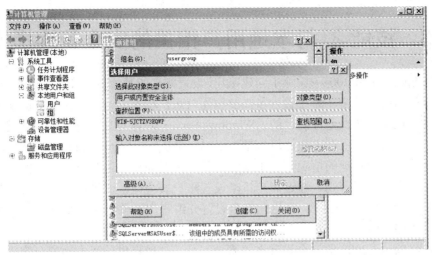

图 5-12　"选择用户"对话框

5.2.3　删除、重命名本地组及修改本地组成员的方法

对于系统不再需要的本地组，系统管理员可以将其删除。但是管理员只能删除自己创建的组，而不能删除系统提供的内置组。当管理员删除系统内置组时，系统将拒绝删除操作。

删除一个本地组的方法是：在"计算机管理"控制台中选择要删除的组账户，鼠标右键单击该组，然后单击"删除"按钮，弹出如图 5-13 所示对话框，单击"是"按钮即可。

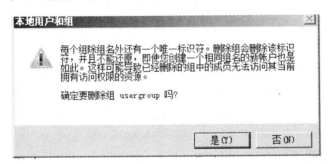

图 5-13　"删除组"操作

每个组都拥有一个唯一的安全标志符（SID），所以一旦删除了用户组，就不能重新恢复，即使新建一个与被删除组有相同名字和成员的组，也不会与被删除组有相同的特性和特权。

重命名组的操作与删除组的操作类似，只需要在弹出的菜单中选择"重命名"命令，输入相应的名称即可。

修改本地组成员通常包括向组中添加成员或从组中删除已有的成员。如果要添加成员，选择相应的组，单击"添加"按钮，再选择相应用户即可。如果要删除某组的成员，双击该组的名称，选择相应要删除的成员，然后单击"删除"按钮。

5.3 技能 3 与本地用户相关的安全管理操作

在 Windows Server 2008 中，除了创建账户、设置账户的基本属性和删除账户等管理外，为确保计算机系统的安全，系统管理员需要应用与账户相关的一些操作对本地安全进行设置，从而达到提高系统安全性的目的。Windows Server 2008 对登录到本地计算机的用户都定义了一些安全设置。所谓本地计算机是指用户登录执行 Windows Server 2008 的计算机，在没有活动目录集中管理的情况下，本地管理员必须对计算机进行设置以确保其安全。例如，限制用户如何设置密码、通过账户策略设置账户安全性、通过锁定账户策略避免他人登录计算机和指派用户权限等。将这些安全设置分组管理，就组成了 Windows Server 2008 的本地安全策略。

Windows Server 2008 的安全设置在"管理工具"功能提供的"本地安全策略"单元控制台中进行，此控制台可以集中管理本地计算机的安全设置原则。使用管理员账户登录到本地计算机，即可打开"本地安全策略"控制台，如图 5-14 所示。

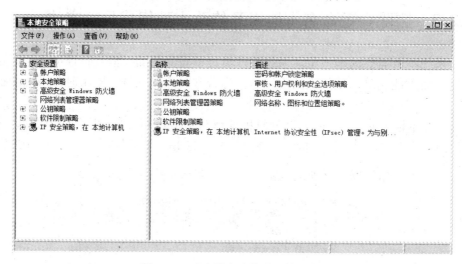

图 5-14 "本地安全策略"控制台

1. 密码安全设置

用户账户密码是保证计算机安全的重要基础手段。如果用户账户，特别是管理员账户没有设置密码，或者设置的密码非常简单，那么计算机系统将很容易被非授权用户登录侵入，进而访问计算机资源或更改系统配置。目前互联网上的攻击很多都是因为密码设置过于简单或根本没设置密码造成的，因此应该设置合适的密码和密码设置原则，从而保证系统的安全。Windows Server 2008 的密码强度原则主要包括以下四项：密码必须符合复杂性要求、密码长度最小值、密码使用期限和强制密码历史等。下面分别介绍这些项的含义和设置方法。

（1）密码必须符合复杂性要求。要使本地计算机启用密码复杂性要求，只要在"本地安全策略"中选择"账户策略"下的"密码策略"，双击右边子窗口的"密码必须符合复杂

性要求"，选择"已启用"单选钮，单击"确定"按钮即可，如图 5-15 所示。配置其他策略时，在右边选择相应的选项即可。

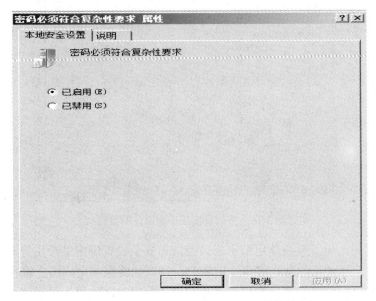

图 5-15　密码必须符合复杂性要求属性的管理

　　配置"密码必须符合复杂性要求"选项，可以设置确定密码是否符合复杂性要求，启用该策略，则密码必须符合以下最低要求。

　　① 不包含全部或部分的用户账户名；

　　② 长度至少为六个字符；

　　③ 包含来自以下四个类别中的三个的字符：英文大写字母（从 A～Z）；英文小写字母（从 a～z）；10 个基本数字（从 0～9）；非字母字符（如!,#,$,%）。

　　对于工作组环境的 Windows 系统，默认密码没有设置复杂性要求，用户可以使用空密码或简单密码，如"12345"、"password"等，这样黑客很容易通过一些扫描工具得到系统管理员的密码。对于网络环境的 Windows Server 2008，默认即启用了密码复杂性要求。

　　（2）密码长度最小值。该安全设置确定用户账户的密码可以包含的最少字符个数。可以设置为 1 到 14 个字符之间的某个值，或者通过将字符数设置为 0，设置不需要密码。在工作组环境的服务器上，默认值是 0，对于域环境的系统，默认值是 7。

　　为了系统的安全，最好设置最小密码长度为 6 或更长的字符，如图 5-16 所示设置的密码最小长度为 8 个字符。

　　（3）密码使用期限。密码使用期限有密码最长使用期限和密码最短使用期限。密码最长使用期限确定用户更改密码之前可以使用该密码的时间（单位为天）。密码最短使用期限确定用户可以更改密码之前必须使用该密码的时间（单位为天），可设置 1～998 之间的某个值，如果设置为 0，则表明允许立即修改密码。密码最短使用期限设置的值必须小于密码最长使用期限设置的值。如果密码最长使用期限设置为 0，则密码最短使用期限可以是 1～998 天之间的任何值。默认密码最长有效期设置为 42 天，默认密码最短有效期为 0 天。

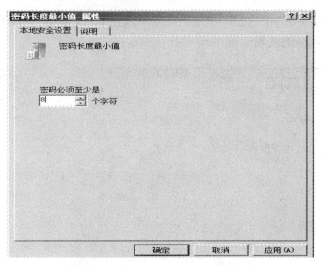

图 5-16　密码长度最小值属性的管理

（4）强制密码历史。重新使用旧密码之前，该安全设置确定某个用户账户所使用的新密码不能与该账户所使用的最近多少个旧密码一样。如将强制密码历史设置为 4 个，即系统会记住用户设置过的最后 4 个密码，当用户修改密码时，如果为最后 4 个密码之一，系统将拒绝用户的要求。该值必须为 0～24 之间的一个数。该策略通过确保旧密码不能在某段时间内重复使用，使用户账户更安全。强制密码历史设置如图 5-17 所示。默认强制密码历史为 0 个。

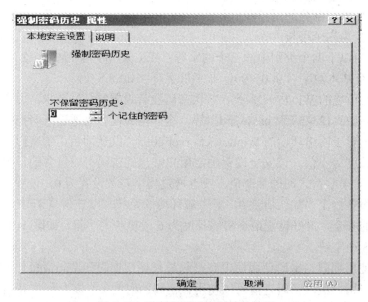

图 5-17　强制密码历史属性的管理

2. 账户锁定策略管理

所谓的账户锁定策略，是指用户设置什么时候及多长时间内账户将在系统中被锁定不能使用。Windows Server 2008 在默认情况下，没有对账户锁定进行设定，为了保证系统的

安全，最好设置账户锁定策略。账户锁定原则包括如下设置：账户锁定时间、账户锁定阈值和复位账户锁定计数器。

（1）"账户锁定时间"设置，确定锁定的账户在自动解锁前保持锁定状态的分钟数。有效范围从 0 到 99999 分钟。如果将账户锁定时间设置为 0，那么在管理员明确将其解锁前，该账户将被锁定。如果定义了账户锁定阈值，则账户锁定时间必须大于或等于重置时间。该设置的默认值：无。因为只有当指定了账户锁定阈值时，该策略设置才有意义。

（2）"账户锁定阈值"设置，确定造成用户账户被锁定的登录失败尝试的次数。登录失败尝试的范围可设置为 0～999 之间。如果将此值设为 0，则将无法锁定账户。对于使用"Ctrl+Alt+Delete"组合键或带有密码保护的屏幕保护程序锁定的工作站或成员服务器计算机，失败的密码尝试计入失败的登录尝试次数中。该设置的默认值为 0。可以设置为 5 次或更多的次数以确保系统安全，如图 5-18 所示。

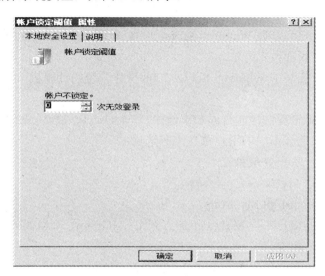

图 5-18　账户锁定阈值修改

（3）"复位账户锁定计数器"设置，确定在登录尝试失败计数器被复位为 0（即 0 次登录失败尝试）之前，尝试登录失败之后所需的分钟数。有效范围为 1～99999 分钟之间。如果定义了账户锁定阈值，则该复位时间必须小于或等于账户锁定时间。该设置的默认值：无。因为只有当指定了"账户锁定阈值"时，该策略设置才有意义。

习题与实训

1. 填空题

（1）用户要登录到 Windows Server 2008 的计算机，必须拥有一个合法的_____。

（2）Windows Server 2008 系统的最常用的两个内置账户是_____和_____。

（3）使用_____可以同时为多个用户账户指派一组公共的权限。

（4）用户必须拥有_____权限，才可以创建用户账户。

（5）用户登录后，可以在命令提示符状态下输入_____命令查询当前用户账户的安全标志符。

（6）＿＿＿＿＿＿＿＿＿＿＿是存储当前桌面环境、应用程序设置及个人数据的文件夹和数据的集合。

2. 简答题

（1）Windows Server 2008 的用户账户有哪几种类型，其含义是什么？

（2）简述为什么使用组技术管理用户账户。

（3）用户配置文件有哪几种类型？各有什么作用？

（4）Windows Server 2008 的本地安全策略主要有哪些？

实训项目 5

（1）实训目的：熟练掌握 Windows Server 2008 本地用户账户、组账户的创建与管理，以及常用的账户安全管理设置方法。

（2）实训环境：安装了 Windows Server 2008 操作系统的计算机。

（3）实训内容：

① 通过"计算机管理"控制台添加本地账户 MyUser1、MyUser2、MyUser3，在创建时分别为这三个用户选择不同的用户账户密码选项。

② 用不同的用户账户登录系统。

③ 删除用户账户 MyUser3。

④ 创建组 MyGroup1 和 MyGroup2。

⑤ 将①中创建的用户账户 MyUser1 加入到组 MyGroup1 和 MyGroup2 中，将 MyUser2 加入到 Administrators 组中。

⑥ 将 MyGroup2 重命名为 MyGroup3，并将 MyUser1 从中移除。

⑦ 删除组账户 MyGroup3。

⑧ 打开"管理工具"功能提供的"本地安全策略"单元控制台。

⑨ 对 MyUser1 进行密码安全设置，对 MyUser2 进行账户锁定安全设置，体会各种设置，尤其是设置为特殊值的效果。

第6章 Windows Server 2008文件系统管理

在计算机系统中最为重要的资源就是数据资源，许多操作系统都是通过自身的文件系统来为用户提供数据信息的，并且支持其自身独具特色的文件类型。Windows Server 2008 使用不同于其他操作系统的 NTFS 文件类型，在文件系统管理、安全等方面提供了强大的功能，用户可以很方便地在计算机或者网络上使用、管理、共享和保护文件及文件资源。本章将介绍 Windows Server 2008 有关文件系统方面的内容，主要介绍文件系统的基本概念，NTFS 文件系统与 FAT 文件系统的区别，NTFS 文件系统在安全方面的特性，以及如何在 Windows Server 2008 内配置 NTFS 的权限，和如何实现加密文件系统的方法。

【本章概要】
◆ 文件系统简介；
◆ NTFS 文件系统管理。

6.1 技能 1 文件系统简介

所谓文件系统，是操作系统在存储设备上按照一定原则组织、管理数据所用的结构和机制。文件系统规定了计算机对文件和文件夹进行操作处理的各种标准和机制，用户对于所有的文件和文件夹的操作都是通过文件系统来完成的。

磁盘或分区和操作系统所包括的文件系统是不同的，在所有的计算机系统中，都存在一个相应的文件系统。FAT、FAT32 格式的文件系统是随着计算机各种软、硬件的发展而成长的文件系统，它们所能管理的文件的最大尺寸及磁盘空间总量都有一定的局限性。从 Windows NT 开始，采用了一种新的文件系统格式——NTFS 文件系统，它比 FAT、FAT32 功能更加强大，在文件大小、磁盘空间、安全可靠等方面都有了较大的进步。在日常工作中，我们常会听到这种说法，"我的硬盘是 FAT 格式的"、"C 盘是 NTFS 格式的"，这是不恰当的，NTFS 或是 FAT 并不是格式，而是文件管理的系统类型。一般刚出厂的硬盘是没有任何类型的文件系统的，在使用之前必须首先利用相应的磁盘分区工具对其进行分区，并进一步格式化后才会有一定类型的文件系统，才可正常操作使用。由此可见，无论硬盘有一个分区，还是有多个分区，文件系统都是对应分区的，而不是对应硬盘来讲的。Windows Server 2008 的磁盘分区一般支持三种格式的文件系统：FAT、FAT32 和 NTFS。

用户在安装 Windows Server 2008 之前，应该先决定选择的文件系统。Windows Server 2008 支持使用 NTFS 文件系统和文件分配表文件系统（FAT 或 FAT32）。下面内容将对这两类文件系统进行简单介绍。

1. FAT/FAT32 文件系统

FAT（File Allocation Table）是"文件分配表"的意思，就是用来记录文件所在位置的表格。FAT 文件系统是最初用于小型磁盘和简单文件结构的简单文件系统。FAT 文件系统得名于它的组织方法：放置在分区起始位置的文件分配表。为确保正确装卸启动系统所必须的文件，文件分配表和根文件夹必须存放在磁盘分区的固定位置。文件分配表对于硬盘的使用是非常重要的，假若丢失文件分配表，那么硬盘上的数据就会因为无法定位而不能使用了。

FAT 通常使用 16 位的空间来表示每个扇区（Sector）配置文件的情形，FAT 由于受到先天的限制，因此每超过一定容量的分区之后，它所使用的簇（Cluster）大小就必须扩增，以适应更大的磁盘空间。所谓簇就是磁盘空间的配置单位，就如图书馆内一格一格的书架一样。每个要存到磁盘的文件都必须配置足够数量的簇，才能存放到磁盘中。通过使用命令提示符下的"Format"命令，用户可以指定簇的大小。一个簇存放一个文件后，其剩余的空间不能再被其他文件利用。所以在使用磁盘时，无形中都会或多或少损失一些磁盘空间。

在运行 MS-DOS、OS/2、Windows 95/98 或 Windows 95 以前版本的操作系统的计算机上，FAT 文件系统格式是最佳的选择。不过，需要注意的是，在不考虑簇大小的情况下，使用 FAT 文件系统的分区大小不能大于 2GB，因此 FAT 文件系统最好用在较小分区上。由于 FAT 额外开销的原因，在大于 512MB 的分区内不推荐使用 FAT 文件系统。

FAT32 使用了 32 位的空间来表示每个扇区（Sector）配置文件的情形。利用 FAT32 所能使用的单个分区，最大可达到 2TB（2048GB），而且各种大小的分区所能用到的簇的大小，也更恰如其分，这些优点使使用 FAT32 的系统在硬盘使用上有更高的效率。例如：两个分区容量都为 2GB，一个分区采用了 FAT 文件系统，另一个分区采用了 FAT32 文件系统。采用 FAT 分区的簇大小为 32KB，而 FAT32 分区的簇只有 4KB。那么 FAT32 就比 FAT 的存储效率要高很多，通常情况下可以提高 15%。

FAT32 文件系统可以重新定位根目录，另外 FAT32 分区的启动记录包含在一个含有关键数据的结构中，减少了计算机系统崩溃的可能性。

使用 FAT32 文件系统也有一定的限制，主要表现在以下几个方面：

（1）与操作系统有限的兼容性。目前，支持 FAT32 格式的操作系统有 Windows 95、Windows 98、OS/2、Windows Me、Windows 2000、Windows XP、Windows Server 2003 和 Windows Server 2008，一些 UNIX/Linux 版本也对 FAT32 提供有限支持。其它操作系统则不能读取 FAT32 的分区。例如：DOS6.X 启动盘开机，硬盘中的 FAT32 分区就会凭空消失，完全看不到这个分区。

（2）虽然与 FAT 相比 FAT32 可以支持的磁盘容量达到 2TB（2048GB），但是 FAT32 不能支持小于 512MB 的分区。

（3）一些版本较旧的软件不能在 FAT32 的分区中执行，如 Office 95 等。

（4）不能在 FAT32 分区中做磁盘压缩，即使使用 Windows 98 中的磁盘压缩也是行不通的。

需要注意的是，这种分区格式还有明显的缺点，由于文件分配表的扩大，FAT32 格式运行速度比 FAT 格式要慢。此外，FAT 和 FAT32 不能较好地集成，当分区变大时，文件分配表也随之变大，这就相应增加了在系统重新启动时 Windows Server 2008 计算机引导分区中闲置空间的时间。因此，在 Windows Server 2008 中不支持用户使用格式化程序来创建超过 32GB 的 FAT32 分区。

2. NTFS 文件系统

NTFS（New Technology File System）是 Windows Server 2008 推荐使用的高性能的文件系统，支持许多新的文件安全、存储和容错功能，而这些功能正是 FAT/FAT32 所缺少的，它支持文件系统大容量的存储媒体、长文件名。NTFS 文件系统的设计目标就是用来在很大的硬盘上能够很快地执行如读/写、搜索文件等标准操作。NTFS 还支持文件系统恢复这样的高级操作。

NTFS 文件系统不仅支持企业环境中文件服务器和高端个人计算机所需的安全特性，还支持对于关键数据完整性、十分重要的数据访问控制和私有权限的安全特性。除了可以赋予 Windows Server 2008 计算机中的共享文件夹特定权限外，NTFS 文件和文件夹无论共享与否都可以赋予权限。NTFS 是 Windows Server 2008 中唯一允许为单个文件指定权限的文件系统。

像 FAT 文件系统一样，NTFS 文件系统使用簇作为磁盘分配的基本单元。在 NTFS 文件系统中，默认的簇大小取决于卷的大小。在"磁盘管理器"中，用户可以指定的簇大小最大为 4KB。

NTFS 是以卷为基础的，卷建立在磁盘分区之上。分区是磁盘的基本组成部分，是一个能够被格式化和单独使用的逻辑单元。当以 NTFS 格式来格式化磁盘分区时就创建了 NTFS 卷。一个磁盘可以有多个卷，一个卷也可以由多个磁盘组成。需要注意的是，当用户从 NTFS 卷移动或复制文件到 FAT 卷时，NTFS 文件系统权限和其他特有属性将会丢失。

NTFS 文件系统最为重要的就是：它是一个基于安全性的文件管理系统，是建立在保护文件和目录数据基础上，同时兼顾节省存储资源、减少磁盘占用量的一种先进的文件系统。在早期的 Windows NT 4.0 采用的就是 NTFS 4.0 文件系统，它使系统的安全性得到了很大提高。Windows 2000/XP、Windows Server 2003/2008 采用的是新版本的 NTFS 文件系统。NTFS 使用户不但可以像 Windows 9X 那样方便快捷地操作和管理计算机，同时也可享受到 NTFS 所带来的系统安全性。NTFS 的特点主要体现在以下几个方面：

（1）NTFS 是一个日志文件系统，这意味着除了向磁盘中写入信息，该文件系统还会为所发生的所有改变保留一份日志。这一功能让 NTFS 文件系统在发生错误的时候（如系统崩溃或电源供应中断）更容易恢复，也使系统更加强壮。在 NTFS 分区上用户很少需要运行磁盘修复程序，NTFS 通过使用标准的事务处理日志和恢复技术来保证分区的一致性。发生系统失败事件时，NTFS 使用日志文件和检查点信息自动恢复文件系统的一致性。

（2）良好的安全性是 NTFS 另一个引人注目的特点，也是 NTFS 成为 Windows 网络中最常用的文件系统的最主要的原因。NTFS 的安全系统非常强大，可以对文件系统中对象的访问权限（允许或禁止）做非常精细的设置。在 NTFS 分区上，可以为共享资源、文件夹及文件设置访问许可权限。访问许可权限的设置包括两方面的内容：一是允许哪些组或用户对文件夹、文件和共享资源进行访问；二是获得访问许可的组或用户可以进行什么级别的访问。访问许可权限的设置不但适用于本地计算机的用户，同样也应用于通过网络的共享文件夹对文件进行访问的网络用户。与 FAT32 文件系统下对文件夹或文件进行的访问相比，NTFS 的安全性要高得多。另外，在采用 NTFS 格式的 Windows Server 2008 中，用审核策略可以对文件夹、文件以及活动目录对象进行审核，审核结果记录在安全日志中。通过安全日志就可以查看组或用户对文件夹、文件或活动目录对象进行了什么级别的操作，从而发现系统可能面临的非法访问，通过采取相应的措施，将这种安全隐患降到最低。这些在 FAT32 文件系统下，是不能实现的。

（3）NTFS 支持对分区、文件夹和文件的压缩。任何基于 Windows 的应用程序对 NTFS 分区上的压缩文件进行读/写时不需要事先由其他程序进行解压缩，当对文件进行读取时，文件将自动进行解压缩，文件关闭或保存时会自动对文件进行压缩。

（4）在 Windows Server 2008 的 NTFS 文件系统中可以进行磁盘配额管理。磁盘配额就是系统管理员可以为用户所能使用的磁盘空间进行配额限制，每一用户只能使用最大配额范围内的磁盘空间。设置磁盘配额后，可以对每一用户的磁盘使用情况进行跟踪和控制，通过监测可以标志出超过配额报警阈值和配额限制的用户，从而采取相应的措施。磁盘配额管理功能的提供，使得管理员可以方便合理地为用户分配存储资源，避免由于磁盘空间使用的失控造成的系统崩溃，提高了系统的安全性。

（5）对大容量的驱动器有良好的扩展性。在磁盘空间使用方面，NTFS 的效率非常高。NTFS 采用了更小的簇，可以更有效率地管理磁盘空间。相比之下，NTFS 可以比 FAT32 更有效地管理磁盘空间，最大限度地避免了磁盘空间的浪费。因此，NTFS 中最大驱动器的尺寸远远大于 FAT 格式的，而且 NTFS 的性能和存储效率并不像 FAT 那样随着驱动器尺寸的增大而降低。

Windows Server 2008 中提供的系统工具，可以很轻松地把分区转化为新版本的 NTFS 文件系统，即使以前的分区使用的是 FAT 或 FAT32。可以在安装 Windows Server 2008 时在安装向导的帮助下完成所有操作，安装程序会检测现有的文件系统格式，如果是 NTFS，则自动进行转换；如果是 FAT 或 FAT32，则会提示安装者是否转换为 NTFS。用户也可以在安装完毕之后使用 Convert.exe 来把 FAT 或 FAT32 的分区转化为 NTFS 分区。无论是在运行安装程序中还是在运行安装程序之后，这种转换都不会使用户的文件受到损害。

6.2　技能 2 NTFS 文件系统管理

6.2.1　NTFS 权限简介

Windows Server 2008 在 NTFS 类型卷上提供了 NTFS 权限，允许为每个用户或组指定

NTFS 权限，以保护文件和文件夹资源的安全。通过允许、禁止或是限制访问某些文件和文件夹，NTFS 权限提供了对资源的保护。不论用户是访问本地计算机上的文件、文件夹资源，还是通过网络来访问，NTFS 权限都是有效的。

NTFS 权限可以实现高度的本地安全性，通过对用户赋予 NTFS 权限，可以有效地控制用户对文件和文件夹的访问。NTFS 分区上的每一个文件和文件夹都有一个列表，称为访问控制列表（Access Control List，ACL），该列表记录了每一用户和组对该资源的访问权限。当用户要访问某一文件资源时，ACL 必须包含该用户账户或组的入口，只有入口所允许的访问类型和所请求的访问类型一致时，才允许用户访问该文件资源。如果在 ACL 中没有一个合适的入口，那么该用户就无法访问该文件资源。

Windows Server 2008 的 NTFS 许可权限包括了普通权限和特殊权限。

（1）NTFS 的普通权限有读取、列出文件夹内容、写入、读并且执行、修改和完全控制，以下内容将对它们分别进行说明。

① 读取：允许用户查看文件或文件夹所有权、权限和属性；可以读取文件内容，但不能修改文件内容。

② 列出文件夹内容：仅文件夹有此权限，可查看文件夹下子文件和文件夹属性和权限，读文件夹下子文件内容。

③ 写入：允许授权用户可以对一个文件进行写操作。

④ 读并且执行：用户可以运行可执行文件，包括脚本。

⑤ 修改：用户可以查看并修改文件或者文件属性，包括在目录下增加或删除文件，以及修改文件属性。

⑥ 完全控制：用户可以修改、增加、移动或删除文件，能够修改所有文件和文件夹的权限设置。

（2）NTFS 的特殊权限包括以下详细内容。

① 遍历文件夹/运行文件：对于文件夹，"遍历文件夹"允许或拒绝通过文件夹移动，以到达其他文件或文件夹，即使用户没有禁止的文件夹的权限（仅适用于文件夹）。只有当"组策略"管理单元中没有授予组或用户"忽略通过检查"用户权限时，禁止文件夹才起作用（默认情况下，授予 Everyone 组"忽略通过检查"用户权限）。对于文件，"运行文件"允许或拒绝运行程序文件（仅适用于文件）。设置文件夹的"遍历文件夹"权限不会自动设置该文件夹中所有文件的"运行文件"权限。

② 列出文件夹/读取数据：允许或拒绝用户查看文件夹内容列表或数据文件。

③ 读取属性：允许或拒绝用户查看文件或文件夹的属性，如只读或者隐藏，属性由 NTFS 定义。

④ 读取扩展属性：允许或拒绝用户查看文件或文件夹的扩展属性。扩展属性由程序定义，可能因程序而变化。

⑤ 创建文件/写入数据："创建文件"权限允许或拒绝用户在文件夹内创建文件（仅适用于文件夹）。"写入数据"允许或拒绝用户修改文件（仅适用于文件）。

⑥ 创建文件夹/附加数据："创建文件夹"允许或拒绝用户在文件夹内创建文件夹（仅适用于文件夹）。"附加数据"允许或拒绝用户在文件的末尾进行修改，但是不允许用户修改、删除或者改写现有的内容（仅适用于文件）。

⑦ 写入属性：允许或拒绝用户修改文件或者文件夹的属性，如只读或者隐藏，属性由 NTFS 定义。"写入属性"权限不表示可以创建或删除文件或文件夹，它只包括更改文件或文件夹属性的权限。要允许（或者拒绝）创建或删除操作，可参阅"创建文件/写入数据"、"创建文件夹/附加数据"、"删除子文件夹及文件"和"删除"。

⑧ 写入扩展属性：允许或拒绝用户修改文件或文件夹的扩展属性。扩展属性由程序定义，可能因程序而变化。"写入扩展属性"权限不表示可以创建或删除文件或文件夹，它只包括更改文件或文件夹属性的权限。要允许（或者拒绝）创建或删除操作，可参阅"创建文件/写入数据"、"创建文件夹/附加数据"、"删除子文件夹及文件"和"删除"。

⑨ 删除子文件夹及文件：允许或拒绝用户删除子文件夹和文件。

⑩ 删除：允许或拒绝用户删除子文件夹和文件（如果用户对于某个文件或文件夹没有删除权限，但是拥有删除子文件夹和文件权限，仍然可以删除文件或文件夹）。

⑪ 读取权限：允许或拒绝用户对文件或文件夹的读权限，如完全控制、读或写权限。

⑫ 修改权限：允许或拒绝用户修改该文件或文件夹的权限分配，如完全控制、读或写权限。

⑬ 获得所有权：允许或拒绝用户获得对该文件或文件夹的所有权。无论当前文件或文件夹的权限分配状况如何，文件或文件夹的拥有者总可改变其的权限。

⑭ 同步：允许或拒绝不同的线程等待文件或文件夹的句柄，并与另一个可其能向它发信号的线程同步。该权限只能用于多线程、多进程程序。

NTFS 的普通权限都由更小的特殊权限元素组成。系统管理员可以根据需要利用 NTFS 特殊权限进一步控制用户对 NTFS 文件或文件夹的访问。

上述权限设置中比较重要的是修改权限和获得所有权，通常情况下，这两个特殊权限要慎重使用，一旦赋予了某个用户修改权限，该用户便可以改变相应文件或者文件夹的权限设置。同样，一旦赋予了某个用户获得所有权权限，该用户就可以作为文件的所有者对文件做出查阅并更改。

6.2.2　设置 NTFS 权限

只有 Administrators 组内的成员、文件和文件夹的所有者、具备完全控制权限的用户，才有权更改这个文件或文件夹的 NTFS 权限。主要设置的方法是：打开"资源管理器"或"计算机"，在 NTFS 分区上指定要设置 NTFS 权限的文件夹或文件，单击鼠标右键，在弹出菜单中选择"属性"命令，在随后出现的"属性"对话框中单击"安全"选项卡，可以在如图 6-1 所示的选项卡上进行 NTFS 权限设置。

进行 NTFS 权限设置实际上就是设置"谁"有"什么"权限，在图 6-1 所示的选项卡上端的窗口和按钮用于选取用户和组账户，解决"谁"的问题，下端的窗口和按钮用于为上面窗口中选中的用户或组设置相应的权限，解决"什么"的问题。

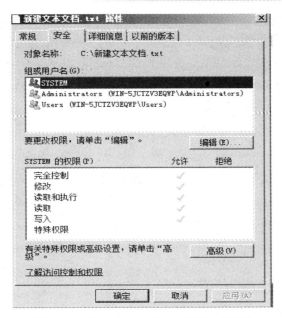

图 6-1　"新建文本文档.txt 属性"对话框

1. 添加/删除用户和组

若要添加权限用户和组，单击图 6-1 中的"编辑"按钮，将出现如图 6-2 所示的对话框，在这个对话框中可以直接在文本框中输入用户和组账户名称。

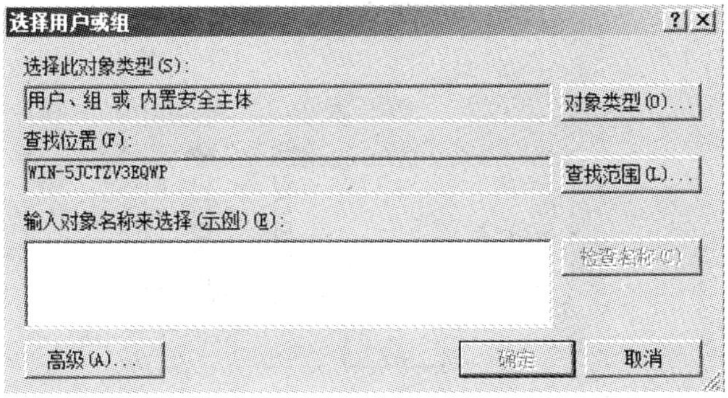

图 6-2　"添加用户或组"对话框

也可以以选取的方式添加用户和组账户名称，方法是在图 6-2 中单击"高级"按钮，在如图 6-3 所示的对话框中单击"对象类型"按钮缩小搜索账户类型的范围，然后单击"位置"按钮搜索账户的位置，然后单击"立即查找"按钮。

搜索完成后在"搜索结果"窗口中，用鼠标选取需要的账户，选取账户时可以按住"Shift"键连续选取或者按住"Ctrl"键间隔选取多个账户，最后单击"确定"按钮返回，再次单击"确定"按钮完成账户选取操作。此时，在"属性"对话框的"安全"选项卡上端的窗口中已经可以看到新添加的用户和组，如图 6-4 所示。

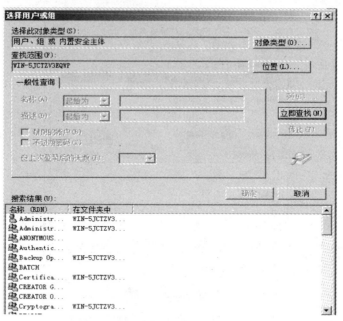

图 6-3　以查找方式添加用户

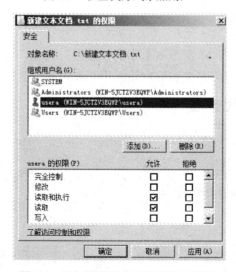

图 6-4　添加用户账户后的属性对话框

　　若要删除权限用户，在图 6-4 的组或用户名列表中选择这个用户，单击"删除"按钮即可。

2.　为用户和组设置权限

　　若要设置一个账户的 NTFS 权限，在如图 6-4 所示的对话框上端选取该账户，就可以在下端的窗口中对其设置相应的 NTFS 权限。在这个对话框中看到的都是 NTFS 标准权限，对于每一种标准权限都可以通过有对勾设置"允许"或没有对勾设置"拒绝"两种访问权限，另外图中有的权限前已经用灰色的对勾选中，这种默认的权限设置是从父对象继承的，即它表明选项继承了该用户或组对该文件或文件夹所在上一级文件夹的 NTFS 权限。

如果需要进一步设置 NTFS 权限，可以单击"高级"按钮，在如图 6-5 所示的对话框中进行设置。

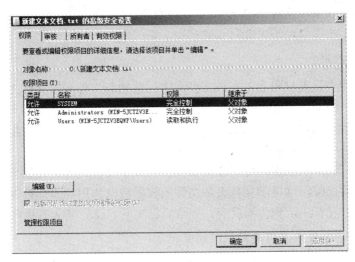

图 6-5　NTFS 权限的高级设置

3. NTFS 权限的应用规则

系统管理员可以根据需要赋予用户访问 NTFS 文件或文件夹的权限，同时管理员也可以赋予用户所属组访问 NTFS 文件或文件夹的权限。用户访问 NTFS 文件或文件夹时，其有效权限必需通过相应的应用规则来确定。NTFS 权限应用遵循以下几个规则。

1）NTFS 权限是累积的

用户对某个 NTFS 文件或文件夹的有效权限，是用户对该文件或文件夹的 NTFS 权限和用户所属组对该文件或文件夹的 NTFS 权限的组合。如果一个用户同时属于两个组或者多个组内，而各个组对同一个文件资源有不同的权限，这个用户会得到各个组的累加权限。假设有一个用户 Jack，如果 Jack 属于 A 和 B 两个组，A 组对某文件有读取权限，B 组对此文件有写入权限，而 Jack 自己对此文件有修改权限，那么 Jack 对此文件的最终权限为"读取+写入+修改"。

2）文件权限超越文件夹权限

当一个用户对某个文件及其父文件夹都拥有 NTFS 权限时，如果用户对其父文件夹的权限小于文件的权限，那么该用户对该文件的有效权限是以文件权限为准。例如，folder 文件夹包含 file 文件，用户 Jack 对 folder 文件夹有列出文件夹内容权限，对 file 有写的权限，那么 Jack 访问 file 时的有效权限则为写。

3）拒绝权限优先于其它权限

系统管理员可以根据需要拒绝指定用户访问指定文件或文件夹，当系统拒绝用户访问某文件或文件夹时，不管用户所属组对该文件或文件夹拥有什么权限，用户都无法访问该文件或文件夹。假设有用户 Jack 属于 A 组，管理员赋予 Jack 对某一文件拒绝写的权限，赋予 A 组对该文件完全控制的权限，那么 Jack 访问该文件时，其有效权限则为读。

例如，Jack 属于 A 和 B 两个组，假设 Jack 对某一文件有写入权限，A 组对此文件有读取权限，但是 B 组对此文件为拒绝读取权限，那么 Jack 对此文件只有写入权限。如果 Jack 对此文件只有写入权限，此时 Jack 的写入权限有效么?答案很明显，Jack 对此文件的写入权限无效，因为无法读取是不可能写入的。

4）文件权限的继承

当用户对文件夹设置权限后，在该文件夹中创建的新文件和子文件夹将自动默认继承这些权限。从上一级继承下来的权限是不能直接修改的，只能在此基础上添加其他权限。也就是不能把权限上的勾去掉，只能添加新的勾。灰色的框为继承的权限，是不能直接修改的，白色的框是可以添加的权限。

如果不希望它们继承权限，可以在为父文件夹或子文件夹和文件设置权限时，设置为不继承父文件夹的权限，这样子文件夹和文件的权限将改为用户直接设置的权限。从而避免了由于疏忽或者没有注意到传播反应，导致后门大开，让一些人有机可乘。

5）复制或移动文件或文件夹时权限的变化

文件和文件夹资源的移动、复制操作对权限继承是有些影响的，主要体现在以下几个方面：

① 在同一个卷内移动文件或文件夹时，此文件或文件夹会保留在原位置的一切 NTFS 权限；在不同的 NTFS 卷之间移动文件或文件夹时，文件或文件夹会继承目的卷中文件夹的权限。

② 当复制文件或文件夹时，不论是否复制到同一卷内还是不同卷内，将继承目的卷中文件夹的权限。

③ 当从 NTFS 卷向 FAT 分区中复制或移动文件和文件夹都将导致文件和文件夹的权限丢失。

在实际复制或移动文件或文件夹前，应该检查和确保移动、复制的所有权和权限。假如没有移动、复制文件或文件夹的所有权或者权限，即使作为一名管理员也无法对该文件或文件夹操作。但是，可以先获得对文件或文件夹的所有权，然后再分配给自己必要的权限就可以操作了。

4. NTFS 权限与共享权限的组合权限

NTFS 权限与共享权限都会影响用户获取网络资源的能力。共享权限只对共享文件夹的安全性做控制，即只控制来自网络的访问，但也适合于 FAT 和 FAT32 文件系统。NTFS 权限则对所有文件和文件夹做安全控制（无论访问来自本地主机还是网络），但它只适用于 NTFS 文件系统。当共享权限和 NTFS 权限冲突时，以两者中最严格的权限设定为准。需要强调的是在 Windows XP、Windows Server 2003/2008 及后续的 Windows 版本中，系统所默认的共享权限都是只读，这样通过网络访问 NTFS 分区所能获得的权限就受到了限制。

共享权限有三种：读取、更改和完全控制。Windows Server 2008 默认的共享文件设置权限是 Everyone 用户只具有读取权限，而 Windows 2000 默认的共享文件设置权限是 Everyone 用户具有完全控制权限。下面解释三种权限。

（1）读取。读取权限是指派给 Everyone 组的默认权限，可实现以下操作：

● 查看文件名和子文件夹名；

● 查看文件中的数据；

● 运行程序文件。

（2）更改。更改权限不是任何组的默认权限。更改权限除允许所有的读取权限外，还增加以下权限：

● 添加文件和子文件夹；

● 更改文件中的数据；

● 删除子文件夹和文件。

（3）完全控制。完全控制权限是指派给本机 Administrators 组的默认权限。完全控制权限除允许全部读取权限外，还具有更改权限。

与 NTFS 权限一样，如果赋予某用户或者用户组拒绝的权限，该用户或者该用户组的成员将不能执行被拒绝的操作。

当用户从本地计算机直接访问文件夹的时候，不受共享权限的约束，只受 NTFS 权限的约束。当用户从网络访问一个存储在 NTFS 文件系统上的共享文件夹时，会受到 NTFS 权限与共享权限的约束，而有效权限是最严格的权限（也就是这两种权限的交集）。同样，这里也要考虑到两个权限的冲突问题。例如，共享权限为只读，NTFS 权限是写入，那么最终权限是完全拒绝。这是因为这两个权限的组合权限是两个权限的交集。

共享权限只对通过网络访问的用户有效，所以有时需要和 NTFS 权限配合（如果分区是 FAT/FAT32 文件系统，则不需要考虑）才能严格控制用户的访问。当一个共享文件夹设置了共享权限和 NTFS 权限后，就要受到两种权限的控制。如果希望用户能够完全控制共享文件夹，首先要在共享权限中添加此用户（组），并设置完全控制的权限，然后在 NTFS 权限设置中添加此用户（组），并设置完全控制的权限，只有两个地方都设置了完全控制权限，才能最终拥有完全控制权限。

5. NTFS 所有权

在 Windows Server 2008 的 NTFS 卷上，每个文件和文件夹都有其"所有者"。我们称为"NTFS 所有权"，系统默认创建文件或文件夹的用户就是该文件或文件夹的所有者。NTFS 所有权即 NTFS 文件和文件夹所有权，当用户对某个文件或文件夹具有所有权时，就具备了更改该文件或文件夹权限设置的能力。

更改所有权的前提条件是进行此操作的用户必须具备"所有权"的权限，或者具备获得"取得所有权"这个权限的能力。Administrators 组的成员拥有"取得所有权"的权限，可以修改所有文件和文件夹的所有权设置。对于某个文件夹具备读取权限和更改权限的用户，就可以为自身添加"取得所有权"权限，也就是具备获得"取得所有权"的权限能力。

要获得或更改对象的所有权，步骤如下：

（1）打开"资源管理器"或"计算机"，找到要修改 NTFS 权限的文件或文件夹（以"C:\新建文本文档.txt"为例）。

（2）在指定文件或文件夹上单击鼠标右键，选择"属性"命令，然后切换到"安全"选项卡。

（3）单击"高级"按钮，然后从高级安全设置对话框中选择"所有者"选项卡，如图 6-6 所示。

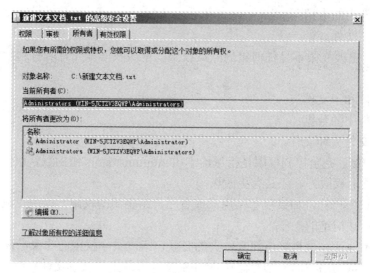

图 6-6 "所有者"选项卡

（4）在"将所有者更改为"列表框中，选择将获得所有权的用户或组的账户名称，如果要将所有权转移给其他用户或组，可以依次单击"编辑"按钮，选择输入指定的用户或组，最后单击"确定"按钮。

6.2.3 NTFS 的压缩与加密属性

1. NTFS 文件系统的压缩属性

优化磁盘空间管理的一种方法，就是使用压缩技术，即压缩文件、文件夹可以减小其大小，同时减少它们在驱动器或可移动存储设备上所占用的空间。Windows Server 2008 的数据压缩功能是 NTFS 文件系统的内置功能，该功能可以对单个文件、整个目录或卷上的整个目录树进行压缩。NTFS 压缩只能在用户数据文件上执行，而不能在文件系统元数据上执行。NTFS 文件系统的压缩过程和解压缩过程对于用户而言是完全透明的（与第三方的压缩软件无关），用户只要将文件数据应用压缩功能即可。当用户或应用程序使用压缩过的数据文件时，操作系统会自动在后台对数据文件进行解压缩，无须用户干预。利用这项功能，可以节省一定的硬盘使用空间。

使用 Windows Server 2008 NTFS 压缩文件或文件夹的步骤是：

（1）打开"资源管理器"或"计算机"，找到要压缩的文件或文件夹。

（2）在指定文件或文件夹上单击鼠标右键，然后选择"属性"命令，可以看到如图 6-7 所示"常规"选项卡。

（3）在"常规"选项卡中，单击"高级"按钮。

（4）在文件的高级属性页的"压缩或加密"属性下，选中"压缩内容以便节省磁盘空间"复选框，然后单击"确定"按钮，如图 6-8 所示。

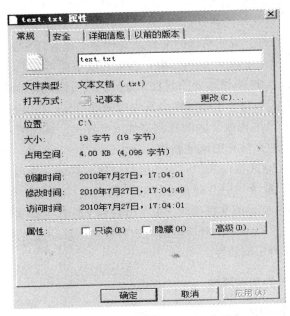

图 6-7　文件属性的"常规"选项卡

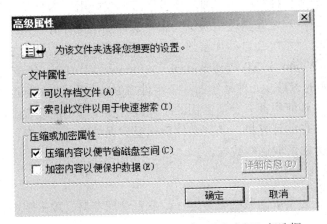

图 6-8　选中"压缩内容以便节省磁盘空间"复选框

（5）如果是压缩指定的文件夹，那么在"属性"对话框中单击"确定"按钮时，将弹出如图 6-9 所示的"确认属性更改"对话框，在该对话框中选择需要的选项。

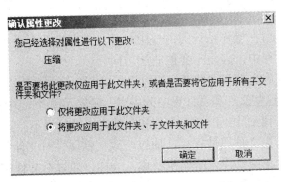

图 6-9　"确认属性更改"对话框

注意：可以使用 NTFS 压缩属性，压缩已格式化为 NTFS 驱动器上的文件和文件夹。如果没有出现"高级"按钮，说明所选的文件或文件夹不在 NTFS 驱动器上。NTFS 的压缩和加密属性互斥，文件加密后就不能再压缩，压缩后就不能再加密。

在 Windows Server 2008 操作系统的 NTFS 分区内或分区间复制或移动 NTFS 文件或文件夹时，文件或文件夹的 NTFS 压缩属性会发生相应的变化。在 Windows Server 2008 操作系统中不管是在 NTFS 分区内或分区间复制文件或文件夹，系统都将目标文件作为新文件对待，文件将继承目的地文件夹的压缩属性。

在 Windows Server 2008 操作系统的同一磁盘分区内移动文件或文件夹时，文件或文件夹不会发生任何变化，系统只更改磁盘分区表中指向文件或文件夹的头指针的位置，在 NTFS 分区间移动 NTFS 文件或文件夹时，系统将目标文件作为新文件对待。文件将继承目的地文件夹的压缩属性。另外，任何被压缩的 NTFS 文件移动或复制到 FAT/FAT32 分区时将自动解压缩，不再保留压缩属性。

2. NTFS 文件系统的加密属性

NTFS 文件系统的加密属性是通过加密文件系统（Encrypting File System，EFS）技术实现的，EFS 提供的是一种核心文件加密技术。EFS 仅能用于 NTFS 分区上的文件和文件夹加密。EFS 加密对用户是完全透明的，当用户访问加密文件时，系统自动解密文件，当用户保存加密文件时，系统会自动加密该文件，不需要用户进行任何手工交互动作。EFS 是 Windows 2000、Windows XP Professional（Windows XP Horne 不支持 EFS）、Windows Server 2003 及 2008 的 NTFS 文件系统的一个组件。EFS 采用高级的标准加密算法实现透明的文件加密和解密，任何不拥有合适密钥的个人或者程序都不能读取加密数据。即便是物理上拥有驻留加密文件的计算机，加密文件仍然受到保护，甚至是有权访问计算机及其文件系统的用户，也无法读取这些数据。

1）EFS 技术特性

EFS 加密技术作为集成的系统服务运行，具有管理容易、攻击困难、对文件所有者透明等特点。EFS 具有如下特性：

- 透明的加密过程，不要求用户（文件所有者）每次使用都进行加、解密；
- 强大的加密技术，基于公钥加密；
- 完整的数据恢复；
- 可保护临时文件和页面文件。

文件加密的密钥驻留在操作系统的内核中，并且保存在非分页内存中，这保证了密钥绝不会被复制到页面文件中，因而不会被非法访问。

使用 EFS 类似于使用文件和文件夹上的权限。未经许可对加密文件和文件夹进行物理访问的入侵者将无法阅读这些文件和文件夹中的内容。如果入侵者试图打开或复制已加密文件或文件夹，入侵者将收到拒绝访问消息。文件和文件夹上的权限不能防止未授权的物理攻击。

EFS 将文件加密作为文件属性保存，通过修改文件属性对文件和文件夹进行加密和解密。正如设置其他属性（如只读、压缩或隐藏）一样，通过对文件和文件夹的加密属性，可以对文件和文件夹进行加密和解密。如果加密一个文件夹，则在加密文件夹中创建的所

有文件和子文件夹都自动加密，推荐在文件夹级别上加密。Windows Server 2008 操作系统的 EFS 具有以下特征：

- 只能加密 NTFS 卷上的文件或文件夹。
- 不能加密压缩的文件或文件夹，如果用户加密某个压缩文件或文件夹，则该文件或文件夹会被解压缩。
- 如果将加密的文件复制或移动到非 NTFS 格式的分区上，则该文件会被解密。
- 如果将非加密文件移动到加密文件夹中，则这些文件将在新文件夹中自动加密。然而，反向操作则不能自动解密文件，文件必须明确解密。
- 无法加密标记为"系统"属性的文件，并且位于%systemroot%目录结构中的文件也无法加密。
- 加密文件夹或文件不能防止删除或列出文件或目录。具有合适权限的人员可以删除或列出已加密文件夹或文件，因此建议结合 NTFS 权限使用 EFS。
- 在允许进行远程加密的远程计算机上可以加密或解密文件及文件夹。然而，如果通过网络打开已加密文件，通过此过程在网络上传输的数据并未加密，必须使用诸如 SSL/TLS（安全套接字层/传输层安全性）或 Internet 协议安全性（IPSec）等协议加密数据。

2）实现 EFS 属性的操作

用户可以使用 EFS 进行加密、解密、访问、复制文件或文件夹。下面就介绍如何实现文件的加密操作。

① 打开"资源管理器"或"计算机"，找到要加密的文件或文件夹。

② 在指定文件或文件夹上单击鼠标右键，选择"属性"命令，在弹出的属性对话框中单击"高级"按钮。

③ 在弹出的"高级属性"对话框中，选择"压缩或加密属性"中的"加密内容以保护数据"复选框，如图 6-10 所示，然后单击"确定"按钮。

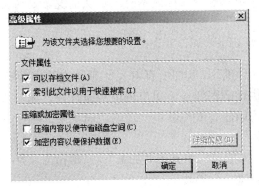

图 6-10　"高级属性"对话框

④ 如果是加密指定的文件夹，在出现"确认属性更改"对话框时，选择"仅将更改应用于该文件夹"选项，系统将只对文件夹加密，里面原有内容并没经过加密，但是在其中创建的文件或文件夹将被加密。选择"将更改应用于该文件夹、子文件夹和文件"选项，文件夹内部的所有内容将被加密。

⑤ 单击"确定"按钮，完成加密。

说明： 在首次进行加密操作时，Windows Server 2008 操作系统提示操作者备份文件加密证书和密钥，如图 6-11 所示，创建备份文件可避免在丢失或损坏原始证书和密钥之后，无法再对加密文件进行访问。加密操作者可根据不同选择进行备份。

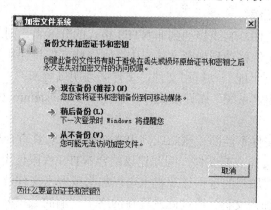

图 6-11   加密文件系统的备份提示

文件的所有者也可以使用与加密相似的方法对文件进行解密，而且一般无需解密即可打开文件进行编辑（EFS 在所有者面前是透明的）。如果正式解密一个文件，将会使其他用户也可以访问该文件。

下面是解密文件或文件夹的具体步骤。

① 打开"资源管理器"或"计算机"，找到要解密的文件或文件夹。

② 在指定文件或文件夹上，单击鼠标右键，选择"属性"命令，在弹出的属性对话框中单击"高级"按钮，打开"高级属性"对话框，在"压缩或加密属性"中取消选择"加密内容以保护数据"复选框，然后单击"确定"按钮。

③ 如果是对文件夹操作，那么在弹出的"确认属性更改"对话框中选择是对文件夹及其所有内容进行解密，还是只解密文件夹本身。默认情况下是对文件夹进行解密。最后单击"确定"按钮即可。

3）使用加密文件或文件夹

作为当初加密一个文件的用户（即所有者），无须特定的解密操作就能使用该文件，EFS会在后台透明地为用户执行解密任务，用户可正常地打开、编辑、复制和重命名。然而，如果用户不是加密文件的创建者或不具备一定的访问权限，则在试图访问文件时将会看到一条访问被拒绝的消息。

说明： 如果一个文件夹的属性设置为"加密"，只是指出文件夹中所有文件在创建时将进行加密，子文件夹在创建时也将被标记为"加密"。

4）移动或复制加密文件或文件夹

和文件的压缩属性相似，在 Windows Server 2008 操作系统的同一磁盘分区内移动文件或文件夹时，文件或文件夹的加密属性不会发生任何变化；在 NTFS 分区间移动 NTFS 文件或文件夹时，系统将目标文件作为新文件对待，文件将继承目的地文件夹的加密属性。另外，任何已经加密的 NTFS 文件移动或复制到 FAT/FAT32 分区时，文件将会丢失加密属性。

最后，对用户在使用 EFS 加密文件（文件夹）时，总结需要注意的以下事项：

● 不要加密系统文件夹；

● 不要加密临时目录；

● 应该始终加密个人文件夹；

● 使用 EFS 后应尽量避免重新安装系统，重新安装前应先将文件解密；

● 加密文件系统不对传输过程加密。

习题与实训

1. 填空题

（1）文件系统，是操作系统在_____按照一定原则组织、管理数据所用的结构和机制。

（2）FAT 文件系统是最初用于_____的简单文件系统。

（3）_____是 Windows Server 2008 推荐使用的高性能的文件系统，支持许多新的文件安全、存储和容错功能。

（4）NTFS 文件系统最为重要的就是：它是一个基于_____的文件管理系统，是建立在保护文件和目录数据基础上，同时兼顾节省存储资源、减少磁盘占用量的一种先进的文件系统。

（5）Windows Server 2008 的 NTFS 许可权限包括了_____和特殊权限。

（6）只有_____组内的成员、文件和文件夹的所有者、具备完全控制权限的用户，才有权更改这个文件或文件夹的 NTFS 权限。

（7）共享权限有三种：读取、更改和_____。

2. 简答题

（1）Windows Server 2008 NTFS 文件系统的主要特性有哪些？

（2）NTFS 权限的含义是什么？NTFS 权限的应用规则包括哪些？

（3）试述 NTFS 权限与共享权限对文件有何影响？

（4）Windows Server 2008 系统中，对已压缩或加密的文件，试述在同一分区或不同分区之间进行复制、移动操作时，会产生什么结果呢？

实训项目 6

（1）实训目的：熟练掌握 Windows Server 2008 NTFS 文件系统的管理。

（2）实训环境：正常的局域网络；安装 Windows Server 2008 操作系统的计算机。

（3）实训内容：

① 在 Windows Server 2008 系统中增加用户 userA 和 userB，创建工作文件夹 A 和 B。

② 设置权限，使用户 userB 在对文件夹 A 有完全控制权限的情况下，文件夹 A 中的文件却不能被 userB 读取。

③ 修改某个指定文件或文件夹的特殊权限。

④ 设置使一个文件或文件夹不继承父文件夹的权限。

⑤ 实现对某个文件或文件夹的加密和解密。

⑥ 将压缩过的文件和加密过的文件移动到其他的 NTFS 分区，观察其压缩和加密属性的变化情况。

第7章 Windows Server 2008磁盘管理

操作系统磁盘管理功能，主要是用于管理计算机的磁盘设备及其各种分区或卷系统，以提高磁盘的利用率，确保系统访问的便捷与高效，同时提高系统文件的安全性、可靠性、可用性和可伸缩性。在计算机运行过程中，系统管理员经常要进行磁盘管理工作，如新建分区/卷、删除磁盘分区/卷、更改驱动器号和路径、清理磁盘和设置磁盘限额等。本章主要介绍 Windows Server 2008 中有关磁盘管理方面的内容，主要包括磁盘管理的相关知识概述，基本磁盘管理和动态磁盘管理。

【本章概要】

◆ 磁盘管理类型；

◆ 基本磁盘管理设置；

◆ 动态磁盘管理设置。

7.1 技能 1 Windows Server 2008 磁盘管理类型

Windows Server 2008 根据磁盘分区的方式不同将磁盘分为两种类型：基本磁盘和动态磁盘。

7.1.1 基本磁盘

基本磁盘是 Windows Server 2008 操作系统支持的默认磁盘类型，与其他操作系统兼容，它是采用传统的磁盘分区方式进行分区的一种磁盘类型。运行 Windows Server 2008 操作系统的基本磁盘支持主分区和扩展分区两种磁盘分区格式。系统管理员在一个基本磁盘上最多可以创建四个主磁盘分区，这四个主分区中最多只能包含一个扩展分区，系统管理员可以根据需要在扩展分区内创建多个逻辑驱动器。磁盘管理的操作界面如图 7-1 所示。

Windows Server 2008 操作系统的磁盘分区只能包含单个物理磁盘上的空间，不能跨越物理磁盘创建分区，在使用基本磁盘之前一般要使用 FDISK 等工具程序对磁盘进行分区。

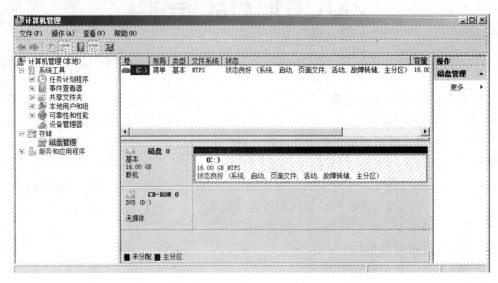

图 7-1　磁盘管理的操作界面

1. 主磁盘分区

在一个基本磁盘上最多可以创建四个主分区。进行存储数据之前，首先需要进行格式化操作，并为各分区指定驱动器号。主磁盘分区是用来启动操作系统的分区，也就是操作系统引导文件所在物理磁盘分区的一部分，物理上如独立的磁盘那样工作。通常计算机在检查系统配置之后，会自动在物理磁盘上按照设置找到主分区，然后在这个主分区中寻找用来启动操作系统的引导文件。

说明： 由于可划分多个主分区，不同的主分区可以安装不同的操作系统，以实现多操作系统引导。系统默认用第一个主分区作为启动分区。

2. 扩展磁盘分区

在一个基本磁盘上最多可以创建一个扩展分区，不能直接格式化扩展分区，也不能为扩展分区指定驱动器字符，必须在扩展分区上创建逻辑驱动器并且格式化之后才能使用，理论上在扩展分区中创建的逻辑驱动器的数目不受限制。

扩展磁盘分区是相对于主磁盘分区而言的一种分区类型。一个磁盘可将除主磁盘分区外的所有磁盘空间划为扩展磁盘分区。扩展分区不能用来启动操作系统。

3. 逻辑驱动器

逻辑驱动器是在扩展分区上创建的，从理论上讲没有数目的限制，可以直接格式化和指派驱动器字符。

7.1.2　动态磁盘

动态磁盘是 Windows Server 2000/2003/2008 等系列服务器操作系统所支持的一种特殊

的磁盘类型。动态磁盘不再使用分区的概念，而是使用动态卷（简称卷）来称呼动态磁盘上的可划分区域。动态卷的使用方式与基本磁盘的主分区或逻辑驱动器的操作相似，也可以为其指派驱动器字符。

动态磁盘的卷分为以下五种类型：简单卷、跨区卷、带区卷、镜像卷和 RAID-5 卷。下面简单介绍一下这五种类型卷：

1. 简单卷

简单卷是必须建立在同一块硬盘上的连续空间，创建好以后也可扩展至硬盘的非连续空间。

2. 跨区卷

跨区卷可由两块或两块以上的硬盘存储空间组成，每块硬盘所提供的磁盘空间可以不相同。例如：硬盘 A 提供 20GB 的空间，硬盘 B 提供 30GB 的空间，这两个硬盘所组合起来的跨区卷就有 50GB 的空间。

3. 带区卷

带区卷由两块或两块以上的硬盘存储空间组成，但是每块硬盘所贡献的空间大小必须相同。当将文件存放到带区卷时，系统会将数据分散存放于等量磁盘位于各块硬盘的空间。

4. 镜像卷

镜像卷的构成同带区卷相似，只是带区卷未提供容错功能。若带区卷中的任意一块硬盘发生故障，就不能读出磁盘中的数据。镜像卷则是利用两块硬盘中大小相同的磁盘空间所组成的，存放数据时会在两块硬盘上各存一份。

5. RAID-5 卷

RAID-5 卷是具有容错功能的磁盘阵列，至少需要三块硬盘才能建立，并且每块硬盘必须提供相同的磁盘空间。使用 RAID-5 卷时，数据会分散写入各块硬盘中，同时建立一份奇偶校验数据信息，保存在不同的硬盘上。例如：若以 4 块硬盘建立 RAID-5 卷，那么第一组数据可能分散地存放于第 1、2、3 块硬盘上，校验数据则写入到第 4 块硬盘中；下一组数据就有可能存放于第 1、2、4 块硬盘中，校验数据写入到第 3 块硬盘上。如果有一块硬盘出现故障，则由剩余的其他硬盘数据结合校验数据信息计算出该硬盘上原有数据，使系统正常工作。

7.2 技能 2 基本磁盘管理设置

在 Windows Server 2008 中，基本磁盘管理的主要内容是：浏览基本磁盘的分区情况，并根据实际系统管理工作的需要添加、删除、格式化分区，指派、更改或删除驱动器号；建立逻辑驱动器；将分区标记为活动分区；把基本磁盘升级到动态磁盘等。下面介绍如何利用磁盘管理工具对基本磁盘进行管理。

以往 MS-DOS 操作系统提供的磁盘分区管理工具是"fdisk.exe", 很多用户都习惯使用这个命令（这个命令操作简单）。但是, 在 Windows Server 2008 中并没有这个命令, 因为该命令功能过于简单, 无法完成磁盘的复杂管理。因此, 在 Windows Server 2008 中取而代之的是"diskpart.exe", 使用该命令可以有效地管理复杂的磁盘系统。"diskpart.exe"命令的运行界面如图 7-2 所示, 该命令的详细使用情况可以参看帮助（其帮助子命令是"help"）。

图 7-2 "diskpart.exe"命令的运行界面

另外一种磁盘管理的操作方式是使用图形化界面的磁盘管理工具。下面将主要介绍使用"计算机管理"控制台的"磁盘管理"工具来完成常见的磁盘管理系统任务。

具体操作步骤是: 选择"开始"|"管理工具"|"计算机管理"命令, 可打开"计算机管理"控制台, 单击左侧窗口中的"存储"按钮, 选择"磁盘管理"工具, 在右侧窗口中将显示计算机的磁盘信息, 如图 7-1 所示。后面的操作步骤都是在"计算机管理"控制台进行的。

7.2.1 虚拟机中如何增加磁盘设备

本书介绍的操作系统应用管理工作, 都是在由 VMware Workstation 软件工具所支持的虚拟机中完成的, 那么在虚拟机中增加磁盘设备是非常容易实现的操作, 下面介绍在第 4 章中安装的 Windows Server 2008 虚拟机中如何增加磁盘虚拟设备, 具体操作步骤如下。

（1）启动 VMware Workstation 软件工具, 如图 7-3 所示。

（2）在"Commands"区域, 选择"Edit virtual machine settings", 打开如图 7-4 所示对话框, 在"Hardware"选项卡中, 可看到当前虚拟机中的所有"物理设备"信息, 单击"Add"按钮。

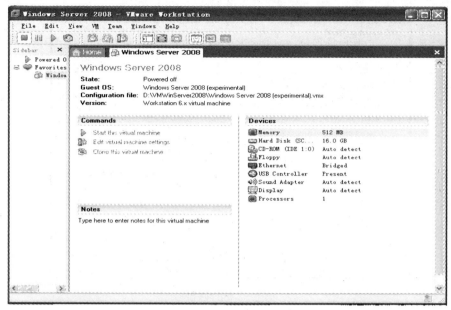

图 7-3　VMware Workstation 界面

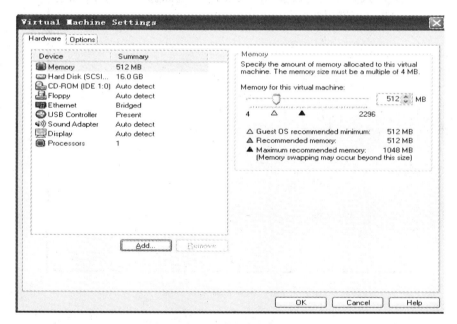

图 7-4　虚拟机设置

（3）打开"Add Hardware Wizard"增加物理设备对话框，选择"Hard Disk"选项，然后单击"Next"按钮，打开如图 7-5 所示的对话框，选择"Create a new virtual disk"单选钮，单击"Next"按钮。

（4）进入如图 7-6 所示对话框选择要创建磁盘的接口类型，这里不做修改，选择默认单选钮"SCSI [Recommended]"，单击"Next"按钮。

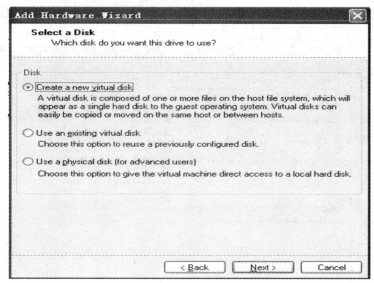

图 7-5　选择磁盘

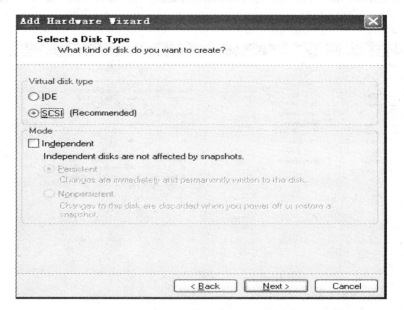

图 7-6　选择磁盘接口类型

（5）打开"Specify Disk File"指定虚拟磁盘信息存储对话框，选取默认值（即新建虚拟磁盘信息保存在当前虚拟机文件中），单击"Next"按钮。

（6）进入如图 7-7 所示"Specify Disk Capacity"指定新建虚拟磁盘容量对话框，在"Disk size"中可以输入指定的磁盘容量大小（根据虚拟机所在物理计算机磁盘的空间设置），单击"Finish"按钮即完成创建虚拟磁盘。本章关于磁盘管理后续章节所用实例操作，均是重复以上操作步骤，共建立三块虚拟磁盘，每块容量大小均为 4GB。

说明：新建的虚拟磁盘在 Windows Server 2008 系统中，当启动磁盘管理工具时，将出现如图 7-8 所示的初始化磁盘界面，可以选择"确定"按钮初始化新建磁盘，也可以选择"取消"按钮以后再初始化新建磁盘。新建磁盘在使用之前必须先进行初始化。

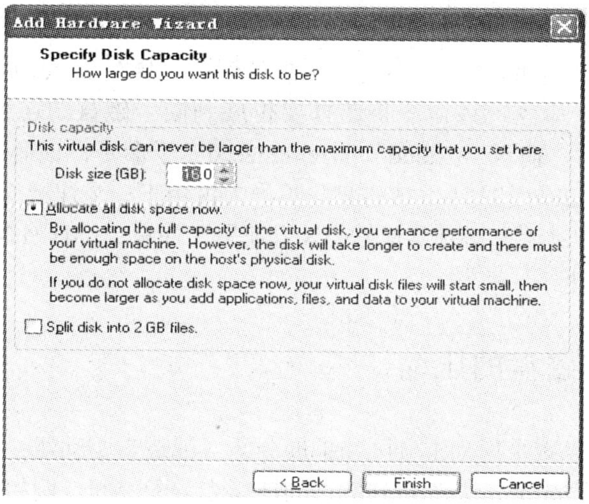

图 7-7　指定新建虚拟磁盘容量

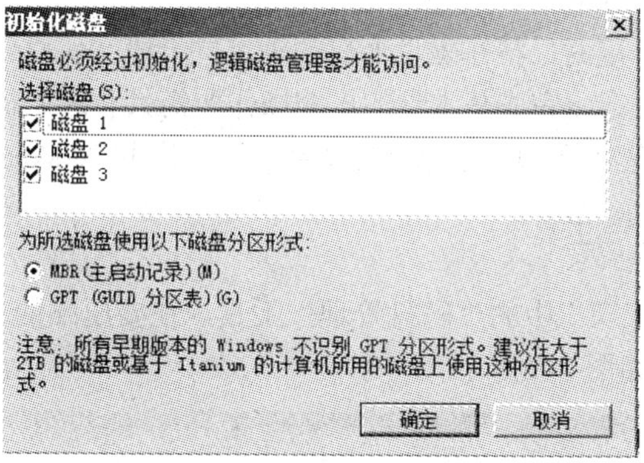

图 7-8　初始化磁盘界面

7.2.2　基本磁盘的扩展

　　基本磁盘是一种包含主磁盘分区、扩展磁盘分区（或逻辑驱动器）的物理磁盘。基本磁盘上的主分区和扩展磁盘分区（或逻辑驱动器）被称为基本卷。可以为基本磁盘上现有的主分区和扩展磁盘分区添加更多空间，方法是在同一磁盘上将原有的主分区和扩展磁盘分区（即基本卷）扩展到邻近的连续未分配的空间。若要扩展基本卷，必须使用 NTFS 文件系统将其格式化。还可以在包含连续可用空间的扩展磁盘分区内扩展逻辑驱动器。如果要扩展的逻辑驱动器大小超过了扩展磁盘分区内的可用空间大小，只要有足够的连续未分配空间，扩展磁盘分区就会增大直到能够包含逻辑驱动器。

　　扩展基本磁盘中卷（包括主分区、扩展磁盘分区）的空间，一般是在同一磁盘上操作完成的，其操作过程较为容易实现，可通过"磁盘管理"工具和"diskpart"命令两种方法。

　　（1）使用"磁盘管理"工具扩展基本卷的步骤：启动"计算机管理"中的"磁盘管理"工具，在要扩展的基本卷中单击鼠标右键，选择"扩展卷"，启动扩展卷向导，按提示进行操作即可。

（2）使用"diskpart"命令：在命令提示符窗口中，输入"diskpart"命令，在其"DISKPART"提示符下，输入"list volume"子命令，显示可被扩展的基本卷；然后输入"select volume <volume_number>"子命令，该命令将选择要扩展到同一磁盘的连续可用空间的基本卷 volume_number；最后，输入"extend　[size=<size>]"子命令，该命令将选定的卷扩展了 sizeMB 的空间，如果未指定大小，该磁盘将扩展为占用下一个连续的所有未分配的空间。

注意：要扩展的基本卷，必须是原始卷（未使用文件系统进行格式化）或已使用 NTFS 文件系统进行了格式化。

7.2.3　基本磁盘的压缩

压缩基本卷，可以减少用于主分区和扩展分区（或逻辑驱动器）的空间，也就是在同一磁盘上将主分区和逻辑驱动器收缩到邻近的连续未分配空间。例如，如果需要一个另外的分区却没有多余的磁盘，则可以从卷结尾处收缩现有分区，进而创建新的未分配空间，可将这部分空间用于新的分区。

收缩基本磁盘上的分区时，将在磁盘上自动重定位一般文件以创建新的未分配空间。收缩分区无须重新格式化磁盘。完成基本卷的压缩操作所需具有最低权限的成员应为备份操作员或系统管理员。压缩基本卷可以通过"磁盘管理"工具和"diskpart"命令两种方法实现。

1. 使用"磁盘管理"工具

（1）启动"计算机管理"中的"磁盘管理"工具，在要压缩的基本卷中单击鼠标右键，选择"压缩卷"命令，如图 7-9 所示。

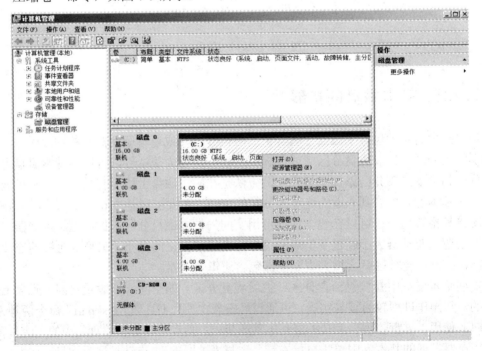

图 7-9　基本磁盘的压缩

（2）系统将查询卷以获取可压缩空间的信息，系统返回可压缩的卷空间的信息，根据需要输入压缩空间大小，但不超过可用压缩空间大小，如图 7-10 所示，单击"压缩"按钮即可。

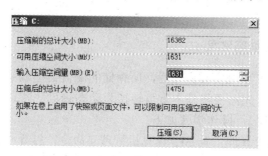

图 7-10　压缩信息窗口

2. 使用"diskpart"命令

（1）打开命令提示符窗口，输入"diskpart"命令。

（2）在"DISKPART"提示符下，输入"list volume"子命令，记下要收缩的基本卷的卷号。

（3）在"DISKPART"提示符下，输入"select volume <volume_number>"，选择要收缩的基本卷的卷号。

（4）在"DISKPART"提示符下，输入"shrink [desired=<desiredsize>] [minimum=<minimumsize>]"子命令，可以将选定卷收缩到 desiredsize MB，如果 desiredsize MB 过大，则可以收缩到 minimumsize MB。

如果省略可选项"desired"、"minimum"，执行"shrink"子命令，系统自动进行压缩当前选中的基本卷。

7.3　技能 3 动态磁盘管理设置

Windows Server 2008 提供的动态磁盘管理，可以实现一些基本磁盘不具备的功能，可以更有效地利用磁盘空间和提高磁盘性能，如创建可跨磁盘的卷和容错能力的卷。与基本磁盘相比，动态磁盘的卷数目不受限制，基本磁盘最多只能建立四个磁盘分区，动态磁盘则不是用分区表，而是通过一个数据库来记录其相关信息，使得动态磁盘能容纳四个以上的卷。

动态磁盘优于基本磁盘主要表现在以下几个方面。

（1）动态卷可以扩展到包含非邻接的空间，这些空间可以在任何可用的磁盘上。

（2）对每个磁盘上可以创建的卷的数目没有任何限制，而基本磁盘的盘符一般受 26 个英文字母的限制。

（3）Windows Server 2008 将动态磁盘配置信息存储在磁盘上，而不是存储在注册表中或者其他位置。那么，单个磁盘的损坏将不会影响访问其他磁盘上的数据。

（4）动态磁盘在建立、删除、调整卷时，不必重新启动计算机就能生效；而基本磁盘在创建、删除磁盘分区后都必须重新启动才能生效。

7.3.1 磁盘类型转换方法

1. 基本磁盘转换为动态磁盘

Windows Server 2008 系统安装完成后，所存储的磁盘类型默认是基本磁盘，那么要使用动态磁盘功能之前，首先需要将基本磁盘转换为动态磁盘（注意在转换之前，要关闭在该磁盘上运行的所有程序）。操作步骤如下：

（1）选择"开始" | "管理工具" | "计算机管理"命令，打开"计算机管理"窗口，单击左侧窗格中的"磁盘管理"工具，在右侧窗格中显示计算机的磁盘信息。

（2）在待转换的基本磁盘上单击鼠标右键，然后在弹出的快捷菜单中选择"转换到动态磁盘"命令，如图 7-11 所示。需要注意的是，如果是在分区、卷或驱动器上单击鼠标右键，或者当前磁盘已经是动态磁盘，则弹出的快捷菜单中没有"转换到动态磁盘"命令。

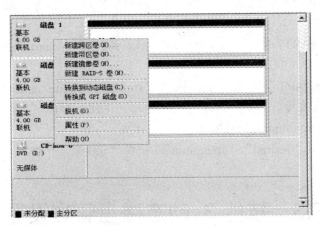

图 7-11 转换到动态磁盘

（3）在打开的"转换到动态磁盘"对话框中，选中欲转换的一个或多个基本磁盘，然后单击"确定"按钮即可。

说明：如果待转换的基本磁盘上有分区存在并安装有其他可启动的操作系统，转换前系统会提出警告提示："如果将这些磁盘转换为动态磁盘，您将无法从这些磁盘上的卷启动其他已安装的操作系统。"如果单击"是"按钮，系统提示欲转换磁盘上的文件系统将被强制卸下，要求用户对该操作进一步确认。转换完成后，会提示重新启动操作系统。

在基本磁盘转换为动态磁盘时，应该注意以下几个方面的问题。

① 必须以管理员或管理员组成员的身份登录计算机才能完成该过程。如果计算机与网络连接，则网络策略设置也有可能妨碍转换。

② 为保证转换成功，任何要转换的磁盘都必须至少包含 1MB 的末分配空间。在磁盘上创建分区或卷时，"磁盘管理"工具将自动保留这个空间。但是带有其他操作系统创建的分区或卷的磁盘可能就没有这个空间。

③ 扇区容量超过 512 字节的磁盘，不能从基本磁盘升级为动态磁盘。

④ 一旦升级完成，动态磁盘就不能包含分区或逻辑驱动器，也不能被非 Windows Server 2008 的其他操作系统所访问。

⑤ 基本磁盘转换为动态磁盘后，如果将动态卷改回到基本分区，则先删除磁盘上的所有动态卷，然后使用"转换成基本磁盘"命令。此过程中，磁盘上的所有数据将被删除，因此需要提前做好备份。

2. 动态磁盘转换为基本磁盘

当动态磁盘上存在卷时，是无法直接转换回到基本磁盘的。在动态磁盘转换为基本磁盘时，首先要进行删除卷的操作。如果不删除动态磁盘上的所有的卷，转换操作将不能执行。在"磁盘管理"工具中，鼠标右键单击需要转换成基本磁盘的动态磁盘上的每个卷，在每个卷对应的快捷菜单中，选择"删除卷"命令。

在所有卷被删除之后，在该磁盘上单击鼠标右键，然后选中快捷菜单中"转化成基本磁盘"命令。根据向导提示完成操作。动态磁盘转换为基本磁盘后，原磁盘上的数据将全部丢失并且不能恢复，所以进行转换之前，要做好必要的数据备份工作。

7.3.2　简单卷管理

动态磁盘是通过"卷"来称呼动态磁盘上可指定驱动器代号的区域。卷相当于基本磁盘的分区，在将基本磁盘转换为动态磁盘之后便可以创建动态卷了。Windows Server 2008 支持五种类型的动态卷，即简单卷、跨区卷、带区卷、镜像卷（RAID-1）和 RAID-5 卷。

简单卷是动态磁盘的一部分，但它在使用中就像是物理上的一个独立单元。当用户只有一个动态磁盘时，简单卷是唯一可以创建的卷。简单卷不能包含分区或逻辑驱动器，也不能由 Windows Server 2008 以外的其他操作系统访问。如果网络中还有运行 Windows 98 或更早版本的计算机，那么应该创建分区而不是动态卷。

1. 创建简单卷

下面具体介绍创建简单卷的步骤。

（1）选择"开始"|"管理工具"|"计算机管理"命令，打开"计算机管理"窗口，单击左侧窗格中的"磁盘管理"工具，在右侧窗格中显示计算机的磁盘信息。

（2）在"磁盘管理"工具中，用鼠标右键单击要创建简单卷的动态磁盘上的未分配磁盘空间，即右键单击该磁盘上"未分配"的磁盘图标，在弹出的快捷菜单中选择"新建简单卷"命令，如图 7-12 所示。

（3）接下来弹出"新简单建卷向导"对话框，单击"下一步"按钮，在"指定卷大小"对话框中，根据最大磁盘空间和最小磁盘空间，输入需要的卷大小，如图 7-13 所示。

（4）单击"下一步"按钮，打开"分配驱动器号和路径"对话框，这里指派为"E："。指派完驱动器号和路径后，单击"下一步"按钮，打开"格式化分区"对话框，确认是否将卷进行格式化，选择文件系统格式，并使用格式设置，如图 7-14 所示。

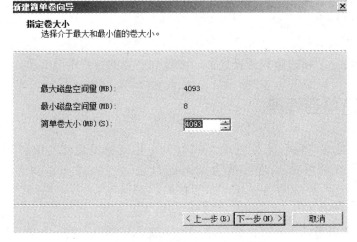

图 7-12　新建简单卷

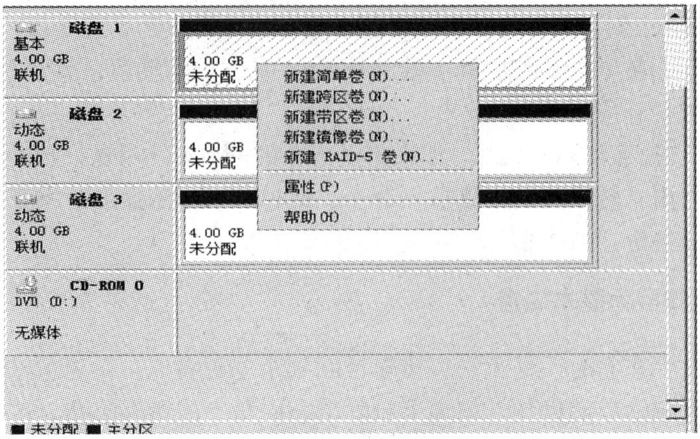

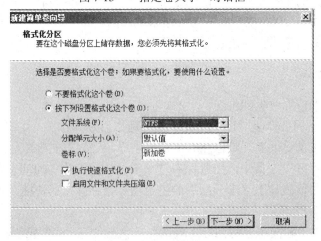

图 7-13　"指定卷大小"对话框

图 7-14　格式化分区

（5）然后单击"下一步"按钮，显示以上操作过程的汇总信息，如果选项无误，单击"完成"按钮即可完成新建简单卷向导。

如果想在创建简单卷后增加它的容量，则可通过磁盘上剩余的未分配空间来扩展这个

卷。要扩展一个简单卷，则该卷必须使用 Windows Server 2008 中所用的 NTFS 格式，另外该简单卷应该不是由基本磁盘中的分区转换而成，而是在磁盘管理中新建的。

2. 扩展简单卷

扩展简单卷的具体操作步骤如下：

（1）在"磁盘管理"工具中，用鼠标右键单击要扩展的简单卷，这里选择前面刚新创建的简单卷"E:"，在弹出的快捷菜单中选择"扩展卷"命令，如图 7-15 所示。

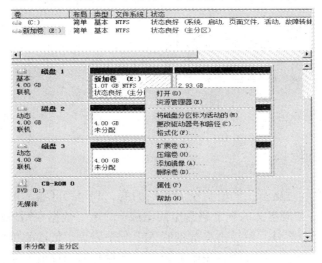

图 7-15　扩展简单卷

（2）打开"扩展卷向导"对话框，单击"下一步"按钮，打开"选择磁盘"对话框，选择与简单卷在同一磁盘上的空间，也可以选择其他动态磁盘上的空间，从而确定需扩展的容量，如图 7-16 所示，单击"添加"按钮，这里选择磁盘 2 的所有空间。

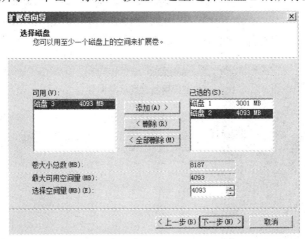

图 7-16　"选择磁盘"对话框

（3）单击"下一步"按钮完成扩展卷向导，扩展后的简单卷"E:"如图 7-17 所示。总容量由原来的 1GB 变为了 8GB，实现了容量的扩展。本例简单卷的操作是由"磁盘 1"扩展到"磁盘 2"的，那么原来的简单卷也转变为跨区卷。

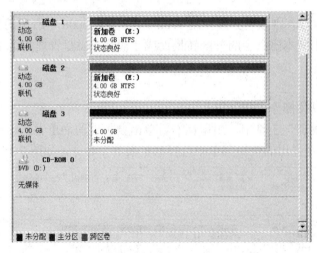

图 7-17 扩展卷结果

7.3.3 创建跨区卷

跨区卷是由多个物理磁盘上的磁盘空间组成的卷。利用跨区卷，可以将来自两个或者更多磁盘（最多为 32 块硬盘）的剩余磁盘空间组成一个卷。数据在写入跨区卷时，首先填满第一个磁盘上的剩余部分，然后再将数据写入下一个磁盘，依次类推。虽然利用跨区卷可以快速增加卷的容量，但是跨区卷既不能提高对磁盘数据的读取性能，也不提供任何容错功能。当跨区卷中的某个磁盘出现故障时，存储在该磁盘上的所有数据将全部丢失。建立跨区卷的首要条件是至少要有两个动态磁盘。

创建跨区卷的具体操作步骤如下。

（1）在"磁盘管理"工具中，使用鼠标右键单击需要创建跨区卷的动态磁盘的未分配空间，即右键单击该磁盘上"未分配"的磁盘图标，在弹出的快捷菜单中选择"新建跨区卷"命令。打开"新建跨区卷"向导，如图 7-18 所示。单击"下一步"按钮继续。

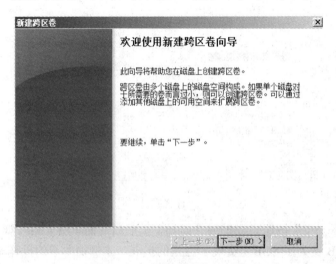

图 7-18 "新建跨区卷"向导

（2）打开"选择磁盘"对话框，选择创建跨区卷的动态磁盘，并指定动态磁盘上的卷容量大小，如图 7-19 所示，这里选择在"磁盘 2"上创建 2000MB，在"磁盘 3"上创建 1500MB，总共 7593MB 的容量。单击"下一步"按钮继续。

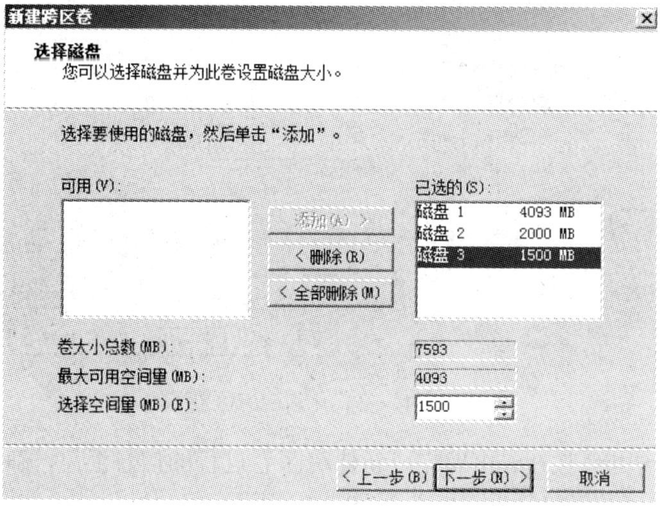

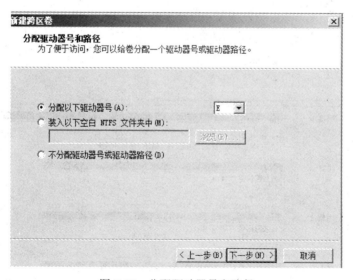

图 7-19　"选择磁盘"对话框

（3）打开如图 7-20 所示的分配驱动器号和路径，一般情况分配默认的驱动器号即可，不再指定 NTFS 文件夹，单击"下一步"按钮。

图 7-20　分配驱动器号和路径

（4）为了在即将创建好的跨区卷中存储数据，必先将其格式化。可以根据需要选择文件系统类型进行格式化卷，一般选择"NTFS"；分配单元大小选择"默认值"；可以为新建跨区卷命名，卷标取值"新加跨区卷"；还可选择新建跨区卷的参数，即是否"执行快速格式化"和"启用文件和文件压缩"，如图 7-21 所示。

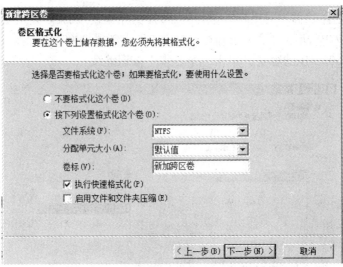

图 7-21　格式化新建跨区卷

（5）单击"下一步"按钮，出现完成新建跨区卷过程的信息汇总，确认无误，单击"完成"按钮即可，创建的新跨区卷"E:"如图 7-22 所示。

如果在扩展简单卷时选择了与简单卷不在同一动态磁盘上的空间，并确定扩展卷的空间容量，那么，扩展完成后，原来的简单卷就成为了一个新的跨区卷。跨区卷也可以使用类似扩展简单卷的方法扩展卷的容量。需要注意的是，在扩展跨区卷之后，如果不删除整个跨区卷就不能将它的任何部分删除。

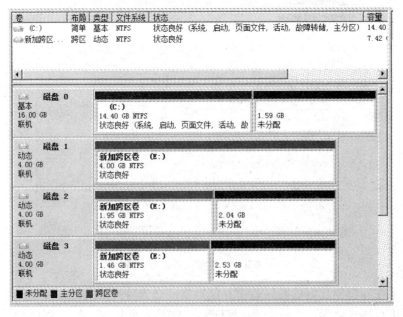

图 7-22　新建跨区卷

7.3.4　创建带区卷

带区卷是通过将两个或更多磁盘上的可用空间区域合并到一个逻辑卷而创建的，可以将两个或者更多磁盘（最多为 32 块硬盘）上的可用并且相等的空间组成为一个逻辑卷，从而可以在多个磁盘上分布数据。带区卷不能被扩展或镜像，也不能提供容错功能，如果包含带区卷的任何一块硬盘出现故障，则整个卷无法工作。

尽管不具备容错能力，但带区卷在所有 Windows 磁盘管理策略中的性能最好，同时它通过在多个磁盘上分配 I/O 请求从而提高了 I/O 性能。在向带区卷写入数据时，数据被分割为 64KB 的块，并均衡地同时对所有磁盘进行写数据操作。当创建带区卷时，最好使用同一厂商、相同大小相同型号的磁盘，以达到最好性能。

下面通过实例：选择在两个大小为 4GB 的动态磁盘上创建带区卷，每个磁盘上使用全部空间，创建后共有 8GB 磁盘空间，说明创建带区卷的具体步骤。

（1）在"磁盘管理"工具中，使用鼠标右键单击需要创建带区卷的动态磁盘的未分配空间，即右键单击该磁盘上"未分配"的磁盘图标，在弹出的快捷菜单中选择"新建带区卷"命令，打开"新建带区卷"向导，单击"下一步"按钮继续。

（2）打开"选择磁盘"对话框，选择创建带区卷的动态磁盘，并指定动态磁盘的卷容量大小，这里选择磁盘 1、2，如图 7-23 所示。

（3）按照向导提示操作：给新建的带区卷分配驱动器号，取默认值；以"NTFS"文件系统执行快速格式化；最后确认以上选择信息无误，单击"完成"按钮创建新的带区卷，结果如图 7-24 所示。

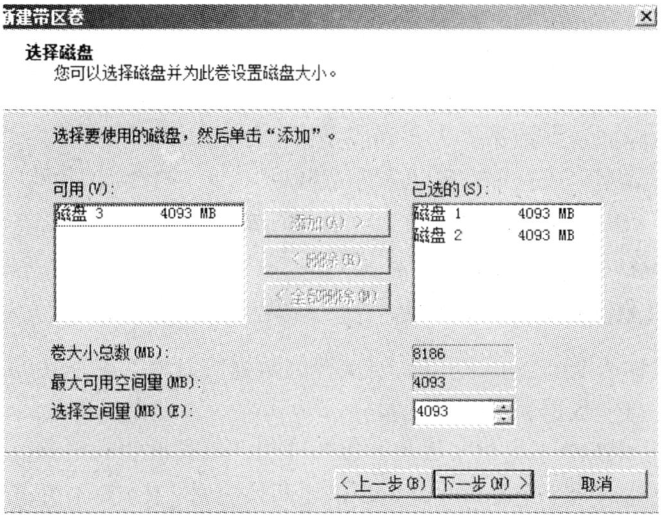

图 7-23　"选择磁盘"对话框

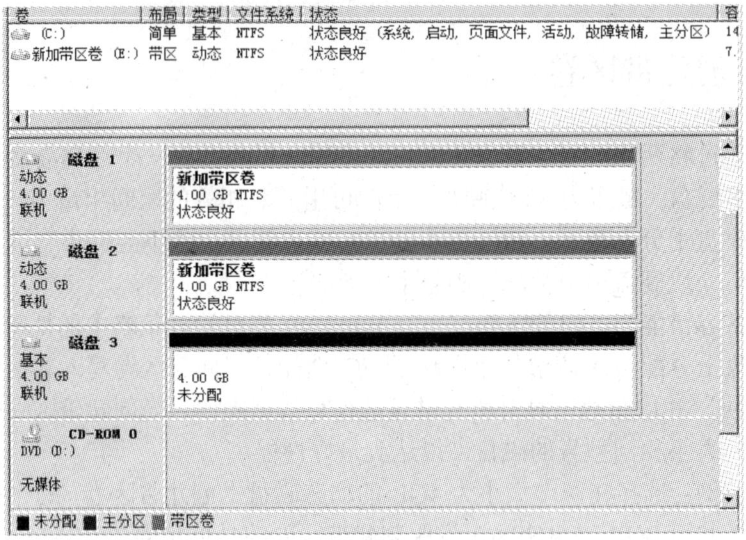

卷	布局	类型	文件系统	状态	容
(C:)	简单	基本	NTFS	状态良好 (系统, 启动, 页面文件, 活动, 故障转储, 主分区)	14
新加带区卷 (E:)	带区	动态	NTFS	状态良好	7.

磁盘 1		
动态 4.00 GB 联机	新加带区卷 4.00 GB NTFS 状态良好	

磁盘 2		
动态 4.00 GB 联机	新加带区卷 4.00 GB NTFS 状态良好	

磁盘 3		
基本 4.00 GB 联机	4.00 GB 未分配	

CD-ROM 0 DVD (D:) 无媒体	

■ 未分配 ■ 主分区 ▦ 带区卷

图 7-24　创建新的带区卷

7.3.5　创建镜像卷和 RAID-5 卷

计算机系统在实际运行过程中，难免会出现各种软、硬件故障或系统状态数据的丢失和损坏，这时要求操作系统必须具备一定的容错能力，以保证整个系统在不间断运行的情况下，使应用程序正常工作。也就是当错误发生之后，系统能尽快地得到修复并恢复到正常的工作状态，并且要尽最大可能，恢复到系统错误发生之前的状态。Windows Server 2008 系统提供了容错磁盘管理功能（主要是通过 RAID 来实现系统容错技术），保证系统运行的安全性和可靠性。

RAID（Redundant Arrays of Inexpensive Disks）是廉价磁盘冗余阵列的英文缩写，是为了防止硬盘出现故障而导致数据丢失，不能正常工作的一组磁盘阵列。其保护数据的主要方法就是保存冗余数据，以保证在磁盘发生故障时，保存的数据仍可以被读取。所谓冗余数据就是将重复的数据保存在多个硬盘上，以保证数据的安全性。组成磁盘阵列不同的方式，形成不同 RAID 级别。

1）镜像卷（RAID-1）

磁盘镜像卷又称为 RAID-1，是将需要保存的数据同时保存在两块硬盘上，分为主盘和辅助盘。将写入主盘的数据镜像到辅助盘中，当其中一块硬盘出现故障无法工作时，其镜像盘仍然可以使用。RAID-1 提供了很高的容错能力，但磁盘的利用率很低，只有 50%，因为所有的数据都要写入两个地址，并且至少需要两块磁盘。RAID-1 可以支持 FAT 和 NTFS 文件系统，并能保护系统的磁盘分区和引导分区。

要创建一个镜像卷，必须使用另一磁盘上的可用空间。动态磁盘中现有的任何卷，包括系统卷和引导卷，都可以使用相同的或不同的控制器，镜像到其他磁盘上容量相同或更大的另一个卷。最好使用容量、型号和制造厂家都相同的磁盘作为镜像卷，以避免可能产生的兼容性问题。

镜像卷可以大大地增强读性能，因为容错驱动程序同时从两个磁盘成员中，同时读取数据，所以读取数据的速度会有所增加。当然，由于容错驱动程序必须同时向两个磁盘成员写数据，所以它的写性能会略有降低。镜像卷中的两个磁盘必须是 Windows Server 2008 动态磁盘。

如果镜像卷中的空间用于其它方面时，必须首先中断镜像卷之间的关系，然后删除其中的一个卷。特别是如果镜像卷中的某个卷出现了不可恢复的错误，则也需要中断镜像卷的关系，并把剩余的卷作为独立卷。然后可以在其它的磁盘上重新分配一些空间，继续创建新的镜像卷。

2）RAID-5 卷

RAID-5 卷被称为带有奇偶校验的条带化集，是将需要保存的数据分成相同大小的数据块，分别保存在多块硬盘中，数据在条带卷中被交替、均匀地保存。在写入数据的同时，还写入一些校验信息。这些校验信息是由被保存的数据通过数学运算得来的，使得当源数据部分丢失时，可以通过剩余数据和校验信息来恢复丢失的数据。

由于要计算奇偶校验信息，所以 RAID-5 卷上的写操作要比镜像卷上的写操作慢一些。但是，RAID-5 卷比镜像卷能够提供更好的读性能。原因很简单，Windows Server 2008 可以从多个磁盘上同时读取数据。与镜像卷相比，RAID-5 卷的性价比较高，而且 RAID-5 卷中的磁盘数量越多，冗余数据带区的成本越低，RAID-5 广泛应用于存储环境。RAID-5 可以支持 FAT 和 NTFS 文件系统，但不能保护系统的磁盘分区，不能包含引导分区和系统分区。

3）创建 RAID-5 卷

RAID-1 镜像卷和 RAID-5 卷的创建过程类似，这里只介绍 RAID-5 的实现过程，RAID-1 的实现由读者自己完成。需要注意的是：创建镜像卷至少需要两块大小、规格相同的磁盘；创建 RAID-5 卷至少需要三块大小、规格相同的磁盘。

创建 RAID-5 卷的具体操作步骤如下：

（1）在"磁盘管理"工具中，使用鼠标右键单击需要创建 RAID-5 卷的动态磁盘，即右键单击该磁盘上"分配"的磁盘图标，在弹出的快捷菜单中选择"新建 RAID-5 卷"命令，打开"新建 RAID-5 卷"向导，单击"下一步"按钮继续。

（2）打开"选择磁盘"对话框，如图 7-25 所示，选择创建"RAID-5"的动态磁盘。这里选择"磁盘 1、磁盘 2、磁盘 3"，每个磁盘使用 4093MB（即 4GB）大小创建 RAID-5，这时新建 RAID-5 卷的容量是"8186MB"。单击"下一步"按钮继续。

（3）接下来为该 RAID-5 卷分配驱动器号，单击"下一步"按钮继续，在弹出"卷区格式化"对话框中，选择默认的 NTFS 文件系统和分配单位大小，并给新建 RAID-5 卷命名为"新加 RAID-5 卷"，指定执行快速格式化操作。

（4）单击"下一步"按钮，确认以上选择是否正确，最后单击"完成"按钮创建新的 RAID-5 卷。新创建的 RAID-5 卷如图 7-26 所示。

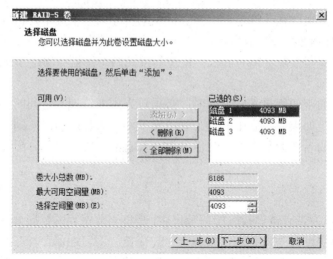

图 7-25   "选择磁盘"对话框

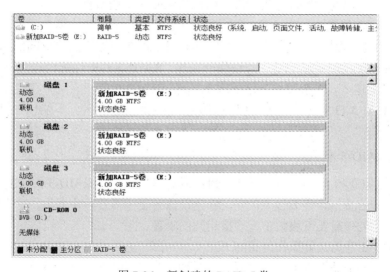

图 7-26   新创建的 RAID-5 卷

说明：RAID-1 镜像卷中，其中一块磁盘损坏不会造成数据的丢失。但是 RAID-5 中，如果有两块或两块以上的磁盘损坏，将会造成数据的丢失。

7.4 技能 4 磁盘管理的其他功能

1. 磁盘配额的简介

Windows Server 2008 会对不同用户使用的磁盘空间进行容量限制，这就是磁盘配额。磁盘配额对于网络系统管理员尤为重要，管理员可以通过磁盘配额功能，为各个用户分配合适的磁盘空间。这样做可以避免个别用户滥用磁盘空间，合理利用服务器磁盘空间。另外磁盘配额还可以实现其它的一些功能，例如，Windows Server 2008 内置的电子邮件服务器无法设置用户邮箱的容量，那么可以通过限制每个用户可用的磁盘空间容量，以限制用

户邮箱的容量；Windows Server 2008 内置的 FTP 服务器，无法设置用户可用的上传空间大小，也可以通过磁盘配额限制，限定用户能够上传到 FTP 的数据量；通过磁盘配额限制 Web 网站中个人网页可使用的磁盘空间等。

利用磁盘配额，可以根据用户所拥有的文件和文件夹来分配磁盘使用空间；可以设置磁盘配额、配额上限，以及对所有用户或者单个用户的配额限制；还可以监视用户已经占用的磁盘空间和它们的配额剩余量；当用户安装应用程序时，将文件指定存放到启用配额限制的磁盘中时，应用程序检测到的可用容量不是磁盘的最大可用容量，而是用户还可以访问的最大磁盘空间，这就是磁盘配额限制后的结果。Windows Server 2008 的磁盘配额功能在每个磁盘驱动器上是独立的，也就是说，用户在一个磁盘驱动器上使用了多少磁盘空间，对于另外一个磁盘驱动器上的配额限制并无影响。

在启用磁盘配额时，可以设置两个值：

（1）磁盘配额限度，用于指定允许用户使用的磁盘空间容量。

（2）磁盘配额警告级别，指定了用户接近其配额限度的值。

可以设置当用户使用磁盘空间达到磁盘配额限制的警告值后，记录事件，并警告用户磁盘空间不足；当用户使用磁盘空间达到磁盘配额限制的最大值时，限制用户继续写入数据并记录事件。系统管理员还可以指定用户能超过其配额限度。如果不想拒绝用户对卷的访问但想跟踪每个用户的磁盘空间的使用情况，可以启用配额而且不限制磁盘空间的使用。也可以指定不管用户超过配额警告级别还是超过配额限制时，是否要记录事件。

2. 磁盘配额的管理

在进行磁盘配额设置之前，首先启用磁盘配额，其操作步骤是：在"我的电脑"窗口中，使用鼠标右键单击要分配磁盘空间的驱动器盘符，在弹出的快捷菜单中选择"属性"命令，单击"配额"选项卡，选中"启用配额管理"前面的复选框即可对磁盘配额选项进行配置，如图 7-27 所示。

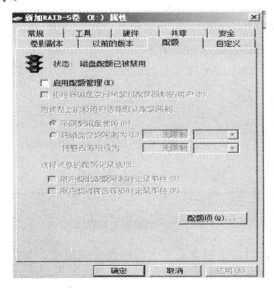

图 7-27　启用配额管理

在"配额"选项卡中，通过检查交通信号灯图标，并读取图标右边的状态信息，可以对配额的状态进行判断。交通信号灯的颜色和对应的状态如下：

● 红灯表示磁盘配额没有启用；

● 黄灯表示 Windows Server 2008 正在重建磁盘配额的信息；

● 绿灯表明磁盘配额系统已经激活。

在如图 7-27 所示的"配额"选项卡中，选中"启用配额管理"复选框后可对其中的选项进行设置。图中各个选项的含义介绍如下，可以根据需要进行相应的配额管理设置。

（1）拒绝将磁盘空间给超过配额限制的用户。如果选中此复选框，超过其配额限制的用户将收到系统的"磁盘空间不足"错误信息，并且不能再往磁盘写入数据，除非删除原有的部分数据。如果清除该复选框，则用户可以超过其配额限制，此时可以不拒绝用户对卷的访问，同时跟踪每个用户的磁盘空间使用情况。

（2）将磁盘空间限制为。该选项设置用户访问磁盘空间的容量。

（3）将警告等级设置为。该选项设置当用户使用了多大磁盘空间后将报警。当用户使用的空间将要达到设置值时，将提示用户磁盘将不足的信息。

根据具体需要设置完成后，单击"确定"按钮，保存所做的设置，即可启用磁盘配额。启用磁盘配额之后，除了管理员组成员之外，所有用户都会受到这个卷上的默认配额限制。

3. 设置单个用户的配额项

系统管理员可以为各个用户分别设置磁盘配额，这样可让经常更新应用程序的用户有一定的磁盘空间，而限制其他非经常登录的用户的磁盘空间；也可以对经常超支磁盘空间的用户设置较低的警告等级，这样更利于管理用户提高磁盘空间的利用率。

为单个用户设置配额项的方法是：单击图 7-27 中"配额项"按钮，打开如图 7-28 所示的配额项工具窗口，选择"配额"|"新建配额项"菜单命令，输入或选择需要设置磁盘配额的用户。

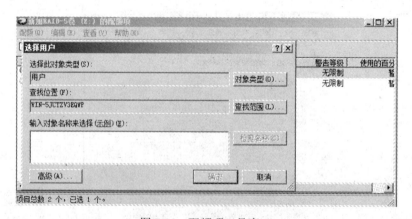

图 7-28　配额项工具窗口

这里添加用户，设置对指定磁盘有多大的磁盘空间限制等参数，这样该用户的配置限额将被重新设置，而不受默认的配额限制。

使用磁盘配额应注意以下情况：

（1）默认情况下，管理员（Administrator）不受磁盘配额的限制。

（2）在删除用户的磁盘配额项之前，这个用户具有所有权的全部文件都必须删除，或者将所有权移交给其他用户。

（3）通常需要在共享的磁盘卷上设置磁盘配额，以限制用户存储数据使用的空间。

4. 磁盘连接简介

以往的 Windows 操作系统都是使用驱动器的概念，即用户必须通过驱动器符号来访问计算机中的文件。在 Windows Server 2008 系统中提供了类似 UNIX 磁盘安装功能的磁盘连接技术，可以实现将某个驱动器连接到 NTFS 分区的一个文件夹上，这样用户在访问被连接的驱动器的文件时，就可以直接访问连接的文件夹，完全感觉不到是对被连接驱动器的读写，方便了某些系统操作。实际上被连接的驱动器，和负责连接的驱动器，还是两个完全独立的驱动器，并分别保留了各自原来的文件系统和设置。

习题与实训

1. 填空题

（1）Windows Server 2008 根据磁盘管理方式不同将磁盘分为两种类型：_____ 和_____。

（2）Windows Server 2008 操作系统支持的默认磁盘类型是_____。

（3）在一个基本磁盘上最多可以创建_____个磁盘分区。

（4）动态磁盘的卷分为以下五种类型：简单卷、_____、_____、镜像卷和 RAID-5 卷。

（5）RAID-5 卷是具有容错功能的磁盘阵列，至少需要_____块硬盘才能建立。

（6）Windows Server 2008 磁盘配额，就是对不同用户使用的磁盘空间进行_____。

（7）RAID-5 卷被称为带有奇偶校验的条带化集，是将需要保存的数据分成相同大小的数据块，分别保存在多块硬盘中，数据在条带卷中_____保存。

（8）磁盘镜像卷又称为 RAID-1，是将需要保存的数据同时保存在两块硬盘上，分为_____和_____。

2. 简答题

（1）Windows Server 2008 根据磁盘管理的方式不同将磁盘分为哪两种类型？

（2）使用动态磁盘和基本磁盘相比有哪些优点？

（3）简要介绍动态磁盘的卷的类型，并比较不同卷类型在读/写能力和容错方面的差异。

（4）什么是磁盘配额？使用磁盘配额应注意哪些情况？

（5）在基本磁盘和动态磁盘的相互转换过程中，应该注意哪些问题？

实训项目 7

（1）实训目的：掌握 Windows Server 2008 基本磁盘、动态磁盘和磁盘配额的管理操作。

（2）实训环境：局域网环境；由 VMware Workstation 工具支持安装 Windows Server 2008 操作系统的虚拟机。

（3）实训内容：

① 在 VMware Workstation 虚拟机环境中，新添加三块容量均是 4GB 的虚拟磁盘设备。

② 利用磁盘管理工具将所建的"磁盘 1、2、3"转换为动态磁盘。

③ 分别创建简单卷、带区卷、跨区卷、镜像卷和 RAID-5 卷。

④ 把简单卷扩展为跨区卷。

⑤ 在镜像卷和 RAID-5 卷中分别存入文件。

⑥ 在 VMware Workstation 虚拟机中禁用（相当于损坏）其中一块磁盘，查看镜像卷和 RAID-5 卷中的数据是否还存在；禁用 RAID-5 所用的其中两块磁盘，再查看结果。

⑦ 选择某一块磁盘，进行磁盘配额设置，首先启用磁盘配额。

⑧ 限制用户的磁盘使用空间并设置警告等级，使用户不能使用超过设置的磁盘空间，查看测试效果。

⑨ 单独设置系统某用户，限制其磁盘空间的可用大小和警告等级，查看测试效果。

第8章 Windows Server 2008 系统监视与性能优化

Windows Server 2008 操作系统安装完成后，就具有许多先进的自我性能调整功能。但是随着具体应用环境的变化，以及系统中用户数量、服务对象及应用的增多，操作系统的处理能力会有所下降的现象，这就需要系统或网络管理员通过一些工具来对服务器进行监控、维护，进行系统性能的调整、优化，以保证系统或网络环境可靠、高效地运行。

【本章概要】
◆ 可靠性和性能监视器的应用；
◆ 事件查看器的应用；
◆ 使用内存诊断工具。

8.1 技能 1 可靠性和性能监视器的应用

系统管理员使用 Windows Server 2008 的"可靠性和性能监视器"控制台工具，可实时检查运行程序对计算机性能的影响，并通过收集日志数据以供其他应用分析使用。同时，该工具较以前 Windows Server 2003 提供了友好的用户系统诊断报告，不仅有以前相同类型的系统性能诊断报告，还改进了报告生成时间，并且可以从使用任何"数据收集器"收集的数据创建报告。这使系统管理员可多次评估所做更改对系统报告建议的影响程度。

8.1.1 可靠性和性能监视器简介

1. 可靠性和性能监视器的主要特征

Windows Server 2008 的"可靠性和性能监视器"工具，是一个 Microsoft 管理控制台（MMC）管理单元，提供用于分析系统性能的工具。该工具仅从一个单独的控制台，即可实时监视应用程序和硬件性能、自定义要在日志中收集的数据、定义警报和自动操作的阈值、生成报告以及以各种方式查看过去的性能数据。

"可靠性和性能监视器"工具组合了 Windows Server 2003 独立工具的功能，即性能日志和警报（PLA）、服务器性能审查程序（SPA）和系统监视器。它提供了自定义数据收集器集和事件跟踪会话的图表界面。该工具有以下主要特征。

1）数据收集器集

可靠性和性能监视器中主要的新功能是数据收集器集，它将数据收集器组合为可重复使用的元素，以便与其他性能监视方案一起使用。一旦将一组数据收集器存储为数据收集器集，则更改一次属性就可以将某个操作应用于整个集合。该工具中还包含默认的数据收集器集模板，以帮助系统管理员可立即收集指定的服务器角色或监视方案的性能数据。

2）资源视图

"可靠性和性能监视器"工具的主界面是一种新的资源视图屏幕，提供了 CPU、磁盘、网络和内存使用情况的实时图表化概览，如图 8-1 所示。通过展开其中的每个受监控元素，系统管理员可以识别进程正在使用的资源。在以前的 Windows 版本中，只可以从"任务管理器"中获得有限的实时数据。

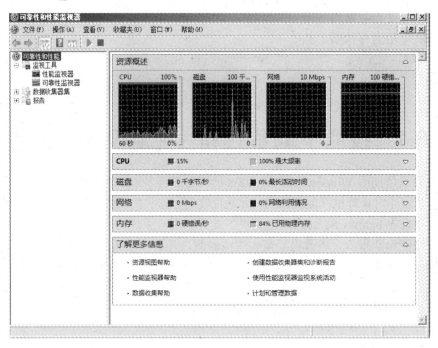

图 8-1   "可靠性和性能监视器"工具的主界面

3）可靠性监视器

可靠性监视器提供了系统稳定性指数，该指数反映了意外问题是否降低了系统的可靠性。稳定性指数的时间图可快速标志出问题发生的开始日期，其随附的系统稳定性报告提供了详细的信息，以帮助确定可靠性降低的根本原因。通过逐个查看对故障系统（例如应用程序故障或硬件故障等）的更改（包括安装或删除应用程序、添加或修改驱动程序等），可以形成一个解决问题的策略。

4）用于创建日志的向导和模板

"可靠性和性能监视器"工具中，可通过向导界面将计数器添加到日志文件，并计划其开始时间、停止时间以及持续时间。此外，还可以将此配置保存为模板，以收集后续计算

机上的相同日志，而无需重复数据收集器的选择及计划进程。以前 Windows 服务器操作系统版本中的性能日志和警报功能，现已整合到"可靠性和性能监视器"工具中，以便与多种数据收集器一起使用。

5）所有数据收集的统一属性配置

无论创建的数据收集器是只使用一次，还是持续记录正在进行的活动，用于创建、计划和修改的界面都完全相同。如果数据收集器对于以后的性能监控有帮助，则不需要重新创建之，可以作为模板对其重新配置或复制。

2. "可靠性和性能监视器"的启动

"可靠性和性能监视器"的两种启动方法如下：

（1）单击"开始"按钮，选择"管理工具"菜单中的"可靠性和性能监视器"，就出现如图 8-1 所示的窗口。

（2）单击"开始"按钮，选择"运行"命令，在"运行"窗口的文本框中输入"perfmon"命令，然后按回车键，即可打开"可靠性和性能监视器"主窗口。

在如图 8-1 所示窗口中，"资源概述"子窗口显示的是系统当前的资源视图屏幕。当以 Administrators 组成员身份运行该工具时，可以实时监视 CPU、磁盘、网络和内存资源的使用情况和性能。可通过展开"资源概述"子窗口下部每种资源，查看当前的详细信息。

8.1.2　使用监视工具

1. 查看系统资源使用情况

在"可靠性和性能监视器"主窗口中，资源概览区中的显示信息实质是资源监视器工具的界面，资源监视器工具是作为"可靠性和性能监视器"的一种监视工具，进行系统性能监视。

资源监视器工具可在"运行"窗口的文本框中或命令提示符窗口中输入"perfmon /res"即可运行，如图 8-2 所示。

说明： 当启动"可靠性和性能监视器"时，如果资源监视器未显示实时数据，则单击工具栏上绿色的"开始"按钮。如果访问被拒绝，则表明当前用户没有权限运行"可靠性和性能监视器"，那么必须以 Administrators 组成员身份登录、运行该程序。

在资源概述区域中，四个滚动"可靠性和性能监视器"图表显示了本地计算机上的 CPU、磁盘、网络和内存的实时使用情况。这些图表下面的四个可展开区域包含有以上每个资源进程的详细信息。单击每个资源标签或是资源概述后的三角形标签，可查看该资源的详细信息。

1）CPU 信息

在 CPU 信息区域中，CPU 标签以绿色显示当前正在使用的 CPU 容量的百分比。CPU 详细信息包括以下内容。

- 映像：使用 CPU 资源的应用程序。
- PID：应用程序实例的进程 ID。

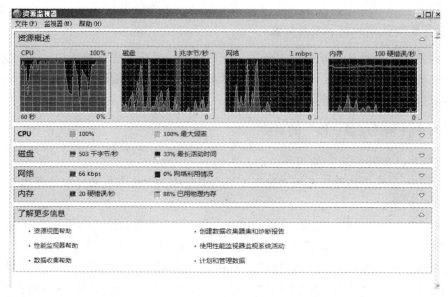

图 8-2　资源监视器

- 描述：应用程序名称。
- 线程：应用程序实例中当前活动的线程数。
- CPU：应用程序实例中当前活动的 CPU 周期。
- 平均 CPU：由应用程序实例产生的过去 60 秒的平均 CPU 负载，以 CPU 总容量的百分比表示。

2）磁盘信息

磁盘标签以绿色显示当前的总 I/O，以蓝色显示最高活动时间百分比。磁盘详细信息包括以下内容。

- 映像：使用磁盘资源的应用程序。
- PID：应用程序实例的进程 ID。
- 文件：由应用程序实例读取或写入的文件。
- 读取：应用程序实例从文件读取数据的当前速度（以字节/分钟为单位）。
- 写入：应用程序向文件写入数据的当前速度（以字节/分钟为单位）。
- I/O 优先级：应用程序的 I/O 任务的优先级。
- 响应时间：磁盘活动的响应时间（以毫秒为单位）。

3）网络信息

网络标签以绿色显示当前总网络流量（以 Kbps 为单位），以蓝色显示使用中的网络容量百分比。网络详细信息包括以下内容。

- 映像：使用网络资源的应用程序。
- PID：应用程序实例的进程 ID。

- 地址：本地计算机与之交换信息的网络地址（可能以计算机名、IP 地址或完全限定的域名表示）。
- 发送：应用程序实例当前从本地计算机发送到该地址的数据量（以字节/分钟为单位）。
- 接受：应用程序实例当前从该地址接受的数据量（以字节/分钟为单位）。
- 总字数：当前由应用程序实例发送和接受的总带宽（以字节/分钟为单位）。

4）内存信息

内存标签以绿色显示当前每秒的硬错误，以蓝色显示当前使用中的物理内存百分比。内存详细信息包括以下内容。

- 映像：使用内存资源的应用程序。
- PID：应用程序实例的进程 ID。
- 硬错误/分：当前由应用程序实例产生的每分钟的硬错误数。硬错误也称为页面错误，不是普通意义上的错误，是指当进程的应用地址页面已不在物理内存中而且已被换出的情景。如果应用程序必须从磁盘而不是从物理内存中连续读回数据，则较多数量的硬错误将说明应用程序的响应时间较慢。
- 工作集（KB）：应用程序实例当前驻留在内存中的千字节数。
- 可共享（KB）：可供其他应用程序使用的应用程序实例工作集的千字节数。
- 专用（KB）：专用于应用程序实例工作组的千字节数。

2. 查看性能监视器使用情况

性能监视器，是以实时或历史数据的方式显示内置的 Windows 性能计数器，是一种操作简单而功能强大的可视化工具，用于实时或从日志文件中查看性能数据。使用它，可以检查图表、直方图或报告中的性能数据。

配置性能监视器显示的具体步骤如下（完成下列操作至少需要是 Administrators 组的成员身份）。

① 在"可靠性和性能监视器"窗口中，使用鼠标左键单击"监视工具"节点下的"性能监视器"选项，出现如图 8-3 所示的"可靠性和性能监视器"窗口。

② 在显示区域中单击鼠标右键，在快捷菜单中选择"属性"命令，结果如图 8-4 所示。

- "常规"选项卡：配置显示元素、报告和直方图数据、自动采样的间隔时间和持续时间。
- "数据"选项卡：如果当前显示区域中没有任何计数器，则单击"数据"选项卡，然后单击"添加"按钮，如图 8-5 所示，选择所需监视的系统性能计数器。
- "来源"选项卡：如图 8-6 所示，可选择所监视数据的来源，是当前活动数据，还是日志文件或日志数据库。
- "图表"选项卡：如图 8-7 所示，可更改图表配置。

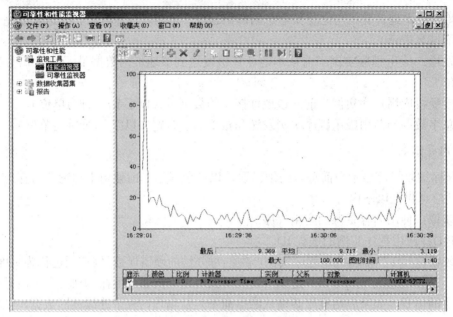

图 8-3　可靠性和性能监视器

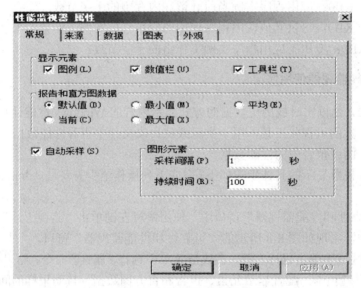

图 8-4　性能监视器属性

③ 完成以上配置操作后，单击"确定"按钮返回已配置的性能监视器窗口。

④ 在性能监视器显示区域中，单击鼠标右键，在快捷菜单中选择"将设置另存为"命令，可保存设置的配置信息。另外，还可以通过"图像另存为"命令，把当时显示的信息保存为".gif"图像文件，以备查看分析。

3. 查看可靠性监视器使用情况

可靠性监视器，提供系统稳定性的大体情况以及趋势分析，具有可能会影响系统总体稳定性的个别事件的详细信息，如软件安装、操作系统更新和硬件故障等。该监视器在系

统安装时开始收集数据。

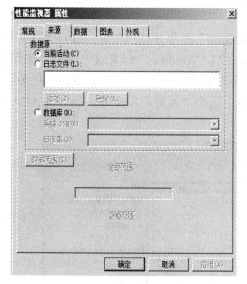

图 8-5　添加计数器

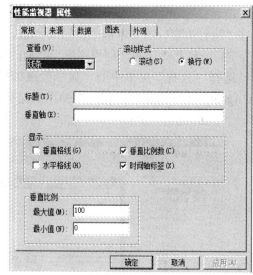

图 8-6　性能监视器 来源　　　　　　　图 8-7　性能监视器 图表

　　启动可靠性监视器，可单击"可靠性和性能监视器"主窗口中"监视工具"节点下的"可靠性监视器"选项，也可以在"运行"窗口的文本框中或命令提示符下输入"perfmon /rel"，可靠性监视器的界面如图 8-8 所示。

　　可靠性监视器使用的数据，是由 RACAgent 计划任务提供的。Windows Server 2008 系统安装之后，可靠性监视器将全天候显示稳定性指数分级和特定的事件信息。默认情况下，RACAgent 计划任务在系统安装后开始运行。如果被禁用，则必须从任务计划管理控制台中手动启动该任务。启动 RACAgent 的步骤如下：

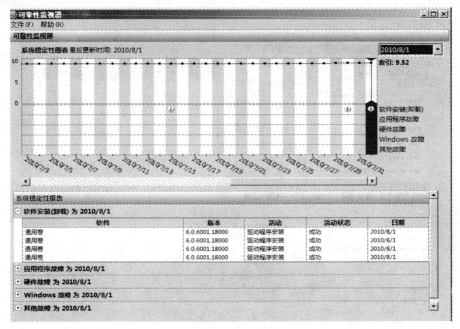

图 8-8　可靠性监视器

在"运行"窗口的文本框中，输入"taskschd.msc"命令并按回车键；打开"任务计划
程序"窗口，选择"任务计划程序库"｜"Microsoft"｜"Windows"｜"RAC"命令，如图 8-9
所示；选择"查看"菜单中的"显示隐藏的任务"命令，在任务中显示 RAC 任务；在
"RACAgent"上单击鼠标右键，在弹出快捷菜单中选中"运行"命令即可启动 RACAgent
任务。

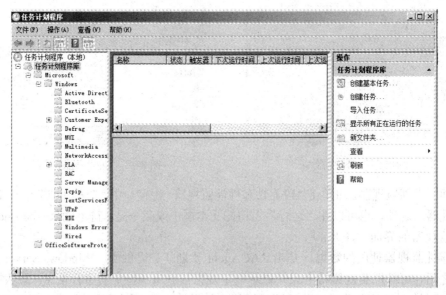

图 8-9　任务计划程序

可靠性监视器工具，根据系统生存的时间进行数据的收集，其"系统稳定性图表"中
的每个日期都有一个显示系统稳定性指数分级的图形点。系统稳定性指数是一个从 1（最

不稳定）到 10（最稳定）从滚动的历史时段内显示出由特定故障衍生而来的度量权值。系统稳定性图表的上部显示稳定性指数的图表，下部有五行显示跟踪可靠性事件，该类事件将有助于系统的稳定性测量或者提供软件安装和删除的相关信息。

默认情况下，可靠性监视器显示最近日期的数据。要查看特定日期的数据，可单击"系统稳定性图表"中该日期列，或单击日期下拉菜单以选择其他日期。要查看所有可用的历史数据，单击日期下拉菜单，选择"全选"。可靠性监视器最多可以保留一年的系统稳定性和可靠性事件的历史记录。

可靠性监视器的"系统稳定性报告"，可帮助系统管理员通过识别可靠性事件，来确定造成系统稳定性降低的原因。"系统稳定性报告"提供了以下可查看的事件。

1）软件安装（卸载）

此类事件主要跟踪软件的安装和删除（包括系统组件、Windows Update、驱动程序和应用程序），其报告的数据内容有："软件"，指定软件程序的名称；"版本"，指定软件程序的版本信息；"活动"，表明操作是安装还是卸载；"活动状态"，表明操作是成功还是失败；"日期"，指出操作发生的日期。

2）应用程序故障

此类事件跟踪应用程序故障，包括非响应应用程序的终止或已停止工作的应用程序。应用程序故障报告的数据内容有："应用程序"，指定已停止工作或响应的应用程序的名称；"版本"，指定应用程序的版本号；"故障类型"，表明应用程序是停止工作还是停止响应；"日期"，指出应用程序故障发生的日期。

3）硬件故障

此类事件主要是跟踪磁盘和内存可能发生的故障，其报告的数据内容有："组件类型"，表明出现故障的组件；"设备"，表明发生故障的设备名；"故障类型"，表明出现故障的类型；"日期"，指出硬件故障发生的日期。

4）Windows 故障

此类事件跟踪的是 Windows 操作系统启动和运行的故障，其报告的数据内容有："故障类型"，表明事件是启动故障还是操作系统崩溃错误；"版本"，表明操作系统及 Service Pack 的版本号；"故障详细信息"，提供故障类型的详细信息；"日期"，指明 Windows 系统发生故障的日期。

5）其他故障

此类事件跟踪的是影响稳定性且未归入上述类型的故障，包括操作系统的意外关闭，其报告的数据内容有："故障类型"，表明系统中断性关闭；"版本"，表明操作系统及 Service Pack 的版本号；"故障详细信息"，表明计算机未正常关闭；"日期"，该故障发生的日期。

在"系统稳定性报告"中，往往会反映出系统发生故障的综合现象。例如：如果硬件部分出现内存故障的同一天，报告也开始出现频繁的应用程序故障，那么可以首先更换故障内存。如果应用程序的故障终止，则这些故障的原因可能就是访问内存时产生的；如果应用程序故障依然存在，则下一步就要修复该应用程序。

8.1.3　收集监视数据

收集系统监视数据，主要是通过数据收集器集完成的。数据收集器集，是在可靠性和性能监视器中实现性能监视和功能报告的，它是将多个数据收集点组织成可用于查看或记录性能的单个组件，包括性能计数器、事件跟踪数据和系统配置信息。

创建数据收集器集，可以从模板、性能监视器视图中现有的数据收集器集，或者是通过选择单个数据收集器并设置数据收集器集属性中的每个单独选项来进行。

1. 通过性能监视器创建数据收集器集

可从当前"性能监视器"显示区域中的计数器创建"数据收集器集"，具体操作步骤如下。

① 打开"可靠性和性能监视器"窗口。

② 鼠标右键单击"监视工具"节点下的"性能监视器"选项，在弹出快捷菜单中选择"新建" | "数据收集器集"命令，出现如图 8-10 所示对话框。

③ 在"名称"文本框中输入新建的数据收集器集的名称，单击"下一步"按钮，出现"数据收集器集保存位置"对话框，指定要将数据收集器集的数据存储在什么位置，默认的是"%systemdrive%\PerfLogs\Admin\<数据收集器集名>"。如果选择其他位置，可以单击"浏览"按钮，选择相应的目录，或输入目录名称来更改此位置。

④ 指定完收集数据存储位置后，单击"下一步"按钮，如图 8-11 所示，可以将数据收集器集配置为特定用户身份运行。单击"完成"按钮，保存当前设置，完成创建。

⑤ 要查看数据收集器集的属性或进行其他更改，可选择"数据收集器集" | "用户定义"命令，并选中指定的数据收集器集，单击鼠标右键，在快捷菜单中选择"属性"命令，如图 8-12 所示。

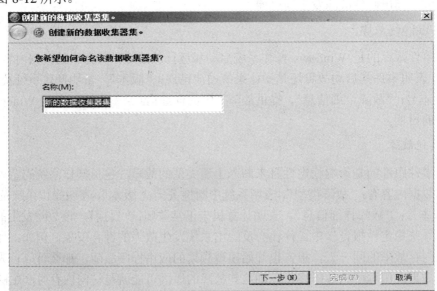

图 8-10　创建新的数据收集器集

在此窗口中，包括了以下选项卡：

- "一般"选项卡，可更改该数据收集器集的名称、描述和关键字等信息。
- "目录"选项卡，可更改根目录、添加子目录。
- "安全"选项卡，可设置数据收集器集的用户权限。
- "计划"选项卡，可以添加收集操作的启动时间、开始时间和截止时间。例如：如果不想在某个日期之后收集新数据，可使用"截止日期"参数选项。

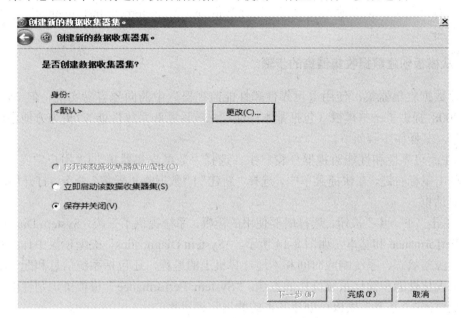

图 8-11　配置数据收集器集的用户身份

图 8-12　新的数据收集器集属性

- "停止条件"选项卡，可以使用单个停止条件或组合使用多个条件，来自动暂停或重新开始收集数据收集器集中的数据。如果在此选项卡上未选定停止条件，数据收

集器集将从启动时间开始收集数据，直到手动停止。其中，"总持续时间"会使数据收集器集在超过配置时间之后，停止收集数据，总持续时间设置优先于定义为限制的任何设置；"限制"可用于代替总持续时间停止条件，或与其一起使用。当与总持续时间停止条件组合使用时，"配置自动重新开始"会使每个指定时间段或大小的数据收集到单独的日志文件中，直到满足总持续时间停止条件。

● "任务"选项卡，"数据收集器集"收集数据完成后，在"在数据收集器集停止时运行此任务"框中输入命令可以运行 Windows Management Instrumentation（WMI）任务。

2. 从模板创建数据收集器集的步骤

创建数据收集器集，使用"可靠性和性能监视器"中的向导容易实现。但 Windows Server 2008 提供了一些模板（包括基本性能、系统诊断和系统性能），更为方便创建数据收集器集，其操作步骤如下。

① 在"可靠性和性能监视器"窗口中，选择"数据收集器集"|"用户定义"命令，在其上单击鼠标右键，在快捷菜单中，选择"新建"|"数据收集器集"命令，打开如图 8-13 所示的对话框。

② 单击"下一步"按钮，选择所要使用的模板，系统提供了三类：System Diagnostics、System Performance 和基本，如图 8-14 所示。"System Diagnostics"类型模板中详细记录本地硬件资源的状态、系统响应时间和本地计算机上的进程，还包括系统信息和配置数据，它包括最大化性能和简化系统操作的方法；"System Performance"模板可识别性能问题发生的可能原因；"基本"模板可创建基本的数据收集器集。

③ 接下来的操作步骤与使用向导创建一样，需要指定存储目录及用户身份等信息，即可完成基于模板创建数据收集器集的过程。

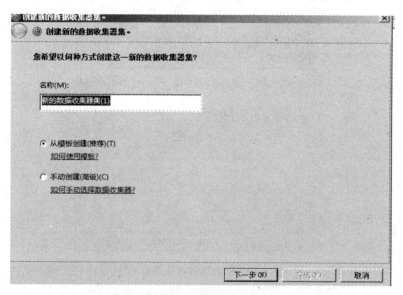

图 8-13　新建基于模板的数据收集器集

3. 手动创建数据收集器集

系统管理员可以自定义的方式创建数据收集器集，从而手动组合构造自己所需要的数据收集器工具，包括性能计数器、配置数据或来自跟踪提供程序的数据等，其操作步骤如下。

① 启动步骤与从模板创建数据收集器集一样，只是在如图 8-13 所示对话框中，需要选择"手动创建（高级）"单选钮选项。

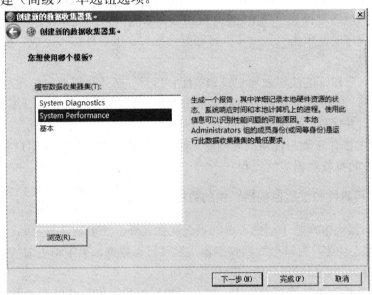

图 8-14　选择数据收集器集的模板

② 在如图 8-15 所示对话框中选择创建数据类型，其中"创建数据日志"包括："性能计数器"，提供有关系统性能的度量数据；"事件跟踪数据"，提供有关活动和系统事件的信息；"系统配置信息"，使系统管理员可以记录注册表项的状态及对其进行的更改。

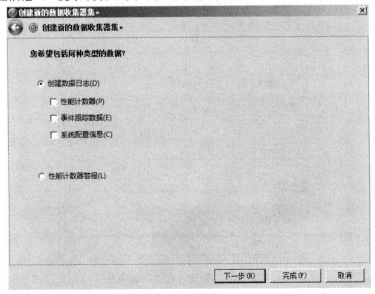

图 8-15　创建数据类型

③ 根据选择的数据收集器类型，系统会显示向数据收集器集添加数据收集器的不同对话框。

● 单击"添加"按钮以打开"添加计数器"对话框。完成添加性能计数器时，单击"下一步"按钮继续配置，或者单击"完成"按钮退出并保存当前配置。

● "事件跟踪提供程序"可以与操作系统一起安装，或者作为非 Microsoft 应用程序的一部分进行安装。单击"添加"按钮从可用的"事件跟踪提供程序"列表中进行选择。可以通过按住"Ctrl"键并突出显示来选择多个提供程序。完成添加事件跟踪提供程序时，单击"下一步"按钮继续配置，或者单击"完成"按钮退出并保存当前配置。

● 通过输入要跟踪的注册表项记录系统配置信息。必须知道要包含在数据收集器集中的确切项。完成添加注册表项时，单击"下一步"按钮继续配置，或者单击"完成"按钮退出并保存当前配置。

④ 接下来的操作步骤与使用向导创建一样，需要指定存储目录及用户身份等信息，即可完成手动创建数据收集器集的过程。

4. 管理"可靠性和性能监视器"中的数据

在数据收集器集中，除了创建可选的报告文件之外，还可创建其原始日志数据文件，通过"数据管理"功能，为每个数据收集器集配置日志数据、报告和压缩数据的存储方式。配置数据收集器集的数据管理功能的操作步骤如下。

① 在"可靠性和性能监视器"中，展开"数据收集器集"并单击"用户定义"选项。

② 使用鼠标右键单击要配置的数据收集器集的名称，然后单击"数据管理器"选项。

③ 如图 8-16 所示，在"数据管理器"选项卡上，可以接受默认值或根据数据保留策略进行更改，有关每个选项的详细信息有：

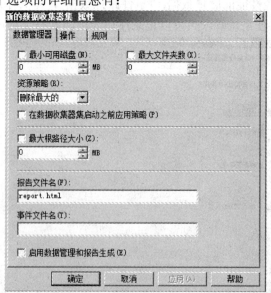

图 8-16 "数据管理器"选项卡

● 如果选择"最小可用磁盘"或"最大文件夹数"选项，则达到限制时，将根据选择的"资源策略"("删除最大"或"删除最旧")选项删除以前的数据。

- 如果选择"在数据收集器集启动之前应用策略"选项，则在数据收集器集创建其下一个日志文件之前，将根据管理员的选择删除以前的数据。
- 如果选择"最大根路径大小"选项，则达到根日志文件夹大小限制时，将根据管理员的选择删除以前的数据。

④ 单击"操作"选项卡，可以接受默认值或进行史改，其中包括的选择项内容有：

- 存留期（年龄）：数据文件以天或周为单位的存留期。如果该值为 0，则不使用此标准。
- 大小：存储日志数据的文件夹大小（MB）。如果该值为 0，则未使用此标准。
- Cab：一种存档文件格式。可从原始日志数据创建 Cab 文件，并在以后需要时进行提取。根据存留期或大小的标准选择创建或删除操作。
- 数据：数据收集器集收集的原始日志数据。创建 Cab 文件之后可删除日志数据，以便在仍然保留原始数据备份的同时节约磁盘空间。
- 报告：Windows 可靠性和性能监视器从原始日志数据生成的报告文件。即使在已删除原始数据或 Cab 文件之后，也可以保留报告文件。

⑤ 完成更改后，单击"确定"按钮。

5. 报告监视情况

报告系统监视情况，可通过查看"报告"功能实现，其具体操作步骤是：在"可靠性和性能监视器"主窗口，选择"报告"节点下的"用户定义"或"系统"选项（根据要查看的数据收集器集是用户定义创建的，还是系统提供的）；选择报告列表中要查看的报告，如图 8-17 所示（如系统性能（System Performance）报告的情况）。

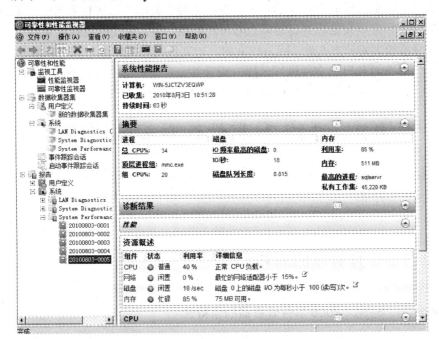

图 8-17　查看监视报告

在命令提示符下，运行命令"perfmon /report <Data_Collector_Set_Name>"，可以为数据收集器集创建新报告，如果只运行"perfmon /report"命令，则将生成"系统诊断报告"，如图 8-18 所示。

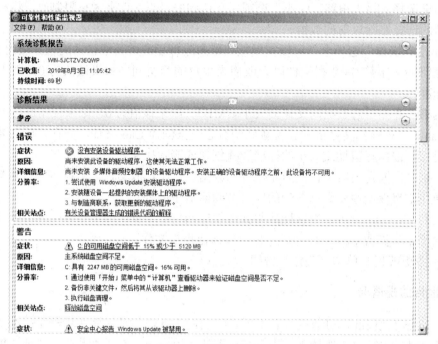

图 8-18　系统诊断报告

说明：如果数据收集器集未运行，那么将没有任何可用的报告显示；如果数据收集器集当前正在运行，那么控制台将显示有关数据收集器集被配置为运行多长时间的信息。

系统管理员如果频繁地检查日志以查看最新数据，那么应使用数据收集器集的"限制"属性，自动分段较大的日志文件（因为较大的日志文件将使生成报告的时间较长）。也可以使用"relog"命令对长日志文件进行分段，或合并多个短日志文件，有关"relog"命令的详细使用信息，可在命令提示符窗口中输入"relog /?"命令查看。

8.2　技能 2 事件查看器的应用

Windows Server 2008 操作系统提供了"事件查看器"工具，借助事件日志文件，用于浏览和管理系统中多种事件所发生的过程，监视系统的运行状况，以便在出现问题时帮助解决问题。

8.2.1　事件查看器的简介

1. Windows Server 2008 事件查看器的新特性

较以前版本，Windows Server 2008 的事件查看功能具有全新、友好的操作界面和自定

义视图，具有能够计划响应时间、订阅事件等新特性。在 Windows Server 2008 中，使用事件查看器可完成以下系统管理任务。

1）查看来自多个事件的日志

使用事件查看器解决系统问题时，需要查找与问题相关的事件，无论其出现在哪个事件日志中，都可以跨越多个日志筛选特定的事件。这样可以更容易显示所有可能与正在调查问题相关的事件。若要指定跨越多个日志的筛选器，则需要创建自定义视图。

2）可重新使用事件筛选器来自定义视图

使用事件日志时，主要的难题是将一组事件聚焦为系统管理员当前所关注的那些事件。这是需要管理员做出一番努力的工作的，如果没有采取一定的方法保存所创建日志的视图，那么所做出的努力就要付诸流水。事件查看器支持自定义视图的概念，以用户的工作方式仅对要分析的事件进行查询和排序后，就可以将该工作另存为命名视图，而此视图以后可供重新使用（甚至可以导出视图，并在其他计算机上使用或共享）。

3）计划运行响应事件任务

使用事件查看器，可以自动对事件做出响应。事件查看器与任务计划程序集成在一起，指定大多数事件，就可以开始计划未来要运行的任务。

4）事件订阅

通过制定事件订阅功能，可以从远程计算机上收集事件并将其保存在本地。

5）基于 XML 的基础结构

事件日志记录的基础结构已在 Windows Server 2008 系统得到了改善，其中每个事件的信息都符合 XML 架构，且可以访问代表给定事件的 XML 信息，还可以针对事件日志构造基于 XML 的查询。

2. 事件日志

事件查看器的主要功能就是查看定义好的视图，而视图最重要的一个组成部分就是日志。Windows Server 2008 包括以下两类事件日志："Windows 日志"和"应用程序和服务日志"。

1）Windows 日志

Windows Server 2008 日志包括早期版本 Windows 操作系统中可用的日志：应用程序、安全和系统日志。此外还包括两个新的日志：安装程序日志和 ForwardedEvents 日志，详细内容如下。

（1）应用程序日志。应用程序日志包括应用程序或程序记录的事件，如数据库程序可在应用程序日志中记录文件错误，以及程序开发人员设计决定记录的一些应用程序事件等等。

（2）安全日志。安全日志包括诸如有效和无效的系统登录尝试事件，以及与系统资源使用相关的事件（如创建、打开和删除文件等对象）。系统管理员可以指定在安全日志中记录什么事件。例如：如果已启用登录审核，则对系统的登录尝试将记录在安全日志中。

（3）安装程序日志。安装程序日志包括与应用程序安装有关的事件。

（4）系统日志。系统日志包括操作系统组件记录的事件。例如：在启动过程中加载驱动程序或系统组件失败事件将记录在系统日志中。系统组件所记录的事件类型由 Windows 操作系统预先确定。

（5）ForwardedEvents 日志。ForwardedEvents 日志用于存储从远程计算机上收集的事件，若要收集远程计算机上的事件，则必须创建事件订阅。

2）应用程序和服务日志

应用程序和服务日志是一种新类型的事件日志。这些日志存储来自单个应用程序或组件的事件，而非影响整个系统的事件。

"应用程序和服务日志"包括四个子类型：管理日志、操作日志、分析日志和调试日志。管理日志中的事件尤其受系统管理员等专业人士的关注；操作日志中的事件对专业人员也很有用，但是他们需要更多的解释；分析日志存储跟踪问题的事件，并且通常记录大量事件；调试日志由开发人员在调试所开发的应用程序时使用。默认情况下，分析日志和调试日志都为隐藏和禁用状态。这四类日志分别主要关联着以下事件。

（1）管理事件。这些事件主要以最终用户、系统管理员和技术支持人员为目标，管理着事件的指示问题及管理员可以操作的良好定义的解决方案。例如：应用程序无法连接打印机时所发生的事件，这个事件要么有详细的文档记录，要么有与其关联的消息直接指导用户纠正问题所必须做的事情。

（2）操作事件。操作事件用于分析和诊断由系统操作所发生的事件，这些事件可用于基于该发生事件的触发工具或任务。例如：从系统中添加或删除打印机时所发生的事件。

（3）分析事件。该类事件是描述程序操作，指示用户干预无法处理的问题。

（4）调试事件。该类事件是由开发人员用于解决其程序中的问题。

8.2.2　启动事件查看器

查看系统事件，首先要启动事件查看器，再进行相应的配置。启动事件查看器的方法如下：

- 方法 1：单击"开始"按钮，选择"管理工具"项中的"事件查看器"，出现的界面如图 8-19 所示。
- 方法 2：单击"开始"按钮，选择"运行"命令，在其文本框中输入"eventvwr"，然后按回车键。
- 方法 3：双击位于%SYSTEMROOT%\system32 文件夹中的 eventvwr.msc 文件，可以启动事件查看器。

如果使用"eventvwr"命令行进行操作，所需的其他帮助信息可通过"eventvwr /?"命令查询，如图 8-20 所示。

图 8-19　事件查看器

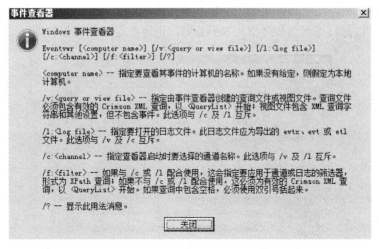

图 8-20　Eventvwr 帮助窗口

8.2.3　定制事件

启动事件查看器后，首先需要做的工作是创建自定义视图。

1. 创建自定义视图

自定义视图类似于已命名并保存的筛选器。创建并保存自定义视图后，将可以在无须重新创建其基础筛选器的情况下而再次使用该自定义视图。通过选择自定义视图，可应用基础筛选器并显示结果，可导出或导入自定义视图，从而在用户和计算机之间共享这些自定义视图，还可以创建包括多个事件日志中满足指定标准事件的筛选器。

创建自定义视图的具体操作步骤如下。

① 启动"事件查看器"工具。

② 在"事件查看器"主界面，选择"操作"菜单中的"创建自定义视图"命令，如图 8-21 所示。

如要根据所发生的时间来筛选事件，可从"记录时间"下拉列表中选择相应的时间段。其中，如果没有可接受的时间选项，那么可选"自定义范围"选项，该选项表示可以指定事件开始的最早日期和时间，以及事件开始的最晚日期和时间。

在"事件级别"选项中，根据事件级别选中所需的选项。自定义视图中的事件级别，由轻到重分为以下几种：

- 信息：指明应用程序或组件发生了更改，如操作成功完成、已创建了资源或已启动了服务等。
- 警告：指明出现的问题可能会影响服务器或导致更严重的问题。
- 错误：指明出现了问题，这可能会影响触发事件的应用程序或组件外部的功能。
- 关键：指明出现了故障，导致触发事件的应用程序或组件可能无法自动恢复。

自定义过程中，可以指定将出现在自定义视图中的事件日志，也可以指定这些事件的来源。如果选择"按日志"单选钮，在"事件日志"下拉列表中，选中日志旁的复选框。如果选择"按源"单选钮，在"事件来源"下拉列表中，选中来源旁的复选框。事件来源是记录事件的软件，可以是程序名（如"SQL Server"），也可以是系统的组件或驱动程序等。

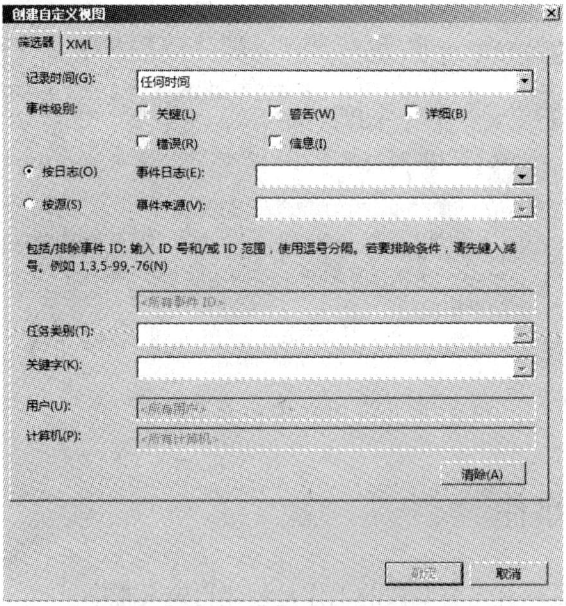

图 8-21　创建自定义视图

"关键字"选项，可用于筛选或搜索事件的一组类别或标记。"用户"和"计算机"选项，可输入自定义视图中要显示的用户账户名称和计算机名称。

③ 在"创建自定义视图"对话框中，选择"XML"选项卡，如图 8-22 所示，若要以 XPath 格式提供事件筛选器，则单击"手动编辑查询"复选框，将弹出提示信息：如果手

动编辑查询，则无法使用"筛选器"选项卡中的控制修改查询。

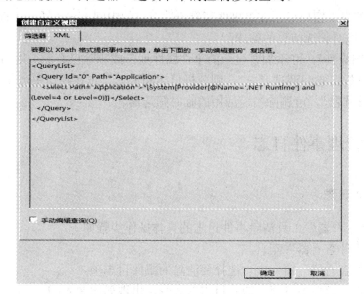

图 8-22　"XML"选项卡

④ 设置完成后，单击"确定"按钮，如图 8-23 所示，保存所创建的自定义视图。

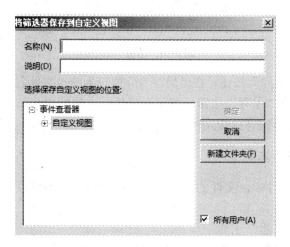

图 8-23　保存自定义视图

2. 事件的显示方式

查看事件日志可筛选正在显示的事件，事件的筛选设计是临时使用的，可以使用完毕后删除。但是，如果创建要重复使用的有用筛选器，则可将其保存为自定义视图。筛选显示事件的操作步骤如下。

① 启动"事件查看器"工具。

② 在"事件查看器"窗口中，选择要查看的事件日志项。

③ 在窗口的最右侧"操作"列表框中，单击"筛选当前日志"选项，出现"筛选当前日志"窗口，此窗口中的选项含义与前面创建自定义视图时一样，这里不再一一详述。设

置完成后，单击"确定"按钮即可应用该临时筛选器。

④ "筛选信息"窗口显示在"事件查看器"窗口的中间部分，通过"查看"菜单中以下命令可灵活实现对筛选信息的阅读：

- "添加/删除列"，可添加要显示的事件属性列，或删除已有而无用的事件属性列；
- "显示分析日志和调试日志"，则分析日志和调试日志在窗口中可见；
- "清除筛选器"，可删除当前应用的临时筛选器。

8.2.4　管理事件日志

1. 清除事件日志

使用"事件查看器"工具清除事件日志的具体操作步骤如下。

① 启动"事件查看器"工具。

② 在"事件查看器"窗口中，选择要清除的事件日志项。

③ 在"操作"菜单中选择"清除日志"命令，出现如图 8-24 所示对话框。

图 8-24　清除日志

④ 单击"保存并清除"按钮，在"另存为"窗口上的"文件名"文本框中输入所保存文件的名称，然后单击"保存"按钮，可保存事件日志的副本。如果无须保存日志信息，则可单击"清除"按钮将事件日志清除。

2. 设置日志文件的大小

事件日志存储在文件中，文件的大小依据实际应用环境是可以更改的，其具体操作步骤如下。

① 启动"事件查看器"工具。

② 在"事件查看器"窗口中，单击要管理的事件日志项。

③ 在"操作"菜单中选择"属性"命令，如图 8-25 所示日志属性。

在"日志最大大小（KB）"文本框中，使用上下调整按钮设置所需的值，然后单击"确定"按钮。"达到事件日志最大值时"选项，可根据需要做如下选择：

- 选中"按需要覆盖事件（旧事件优先）"选项时，日志文件已满时继续存储新事件，每个新传入的事件替换日志中最旧的事件。
- 选中"日志满时将其存档，不覆盖事件"选项时，自动将日志存档，不改写任何事件。
- 选中"不覆盖事件（手动清除日志）"选项时，手动而非自动清除日志。

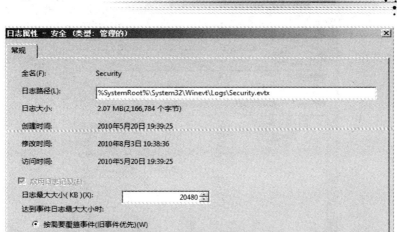

图 8-25　日志属性

3. 打开或关闭保存的日志

使用"事件查看器"可以打开并查看已存档的日志文件，可以随时在控制台树中打开多个保存的日志并访问，还可以关闭已在事件查看器中打开的日志，而不会删除日志中的信息。

打开保存的事件日志的具体操作步骤如下。

① 启动"事件查看器"工具。

② 在"事件查看器"的"操作"菜单中，选中"打开保存的日志"命令，在弹出窗口中选择需要打开的日志文件，单击"打开"按钮，出现如图 8-26 所示对话框。

可在"名称"文本框中输入将在控制台树中用于该日志的新名称，也可以使用该日志文件的现有文件名。在"说明"文本框中，可输入该日志的描述。"新建文件夹"按钮，可创建日志文件将位于的文件夹名称。如果是系统管理员，则可以清除"所有用户"复选框，否则所有的用户都可以使用已打开的日志。

③ 单击"确定"按钮，完成操作返回。

通过从控制台树中删除日志，可以关闭该日志。删除日志时，只是从管理控制台树中移除了该日志，而不是从系统中删除了该日志文件。从管理控制台树中移除已打开的日志文件的方法是：选中要删除的日志，选择"操作"菜单中的"删除"命令；也可以在控制台中用鼠标右键单击指定日志，然后选择"删除"命令。

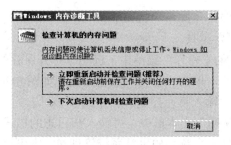

图 8-26　打开保存的文件

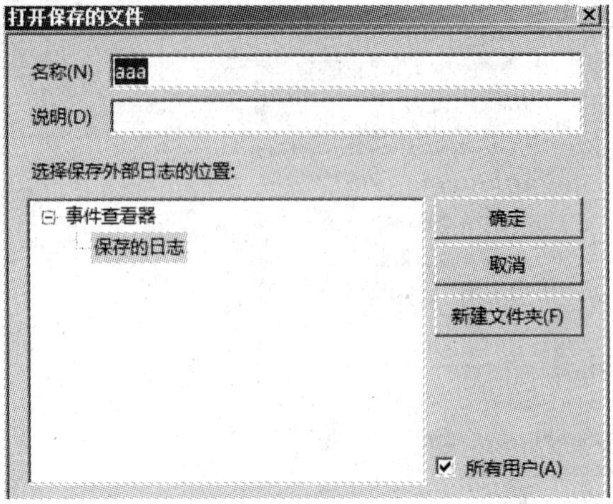

8.3　技能 3 使用内存诊断工具

Windows Server 2008 能够自动检测内存的应用状况，及时发现可能出现的问题，进行诊断，并显示询问是否要运行内存诊断工具的通知。

1. 运行内存诊断工具

运行内存诊断工具的方法是：单击"开始"按钮，选中"管理工具"中的"内存诊断工具"选项，如图 8-27 所示。

图 8-27　Windows 内存诊断工具

在此窗口，单击"立即重新启动并检查问题（推荐）"选项，将立即重新启动操作系统并运行该工具。选择此项时，应确保保存现有的工作，并关闭所有正在运行的程序。重新启动操作系统时，内存诊断工具将自动运行，可见表示测试状态的进度栏，如图 8-28 所示。测试完毕之后，操作系统将再次自动重新启动。

如果单击"下次启动计算机时检查问题"选项，则出现内存诊断提示信息"已成功计划了内存测试。当下次启动计算机时，Windows 将检查问题并显示测试结果"。

内存测试结束后的结果如下：

- 如果内存诊断工具没有发现任何问题，则将接收到一则没有发现任何错误的消息；
- 如果内存诊断工具测试到错误，则需要与计算机制造商或内存制造商联系以获取详

细信息，以帮助解决问题。

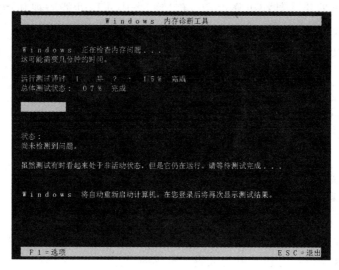

图 8-28　内存诊断

2. 内存诊断工具的高级选项

系统管理员不仅可直接运行内存诊断工具检测计算机内存是否正常工作，还可以通过高级选项的设置，进行复杂的内存诊断过程，以便更好地检测内存。

当内存诊断工具启动时，按"F1"键可调整以下高级选项设置。

● 测试混合：选择要运行的测试类型。当运行内存诊断工具时，会列出这些选项。

● 缓存：为每个测试选择所需的缓存设置。

● 通过次数：设置要重复测试的次数。

按"F10"键即可启动内存测试进程。

习题与实训

1. 填空题

（1）Windows Server 2008 的"可靠性和性能监视"控制台工具，可实时检查_____，并通过收集日志数据以供其他应用分析使用。

（2）数据收集器集，是将_____，以便与其他性能监视方案一起使用。

（3）资源监视器工具可在"运行"窗口的文本框中或命令提示符窗口中输入_____命令即可运行。

（4）"可靠性和性能监视"控制台资源概述区域中，四个滚动"可靠性和性能监视器"图表显示了本地计算机上的_____的实时使用情况。

（5）性能监视器，是以_____的方式显示内置的 Windows 性能计数器，是一种操作简单而功能强大的可视化工具，用于实时或从日志文件中查看性能数据。

（6）可靠性监视器提供_____，具有可能会影响系统总体稳定性的个别事件的详细信息，如软件安装、操作系统更新和硬件故障等。

（7）数据收集器集，是在可靠性和性能监视器中实现性能监视和功能报告的，它包括_____。

（8）在数据收集器集中，除了创建可选的报告文件之外，还可创建其_____。

（9）在命令提示符下，运行命令_____，可以为数据收集器集创建新报告。

（10）使用_____命令可对长日志文件进行分段，或合并多个短日志文件。

（11）Windows Server 2008 能够自动检测内存的应用状况，及时发现可能出现的问题，进行诊断，并显示询问是否要运行_____的通知。

2. 简答题

（1）"可靠性和性能监视"较以往 Windows 操作系统性能监视工具有什么新特性？

（2）简述"可靠性和性能监视"中包括哪些具体的系统监视工具及其功能是什么？

（3）简述可靠性监视器的"系统稳定性报告"提供了哪些具体事件数据内容？

（4）Windows 事件日志包括哪两大类，具体内容是什么？

实训项目 8

（1）实训目的：掌握使用"可靠性和性能监视"、"事件查看器"及"内存诊断工具"等工具进行系统性能的监视。

（2）实训环境：正常的局域网环境；安装 VMware Workstation 支持的 Windows Server 2008 虚拟机系统。

（3）实训内容：

① 启动"可靠性和性能监视"，查看当前系统资源使用情况。

② 启动"可靠性和性能监视"，配置性能监视器中的计数器，并查看其监视结果。

③ 启动"可靠性和性能监视"，查看使用可靠性监视器的系统稳定性图表与报告。

④ 通过性能监视器、模板和手工三种方式创建三种不同的数据收集器集，并通过"报告"查看以上三种不同数据收集器集的结果。

⑤ 启动"事件查看器"，定制用户自定义视图的筛选器，并将筛选结果保存成日志文件，设置日志文件的大小值。

⑥ 启动"内存诊断工具"，查看 Windows Server 2008 诊断内存的过程及其结果，并使用高级选项设置再次进行诊断。

第9章 Windows Server 2008 系统备份与恢复

Windows Server 2008 增强了系统备份与故障恢复实用程序的功能。备份实用程序是为了保护系统而设计的，用于防止由于硬件或存储媒体失效或者其他损坏事件的故障而丢失数据。如果系统中的数据丢失，则备份实用程序可以方便地从存档的复制中恢复数据，同时能将系统从各种故障中恢复正常运行。

【本章概要】
◆ 创建备份任务；
◆ 恢复备份数据；
◆ Windows Server 2008 操作系统恢复。

系统文件是整个操作系统的基石，如果系统文件遭到破坏，将导致整个操作系统无法运行。因此，对系统文件进行备份是系统管理员必须掌握的基本技能之一。系统文件损坏的原因有很多，如操作失误、磁盘故障、突然停电、病毒程序感染及其他原因。通过对系统文件进行备份，可在系统文件受到损坏而导致系统不能自检或死机时，利用备份文件迅速还原系统。另外，还可以创建紧急修复磁盘，在紧急修复磁盘中保存系统文件和系统设置信息。当系统文件受到损坏或被意外删除时，可以使用紧急修复磁盘快速修复系统。

利用操作系统的备份实用程序可以帮助用户在遇到硬件或存储媒体发生故障时，保护数据以免意外丢失。例如，使用备份实用程序可以创建硬盘上的数据备份，然后把这些备份数据保存到其他存储设备上。在硬盘上的原始数据由于硬盘故障而被意外删除、覆盖或无法访问时，可以轻而易举地从备份文件还原。

9.1 技能 1 创建备份任务

Windows Server 2008 操作系统中的备份功能是通过 Windows Server Backup 工具实现的，该工具提供了一组向导及其他工具，可对安装了该功能的服务器执行基本的备份和恢复任务。此功能已经重新设计，并引入新技术开发。Windows Server 2003 及其以前操作系统中的备份功能程序（即 ntbackup.exe）已被放弃。

说明：使用 Windows Server Backup 功能是无法恢复旧版本"ntbackup"程序创建的备份数据。如果在 Windows Server 2008 系统中恢复"ntbackup"创建的备份数据，那么就需要在 Windows Server 2008 中安装"ntbackup"程序，然后利用该程序恢复其创建的备份数据。

在 Window Server 2008 系统中，开始制定备份计划之前，应重点做好以下准备工作：
- 希望运行备份的时间及备份的次数。
- 备份数据需要存放的位置。
- 需要备份哪些卷及是否需要使用这些备份恢复系统。

9.1.1 安装和启动 Windows Server Backup 工具

1. 安装 Windows Server Backup 工具

应用 Windows Server 2008 的备份和恢复功能，首先需要安装 Windows Server Backup 工具，其安装的具体操作步骤如下。

① 单击"开始"按钮，选中"管理工具"中的"服务器管理器"选项，在其窗口左侧列表中单击"功能"节点，如图 9-1 所示。

图 9-1 服务器管理器的"功能"窗口

② 单击右侧窗口中的"添加功能"选项，出现如图 9-2 所示的"选择功能"对话框，在功能列表框中，单击展开"Windows Server Backup 功能"选项，然后选中"Windows Server Backup"和"命令行工具"对应的复选框。

③ 单击"下一步"按钮，出现确认安装对话框，如需更正以前所选内容，则单击"上一步"按钮。确认无误，单击"安装"按钮，开始安装进度。安装后，会出现"安装结果"对话框，如果安装成功，则显示"安装成功"信息；如果在安装过程中出现错误，则会在"安装结果"中提示。

2. 启动 Windows Server Backup 工具

成功安装 Windows Server Backup 工具后，就可以正常使用该工具了。启动 Windows Server Backup 工具可以采取以下三种方法。

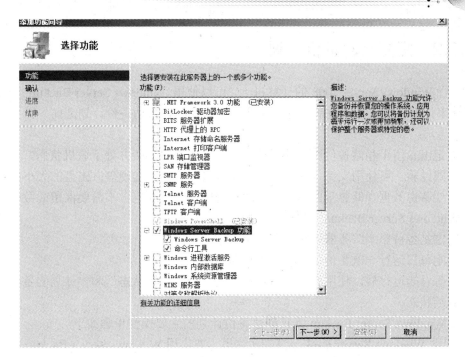

图 9-2　选择功能

● 方法 1：单击"开始"按钮，选择"管理工具"中的"Windows Server Backup"选项，打开如图 9-3 所示的"Windows Server Backup"窗口。

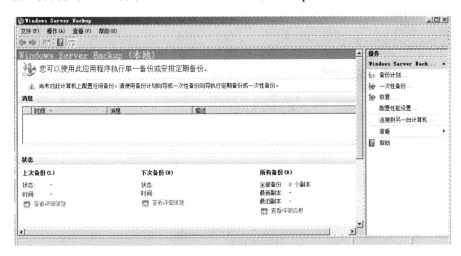

图 9-3　"Windows Server Backup"窗口

● 方法 2：单击"开始"按钮，选择"管理工具"中的"服务器管理器"选项，在"服务器管理器"窗口中，单击左侧列表框中的"存储"节点下的"Windows Server Backup"选项即可。

● 方法 3：在"命令提示符"窗口中，输入"wbadmin /?"命令，可列出"Windows Server Backup"所有的操作命令。一般，命令方法由熟练的系统管理员进行操作时使用。

9.1.2　配置自动备份计划

在运行 Windows Server 2008 的计算机上，可以使用 Windows Server Backup 中的备份计划向导来计划备份，每天自动运行一次或多次。在配置自动备份计划之前，需要考虑下列的注意事项：

- 标记出专用于存储备份数据的硬盘，并确保磁盘已连接并处于联机状态。根据备份实践经验，可使用支持 USB 2.0 或 IEEE 1394 的外挂硬盘；磁盘的大小应该至少是要备份数据存储容量的 2.5 倍；此磁盘应该为空或包含不需要保留的数据，因为 Windows Server Backup 将对此磁盘进行格式化。
- 决定是备份整个服务器还是仅备份某些卷。
- 决定每日运行一次备份还是运行多次备份。
- 备份开始运行后，使用管理单元默认页的"消息"、"状态"和"计划的备份"部分监控状态。

使用 Windows Server Backup 工具创建备份计划的主要操作步骤如下。

① 启动 Windows Server Backup 工具（这里主要应用 Windows Server Backup 图形界面操作）。

② 选择主对话框"操作"菜单中的"备份计划"命令，打开如图 9-4 所示的备份计划向导"入门"对话框。

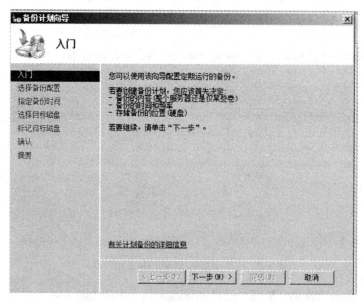

图 9-4　备份计划向导"入门"对话框

③ 单击"下一步"按钮，打开"选择备份配置"对话框，如图 9-5 所示，计划进行什么类型的备份配置，系统默认的是"整个服务器（推荐）"，如果选择"自定义"，将从备份中排除一些卷数据。

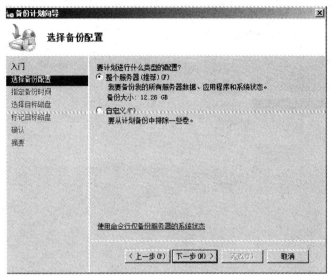

图 9-5　选择备份配置

④ 单击"下一步"按钮，打开"指定备份时间"对话框，如图 9-6 所示，如果单击"每日一次"选项，则需输入开始运行每日备份的时间；如果需要每日多次备份数据，则单击"每日多次"选项，在"可用时间"列表框中单击要开始备份的时间，然后单击"添加"按钮将此时间移动到"已计划的时间"列表框中，为要添加的每个时间重复此操作。

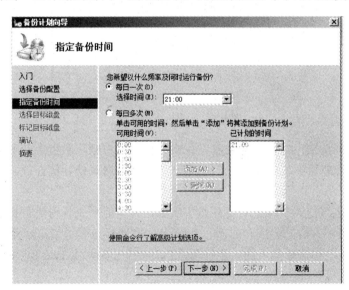

图 9-6　指定备份时间

⑤ 单击"下一步"按钮，出现"选择目标磁盘"窗口，如图 9-7 所示，选择可用磁盘列表中的磁盘。如果这些磁盘是外挂磁盘（也称为外部磁盘），那么可用于将备份移离服务器，以便于进行灾难保护。

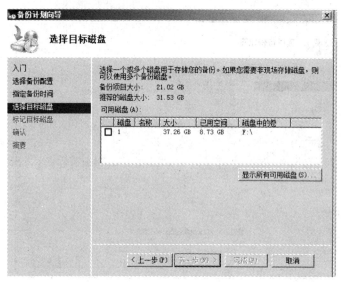

图 9-7 选择目标磁盘

⑥ 单击"下一步"按钮，弹出如图 9-8 所示的提示信息对话框，即所选磁盘将被重新格式化。

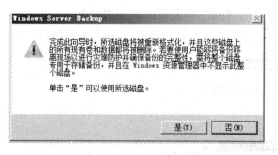

图 9-8 格式化所选磁盘

⑦ 单击"是"按钮，将对选定磁盘进行格式化，也将删除磁盘上的所有数据，该磁盘在 Windows 资源管理器中将不再可见，这样可防止将数据意外存储在该磁盘中，影响以后数据的恢复和还原。

⑧ 备份计划向导进入"标记目标磁盘"步骤，为当前系统备份进行标记，其命名组成内容包括计算机名、备份的日期和时间、系统磁盘物理标志名等信息。系统管理员可将该信息记录完整并粘贴在该磁盘表面，当恢复系统时，Windows Server Backup 会要求备份所在的、具有所显示标签的磁盘。

⑨ 单击"下一步"按钮，出现"确认"对话框，如图 9-9 所示，查看详细的选定信息，然后单击"完成"按钮。

⑩ 备份计划向导开始格式化选定的磁盘，格式化成功后弹出如图 9-10 所示"摘要"窗口，创建的备份计划完成，但是要确保用做份目标的磁盘已联机并且状态完好。

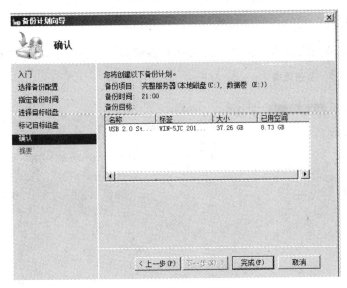

图 9-9 "确认"对话框

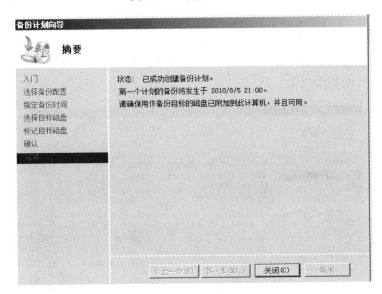

图 9-10 "摘要"对话框

9.1.3 配置一次性备份

系统管理员在日常系统的备份工作中，还要根据具体应用进行不定期的数据备份，那么 Windows Server Backup 提供给了"一次性备份"功能，就是方便系统管理员在不同日期的不同时间运行备份操作。

下面具体介绍一次性备份的操作步骤。

① 打开"Windows Server Backup"对话框，选择"操作"菜单中的"一次性备份"命令，出现如图 9-11 所示"一次性备份向导"对话框，可选择已有的备份计划，如果尚未创建备份计划，则进行备份选项的设置。这里选择"备份计划向导中用于计划备份的相同选

项"单选钮（即利用已有的备份计划执行一次性备份）。

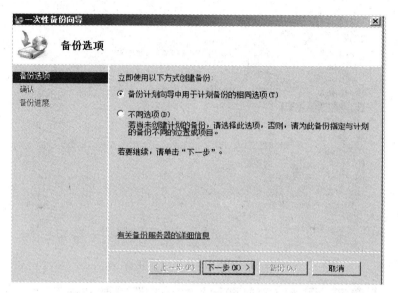

图 9-11   一次性备份向导

② 单击"下一步"按钮，如图 9-12 所示的"确认"对话框，确认要执行的备份项目、目标和高级选项（即备份类型）。

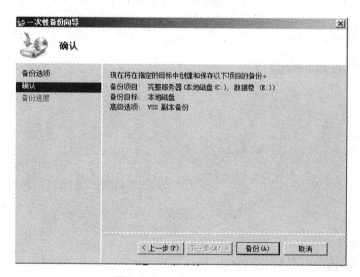

图 9-12   "确认"对话框

③ 单击"备份"按钮，开始备份进度，提示系统正在备份（备份时间的长短由系统的大小决定），也可以关闭备份进度窗口，备份工作进程将继续在后台运行。完成后出现"一次性备份完成"对话框。

使用 Windows Server Backup 中的"一次性备份"向导能够创建不同的备份配置，随时、灵活地进行系统备份，以作为定期计划备份的补充（可以备份定期备份中不包括的卷；在进行安装系统更新程序或安装新功能等之前，可备份包含重要内容的卷）。

9.1.4 修改自动备份计划

在使用 Windows Server Backup 创建备份计划后,应定期查看是否符合系统运行过程中的管理需要。特别是在添加或删除应用程序、功能、角色、卷及磁盘操作后,应当查看原有备份计划的配置信息,考虑对其进行修改,以满足最新的系统应用环境备份。

使用 Windows Server Backup 进行备份计划修改的具体操作步骤如下。

① 打开 Windows Server Backup 工具,选中"操作"菜单的"备份计划"命令,出现如图 9-13 所示的对话框,选择"修改备份"单选钮。

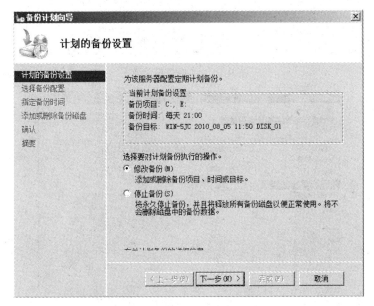

图 9-13 计划的备份设置

② 单击"下一步"按钮,出现如图 9-14 所示的"选择备份配置"对话框,可以选择"整个服务器(推荐)"或"自定义"选项,对整个服务器系统进行备份,或者仅备份某些卷。这里选择"整个服务器(推荐)"单选钮。

③ 单击"下一步"按钮,出现"指定备份时间"对话框,可在此窗口中进行备份时间的修改,此步操作类似于创建新备份计划时指定备份时间的操作。

④ 修改完备份时间后,单击"下一步"按钮,出现如图 9-15 的"添加或删除备份磁盘"对话框,可修改用于备份数据的目标磁盘:"添加更多磁盘"、"删除当前磁盘"或"不执行任何操作"。

⑤ 如果添加磁盘,那么可用的磁盘将显示在列表中,然后选中要用于存储备份数据的磁盘旁边的复选框,紧接着格式化选定的磁盘;如果删除磁盘,那么将从用于存储备份的磁盘集中删除选定的磁盘,但仍可以继续使用该磁盘上的数据进行恢复。

⑥ 单击"下一步"按钮进入"确认"对话框,查看详细的备份计划信息,然后单击"完成"按钮,打开如图 9-16 所示的"摘要"对话框,显示已成功修改备份计划的信息,单击"关闭"按钮完成修改自动备份计划。

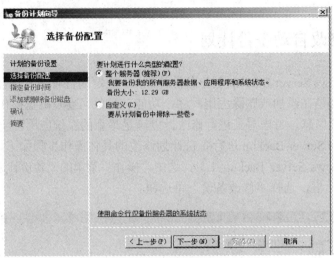

图 9-14 选择备份配置

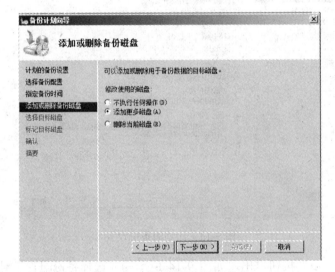

图 9-15 添加或删除备份磁盘

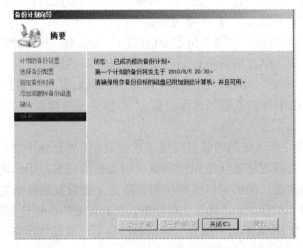

图 9-16 摘要

9.2　技能 2 恢复备份数据

通过对系统文件或其他重要文件的备份，一旦系统发生故障或出现意外情况导致系统不能正常运行，可以利用备份的数据迅速恢复、还原，从而确保系统的安全性和稳定性。特别是当出现硬件故障、意外删除或其他数据丢失或损坏的情况时，利用 Windows Server Backup 的恢复向导可以及时、安全地还原以前备份的数据。

在 Windows Server Backup 中进行恢复的具体操作步骤如下。

① 启动 Windows Server Backup 工具。

② 在"操作"菜单中选择"恢复"命令，打开如图 9-17 所示恢复向导的"入门"对话框。通过该向导可以从以往的本地计算机或网络中的其他计算机的备份数据中恢复文件、应用程序和卷。

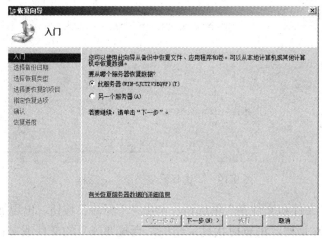

图 9-17　恢复向导

③ 单击"下一步"按钮，打开如图 9-18 所示的对话框，选择可用日期的备份数据。

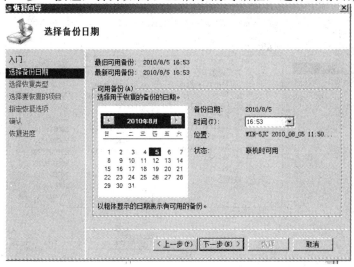

图 9-18　选择备份日期

④ 单击"下一步"按钮，出现如图 9-19 所示的"选择恢复类型"对话框。可选择"文件和文件夹"选项或者"卷"选项。这里的"应用程序"选项为灰色，是因为要恢复的应用程序使用卷影复制服务（VSS）技术，在创建可用于恢复的备份之前必须启用应用程序的 VSS 编写器，以便与 Windows Server Backup 兼容。大多数应用程序需要专门启用 VSS 编写器，默认情况下是不启用的。备份时如果没有启用 VSS 编写器，则将无法从此备份中恢复应用程序。

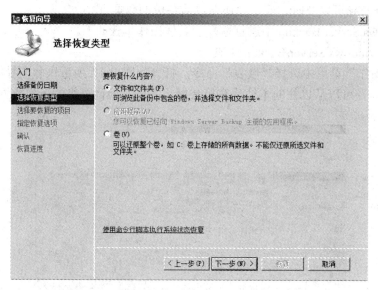

图 9-19　"选择恢复类型"对话框

⑤ 这里选择"文件和文件夹"单选钮，单击"下一步"按钮，出现如图 9-20 所示"选择要恢复的项目"对话框，浏览树状目录结构，查找要恢复的文件或文件夹。

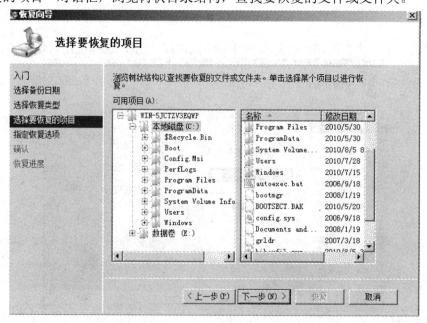

图 9-20　选择要恢复的项目

⑥ 单击"下一步"按钮，出现如图 9-21 所示的"指定恢复选项"对话框，在"恢复目标"区域中，选择是恢复到"原始位置"还是"另一个位置"；在"当该向导在恢复目标中查找文件和文件夹时"区域中，可单击以下选项之一：

● 创建副本，以便具有两个版本的文件或文件夹。

● 使用已恢复的文件覆盖现有文件。

● 不恢复这些现有文件和文件夹。

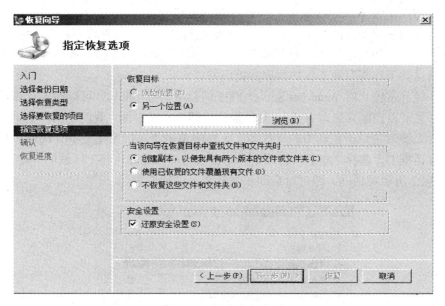

图 9-21 指定恢复选项

⑦ 单击"下一步"按钮，出现"确认"窗口，确认以上所选信息无误，然后单击"恢复"按钮开始恢复指定的项目。

⑧ 恢复完成后，在"恢复进度"窗口单击"关闭"按钮即可完成备份数据的恢复的全部操作过程。

说明：为了系统的安全和操作的可靠性，必须对备份和恢复操作设置必要的访问权限，这样可以防止未经授权而擅自闯入者的破坏，造成数据的损失和泄密。为此，Windows Server 2008 对系统备份和还原提供了设置用户访问权限的功能。要备份文件和文件夹，必须具有确定的许可和用户权限。如果用户是一位系统管理员或备份操作员，那么可以备份本地计算机上的任何文件和文件夹，以供本系统应用。同样，如果用户是域控制器的管理员或备份操作员，那么可以备份该域中的任何计算机上的文件和文件夹，或者与用户建立了双向信任关系的域中的任何计算机上的任何文件和文件夹（"系统状态"数据除外）。

9.3　技能 3 Windows Server 2008 操作系统恢复

同其他操作系统一样，Windows Server 2008 可能因为系统管理员或用户的失误操作或网络病毒程序的攻击而导致系统崩溃。一旦系统发生问题，就需要使用各种恢复方法和手段来解决问题。本节主要介绍如何使用有助于启动系统的一些选项，以及如何使用 Windows

Server 2008 操作系统安装中的修复和恢复选项进行故障排除的内容。

9.3.1　应对系统故障发生的安全措施

在系统出现故障之前，系统管理员往往需要事先采取一些安全措施，以防磁盘损坏或者其他严重的系统故障出现。其中要做的主要工作包括定期备份系统文件、硬件配置文件，设置系统异常停止时 Windows Server 2008 的对应策略等操作。

执行常规的系统备份，配置容错能力（如磁盘镜像、安装杀毒程序检查病毒），以及进行其他管理例程，如使用"事件查看器"来检查事件日志。如果磁盘或其他硬件无法正常工作，那么这些工作将有助于保护数据并提出警告。

设置系统异常停止时 Windows Server 2008 的反应措施（例如，可以指定计算机自动重新启动，并且可以控制其日志方式），具体操作步骤为：在桌面"我的电脑"上单击鼠标右键，打开"系统"窗口，在其中的"任务"区域中单击"高级系统设置"选项，打开"系统属性"对话框中，选择"高级"选项卡，单击"启动和故障恢复"区域的"设置"按钮，出现如图 9-22 所示对话框，即可对启动和恢复选项进行设置。

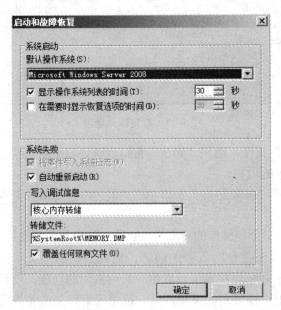

图 9-22　启动和故障恢复

9.3.2　系统不能启动的解决方案

Windows Server 2008 提供了许多由于系统出现故障而不能正常启动的解决方法，最为常用的方法是"安全模式"和相关的启动选项，该方法仅使用必需的服务来启动系统。如果新安装的驱动程序是引起系统启动失败的原因，那么使用"高级启动选项"中的"最近一次的正确配置"会非常有效。

1. 使用"高级启动选项"修复系统

当计算机不能启动时，可以使用"高级启动选项"的安全模式或者其他启动选项以最少服务的方式来启动计算机。如果用"安全模式"成功启动了计算机，那么系统管理员就可以更改配置来排除导致故障的因素（如删除或重新配置引起安装新驱动程序的问题）。

下面将介绍 Windows Server 2008 中其他类型的高级启动选项。Windows Server 2008 操作系统启动时，在出现 Windows 徽标之前，快速按"F8"键，进入如图 9-23 所示的"高级启动选项"界面。

1）安全模式

仅使用最基本的系统模块和驱动程序启动 Windows Server 2008，不加载网络支持。加载的驱动程序和模块用于鼠标、监视器、键盘、存储器、基本视频和默认系统服务。安全模式也启用了启动日志。

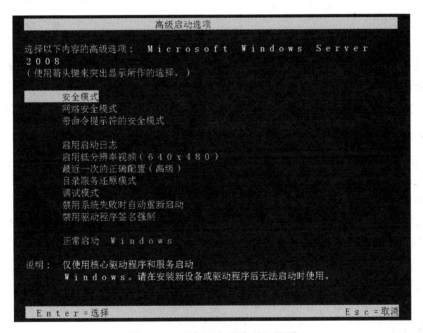

图 9-23　"高级启动选项"界面

2）网络安全模式

仅使用基本的系统模块和驱动程序启动 Windows Server 2008，并加载网络支持，此模式启用了启动日志。

3）带命令提示符的安全模式

仅使用基本的系统模块和驱动程序启动 Windows Server 2008，不加载网络支持，并只显示命令行模式。带命令行提示的安全模式也启用了启动日志。

4）启用启动日志模式

生成正在加载的驱动程序和服务的启动日志文件。该日志文件命名为"Ntbtlog.txt"，并保存在系统根目录中。

5）启用低分率（640×480）模式

使用基本的 VGA（视频）驱动程序启动 Windows Server 2008。如果导致 Windows Server 2008 不能正常启动的原因是安装了新的显卡驱动程序，那么该模式对处理故障很有用。其他安全模式也只使用基本的视频驱动程序。

6）最后一次正确的配置

使用 Windows 在最后一次关机时保存的配置信息来启动 Windows Server 2008。这种模式仅在配置错误时使用，不能解决由于驱动程序或文件破坏或丢失而引起的问题。

注意：当系统管理员选择"最近一次的正确配置"选项时，则在此最近一次的正确配置之后所做的修改和系统设置将丢失。

7）目录服务还原模式

当恢复域控制器的活动目录信息时，该选项可用于 Window Server 2008 域控制器，而不能用于 Windows Server 2008 成员服务器或其他 Windows 计算机上。

8）调试模式

启动 Windows Server 2008 时，通过串行电缆将调试信息发送给另一台计算机。

2. 使用 Windows Server 2008 安装盘恢复操作系统的操作步骤

将 Windows Server 2008 安装盘插入 CD 或 DVD 驱动器，然后打开计算机。使计算机第一启动物理设备为 CD 或 DVD 驱动器，此时将显示安装 Windows Server 2008 的向导。

① 指定语言设置，然后单击"下一步"按钮。

② 单击"修复计算机"选项。

③ 安装程序将搜索硬盘驱动器中安装的现有 Windows Server 2008，然后在"系统恢复选项"中显示结果。如果要将操作系统恢复到单独的硬件中，此列表应该为空（此计算机中应该没有操作系统）。单击"下一步"按钮继续。

④ 在"系统恢复选项"页中，单击"Windows Complete PC 还原"，选项此时将打开 Windows Complete PC 还原向导。可选择执行下列操作之一："使用最新的可用备份（推荐）"或"还原不同的备份"。然后单击"下一步"按钮。

⑤ 如果选择还原其他备份，那么在"选择备份的位置"页中，执行下列操作之一：

● 单击包含要使用的备份的计算机，单击"下一步"按钮。然后，在"选择要还原的备份"页中，单击要使用的备份，再单击"下一步"按钮。

注意：如果存储位置包含多台计算机的备份，确保单击与要使用的计算机备份相对应的行。

● 单击"高级"按钮浏览网络中的备份，然后单击"下一步"按钮。

⑥ 在"选择如何还原备份"页中，执行下列可选任务，然后单击"下一步"按钮：

- 选中"格式化并重新分区磁盘"复选框，以删除现有分区并将目标磁盘重新格式化为与备份的相同。这样将启用"排除磁盘"按钮。单击此按钮，然后选中与不希望进行格式化和分区的任何磁盘关联的复选框。包含正在使用的备份的磁盘将被自动排除。

注意： 除非磁盘已被排除，否则其中的数据将会丢失，不管它是备份的一部分还是它具有要还原的卷。在"排除磁盘"中，如果没有看到连接到计算机的所有磁盘，则可能需要安装用于存储设备的相关驱动程序。

- 选中"只还原系统磁盘"复选框只恢复操作系统。
- 单击"安装驱动程序"选项安装要恢复到的硬件的设备驱动程序。
- 单击"高级"选项指定恢复之后是重新启动计算机还是检查磁盘错误。

⑦ 确认还原的详细信息，然后单击"完成"按钮。

习题与实训

1. 填空题

（1）Windows Server 2008 操作系统中的备份功能是通过_____实现的，该工具提供了一组向导及其他工具，可对安装了该功能的服务器执行基本的备份和恢复任务。

（2）系统文件损坏的原因有很多，如_____、磁盘故障、突然停电、病毒程序感染等。

（3）在运行 Windows Server 2008 操作系统的计算机上，可以使用 Windows Server Backup 中的_____来计划备份，每天自动运行一次或多次。

（4）Windows Server Backup 提供了_____功能，方便系统管理员在不同日期的不同时间运行备份操作。

（5）当出现硬件故障、意外删除或其他数据丢失或损坏时，利用 Windows Server Backup 的_____可以及时、安全地还原以前备份的数据。

（6）Windows Server 2008 操作系统提供了许多系统出现故障而不能正常启动时的解决方法，最为有效方法是_____及其相关启动选项

2. 简答题

（1）在 Window Server 2008 系统中，开始制订备份计划之前，应重点做好哪些准备工作？

（2）简述使用 Windows Server Backup 工具创建备份计划的主要操作步骤。

（3）简述 Windows Server 2008 系统出现无法启动的故障，进行系统恢复的解决方案。

实训项目 9

（1）实训目的：熟练掌握 Windows Server 2008 系统中进行数据备份与恢复的方法。

（2）实训环境：安装了 Windows Server 2008 操作系统的计算机。

（3）实训内容：

① 安装 Windows Server Backup 工具，并熟悉其应用操作。

② 创建系统备份计划，修改、调整该备份计划。

③ 创建一次性备份，并执行。

④ 使用 Windows Server Backup 工具进行前步骤备份数据的恢复操作。

⑤ 启动 Windows Server 2008 的"高级选项"，熟悉其内容。

第3篇
Linux操作系统应用技能篇

> Chapter THREE

第10章 Linux操作系统安装与基本管理

Linux 是由芬兰科学家 Linus Torvalds 于 20 世纪 90 年代初，编写完成的一个类似 UNIX 的操作系统内核，从开始就作为自由代码，并在 Internet 上发布应用。Linux 的出现引起众多编程高手的兴趣，他们纷纷对这个系统进行改进、扩充和完善。从最初由一个人编写的操作系统原型，Linux 发展成在 Internet 上由无数志同道合的程序高手们共同开发的、功能不断完善的现代操作系统。

【本章概要】

◆ Linux 操作系统概述；

◆ GNOME 图形用户界面；

◆ 用户与组的管理；

◆ 常用系统配置操作。

10.1 技能 1 Linux 操作系统概述

Linux 是一款性能卓越、特色突出的操作系统，支持多用户、多进程/线程，实时性良好，具有优秀的兼容性和可移植性，被广泛地应用于各种计算机平台上。

10.1.1 Linux 系统简介

1. Linux 的背景

对于 Linux 操作系统的产生，可以追溯到另一个操作系统 UNIX。UNIX 也是目前一款主流操作系统，该操作系统最初是由美国贝尔实验室的 Ken Thompson、Dennis Ritchie 和其他工程师共同开发而成的。UNIX 是分时操作系统，支持多用户同时访问计算机，与此同时每个用户可运行多个应用程序，即通常所说的多用户、多任务操作系统，它当初是为大型与小型机设计的。

UNIX 操作系统以其优越的性能在小型机及大型机上发挥着重要的作用，一直以来，该操作系统是一种大型而且要求较高的操作系统，现在有许多版本的 UNIX 操作系统也为服务器或工作站设计、使用。其主要原因就是随着个人计算机的日益普及，并且个人计算

机的功能、性能也都在不断地提高，所以人们也开始从事 UNIX 操作系统的个人版本开发，使 UNIX 能够在个人计算机上运行成为可能，这也是 Linux 产生的一个原因。

　　Linux 最早是由芬兰赫尔辛基大学的一名计算机科学系的学生（即 Linus Torvalds），为完成其操作系统课程作业时开发完成的。他将 Linux 建立在一个基于 PC 上运行的、名为 Minix 的操作系统之上。Minix 突出体现了 UNIX 的各种特性，后来在 Internet 上广泛传播，作为操作系统课程的经典案例之一在教学中使用。Linus 的初衷是为 Minix 用户开发一个高效的 PC UNIX 版本，将其命名为 Linux，于 1991 年年底首次公布于众，并发布了 0.10 版本，12 月份发布了 0.11 版本。Linus 允许免费自由地应用该系统的源代码，并且鼓励其他专业技术人员进一步对其进行开发。由此以来，通过 Internet 在世界范围内形成了 Linux 研究热潮，Linux 逐步形成了一种主流操作系统，并不断持续发展着。

2. Linux 系统的主要技术特性

　　Linux 源自 UNIX，但它不是 UNIX，它借鉴了 UNIX 的设计思想，却没有直接使用 UNIX 的源代码。Linux 具备现代 UNIX 操作系统所具有的几乎一切功能和特征，且与 POSIX 标准兼容。其主要技术特点是：是一个功能强大、稳定可靠、便于移植的多用户、多任务且具有开放性的 32 位/64 位的通用操作系统；具有虚拟内存、共享库、支持各种体系结构和一系列 UNIX 开发工具及应用程序；全面支持 TCP/IP 协议和网络功能，支持多种文件系统；提供多种友好的用户界面，以及开发源代码。

1）Linux 的应用目标是网络

　　Linux 的设计定位于网络操作系统，源自 UNIX 的设计思想，使得它的命令程序设计简单、功能丰富。虽然现在已经实现 Linux 操作系统的图形界面，但仍然没有舍弃其具有特色的命令行界面。由于命令行界面可以非常方便、高效地进行系统管理（当然是对高级系统管理员而言），因此 Linux 的配置文件和数据都是以文本为基础的。Linux 操作系统的自动执行能力很强，只需要设计批处理文件，就可以让系统自动完成非常烦琐的工作任务，Linux 的这种能力也是来源于其文本的本质的。

2）可选的 GUI

　　目前，许多版本的 Linux 操作系统具有非常精美的图形界面，支持高端的图形适配器和显示器，完全能够胜任与图形相关的工作。但是，图形环境并没有集成到 Linux 中，而是运行在系统之上的单独一层。这意味着用户可以只运行 GUI，或者在需要时使用图形窗口运行 GUI。Linux 有图形化的管理工具及日常办公软件工具（如电子邮件、网络浏览器和文档处理工具等）。Linux 图形化工具通常是命令行界面的一种扩展，也就是说，用图形化工具实现的功能，命令行界面同样能够完成。

　　Linux 多数应用程序都有其配置文件，并集中存放在一个目录树（/etc）下。这些配置文件是可读的文本文件，与 Windows 操作系统的 INI 文件类似，但与 Windows 操作系统的注册技术思路有本质区别。Linux 配置文件有时可以不通过特殊的系统工具，就可以完成其编辑、检查与备份任务。

3）文件名扩展

Linux 不使用文件名扩展来识别文件的类型，这与 Windows 操作系统不同。Linux 操作系统是根据文件的头内容来识别其类型的。为了提高用户的可读性，Linux 仍可以使用文件名扩展，这对 Linux 系统来说没有任何影响。不过有一些应用程序（如 Web 应用）仍需要使用命名约定来识别文件类型，但这是特定应用程序的需要而不是 Linux 系统本身的要求。

Linux 通过文件访问权限来判断文件是否为可执行文件，任何一个文件都可被赋予执行权限，一般应用程序和脚本的创建者或系统管理员由操作权限进行标志。这样可实现一种安全管理，可防止一些脚本的自动执行（如病毒脚本）。

4）系统的重新引导

在使用 Windows 系统时，习惯出于某种原因常重新启动操作系统，但在 Linux 系统中需要对系统重新启动有一个不同的认识，Linux 除内核程序外，其他应用软件的安装、启动、停止和重新配置都不用重新引导启动。

3. Linux 的版本及组成

1）Linux 的版本

Linux 有两种版本：内核版本和发行版本。

Linux 内核版又称为核心版，由 Linus Torvalds 作为总协调人的 Linux 开发小组及分布在各国的近百位开发人员参与，不断开发和推出新的内核。Linux 内核版本有两种：开发版和稳定版。一个 Linux 内核版本号形如：major.minor.patchlevel。其中，major 为主版号，minor 为次版号，pathchlevel 表示当前版本的修订次数。根据约定，次版本号为奇数时，表示该版本加入新内容，但不一定稳定，为开发版；次版本号为偶数时，表示这是一个可以使用的稳定版。例如：2.6.23 表示基于稳定版 2.6 第 23 次修改。目前较为新的内核版本是 2.6 版。

发行版本是各个公司推出的版本，它们与内核版本是各自独立发展的。发行版本内附有源代码及很多针对不同硬件设备的内核映像。发行版本是一些基于 Linux 内核的软件包，常见的 Linux 发行版本有以下几种。

（1）Red Hat Linux（http://www.redhat.com）、Fedora Linux，由 Red Hat Software 公司发布和支持，是当前流行的 Linux 版本。Fedora 和 Red Hat 这两个 Linux 的发行版联系很密切。Red Hat 自 9.0 以后，不再发布桌面版的，而是把这个项目与开源社区合作，于是就有了 Fedora 这个 Linux 发行版。Fedora 可以说是 Red Hat 桌面版本的延续，只不过是与开源社区合作的。而 Red Hat Software 专心发展商业版本（Red Hat Enterprise Linux）。在本书的第 3 篇将以 Fedora Linux 为例，讲述 Linux 的应用。

（2）SUSE Linux（http://www.suse.com），主要用做服务器，在欧洲较为流行。

（3）Turbo Linux（http://www.turbolinux.com.cn），提供从安装到使用的完整中文环境。

（4）Slackware（http://www.slackware.com），最早出现的 Linux 发行版本，适用于服务器。

（5）Debian（http://www.debian.org），也称为 GNU/Linux，由一群志愿者进行维护和升级。

另外，国内开发应用较为成功的 Linux 发行版本有中科院的红旗 Linux、中软的中标普

华 Linux 等。

2）Linux 的组成

Linux 操作系统分三层：内核层、Shell 层和实用程序层。Linux 的实用程序层主要是基于 Linux 之上开发的诸多用户应用程序，那么这里将主要介绍一下 Linux 操作系统的内核层和 Shell 层。

内核是 Linux 操作系统的心脏，是运行程序和管理硬件设备的总指挥，其优良程序决定着整个系统的性能和稳定性。内核以独占方式执行最底层任务，协调多个并发进程，管理进程使用内存，使它们相互之间不产生冲突，满足进程访问磁盘等设备的请求。具体来说，Linux 内核完成进程调度和管理、主存和虚拟存储管理、虚拟文件系统（Virtual File System，VFS）和文件管理、设备驱动和管理、网络接口和通信等工作，从而实现资源抽象、资源分配和资源共享等功能。

Shell 是 Linux 操作系统的用户界面，提供了用户与内核进行交互操作的一种接口，负责接收用户输入的命令并把命令传入内核及显示命令结果给用户。Shell 实际上是一种命令解释器。另外，Shell 还有自己的编程语言，对于命令的编辑，允许用户编写由 Shell 语言组成的脚本程序。目前主要的 Shell 版本主要有如下几种。

（1）Bourne Shell，是贝尔实验室开发的。

（2）BASH，是 GNU 操作系统上默认的 Shell。

（3）Korn Shell，是对 Bourne Shell 的发展，大部分情况下与 Bourne Shell 兼容。

（4）C Shell，是 SUN 公司的 BSD 版本。

Shell 命令分为内部命令和外部命令：内部命令包含在 Shell 自身之中，如 cd、exit 等（查看内部命令可用 help 命令）；外部命令是存在于文件系统某个目录下的可执行程序，如 cp 等（查看外部命令所在路径可用 which 命令）。

10.1.2 Fedora Linux 操作系统的安装

Fedora Linux 操作系统的安装较为简单，但需要注意某些事项才可以顺利进行。由于 Fedora Linux 是免费的，用户在安装之前，可以到 Fedora 网站（http://fedoraproject.org/zh_CN/）下载其系统安装版本（Fedora 版本升级更新较快，用户可以选择最新版本），这里介绍安装的是 Fedora 12 版本。

Fedora Linux 操作系统在安装过程中可以自动检测到硬件的型号并安装相应的驱动程序，当然并不是所有的硬件都可以自动安装驱动的。安装 Fedora Linux 需要的硬件系统是：400MHz 或更快的处理器；至少 512MB 内存，1GB 及其以上可达到最佳性能配置；至少 10GB 的硬盘空间；CD/DVD 驱动器。

安装 Linux 操作系统可以有多种环境，可以在一台没有安装任何操作系统的计算机上进行全新安装，也可以在一台已运行 Windows 操作系统的计算机上进行双操作系统的安装。这里主要介绍的安装，是在利用 VMware Workstation 虚拟机工具提供的环境中，进行 Fedora 的全新安装，其安装过程与在计算机上是相同的，这样利用虚拟机工具在不影响主机操作系统工作的前提下，可以更好地进行实验、学习。

如何创建、配置一台新虚拟机的过程，可参考第 4 章的 4.2.1 节，其中在如图 4-5 所示选择虚拟机将安装的操作系统的类型时，选择"Linux"选项并对新建虚拟机进行命名（这里 VMware Workstation 6.0.4 版本提供的"Linux"列表中是"Red Hat Linux"选项）。

下面将详细讲述 Fedora 系统的主要安装过程。

① 使用安装光盘自动引导计算机启动，在如图 10-1 所示窗口选择安装方式，即"Install or upgrade an existing system"，进行全新安装（如果现已有系统存在，可进行升级安装）。

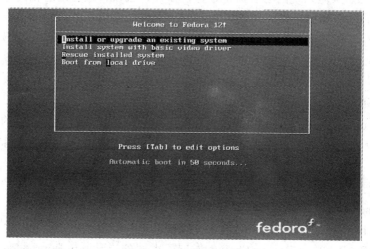

图 10-1　选择安装方式

② 开始自动检测系统，并检查安装媒体介质（光驱）设备，以确保安装光盘中内容的完整性（即可以帮助阻止来自系统安装光盘上篡改了内容的恶意软件的安装），如图 10-2 所示，单击"Test"按钮。

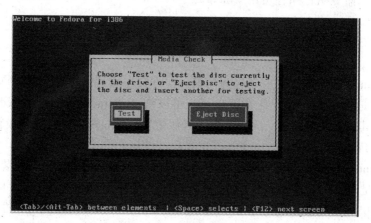

图 10-2　安装介质检查

③ 检查完毕，进入 Fedora 安装界面，单击"Next"按钮进入如图 10-3 所示的"安装语言设置"界面，在列表框中选择"Chinese（Simplified）（中文[简体]）"，然后单击"Next"按钮。

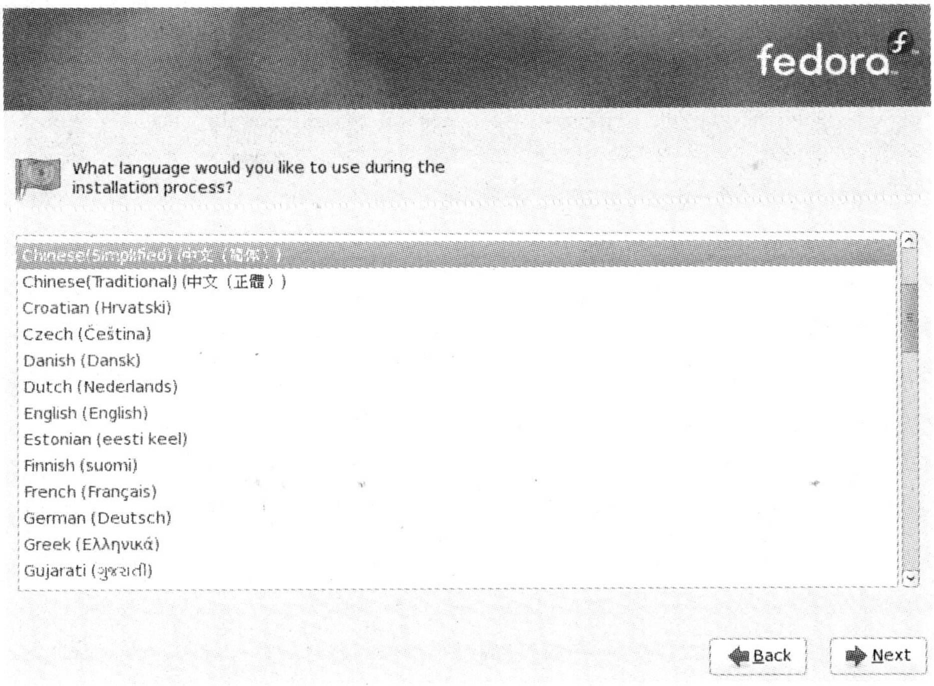

图 10-3　"安装语言设置"界面

④ 进入如图 10-4 所示的"键盘设置"界面，直接选择默认的"美国英语式"选项即可。

图 10-4　"键盘设置"界面

⑤ 单击"下一步"按钮，打开如图 10-5 所示界面，设置"Hostname"（主机）名称，即用户安装的这台 Linux 计算机在网络中可以被唯一地标志。

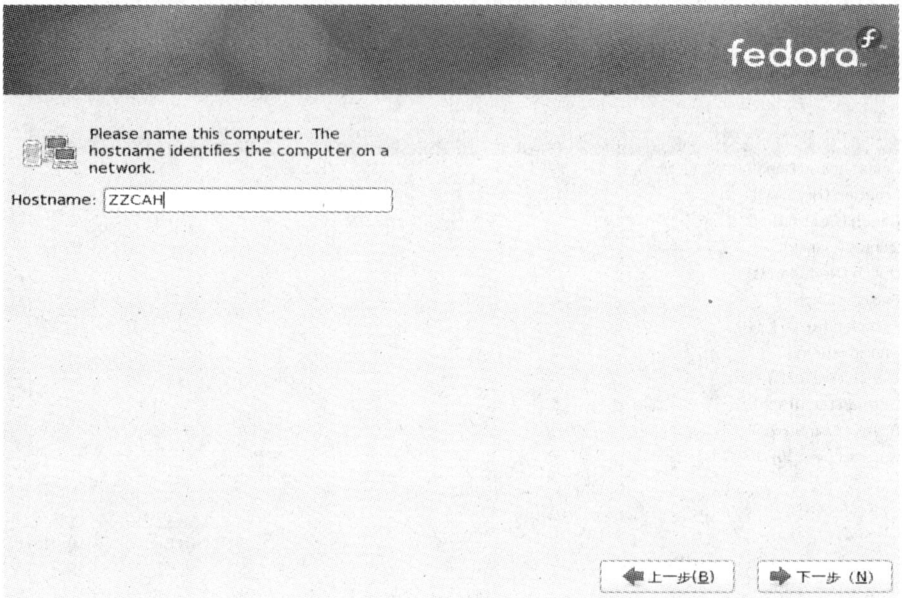

图 10-5　指定主机名

⑥ 为主机输入指定的名称后，单击"下一步"按钮，打开如图 10-6 所示的"设置时区"界面。在使用计算机时有两种"时钟"：一个是硬件时钟，由计算机硬件和后援电池维持；另一个是系统时间，引导时钟设置，并由 Linux 内核使用。启用"System clock uses UTC"复选框，设置计算机硬件时钟为 UTC，即允许 Linux 系统时间很容易地根据计算机的地理位置和所在时区进行设置，那么国内用户可以选择时区下拉列表中的"亚洲/上海"（如果日期、时间设置有误，以后还可以在系统中修改）选项。

图 10-6　"设置时区"界面

⑦ 设置完恰当的时区后，单击"下一步"按钮，打开如图 10-7 所示的 root 账户口令设置对话框，root 用户账户（根用户）是用来管理系统的最高权限用户（类似 Windows 的 Administrator），其口令对大小写敏感，至少 8 个字符，并且不要选择常用的英文单词。完成上述操作的，单击"下一步"按钮。

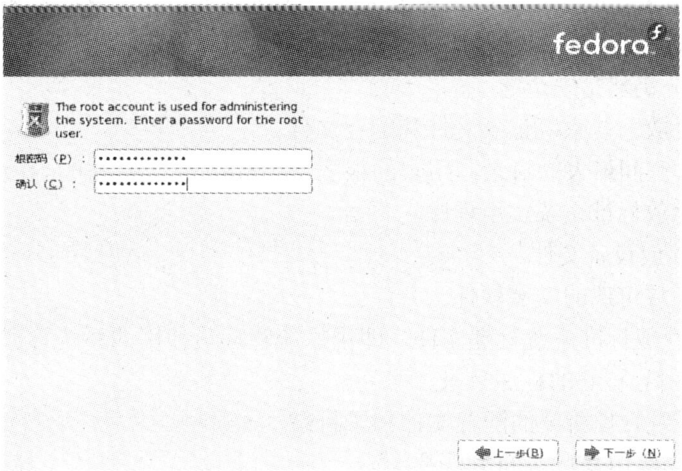

图 10-7　设置 root 账户口令

⑧ 安装过程进入系统分区界面，如图 10-8 所示，安装程序需要对硬盘进行分区，在列表框中选择"Use entire drive"（使用整个驱动器）分区操作模式，当然也可以选择"Create a custom layout"（创建自定义的分区结构）模式。如果选择"Review and modify partitioning layout"（查看和编辑分区）复选框，那么可以确保不会将 Fedora 安装在错误的分区上。

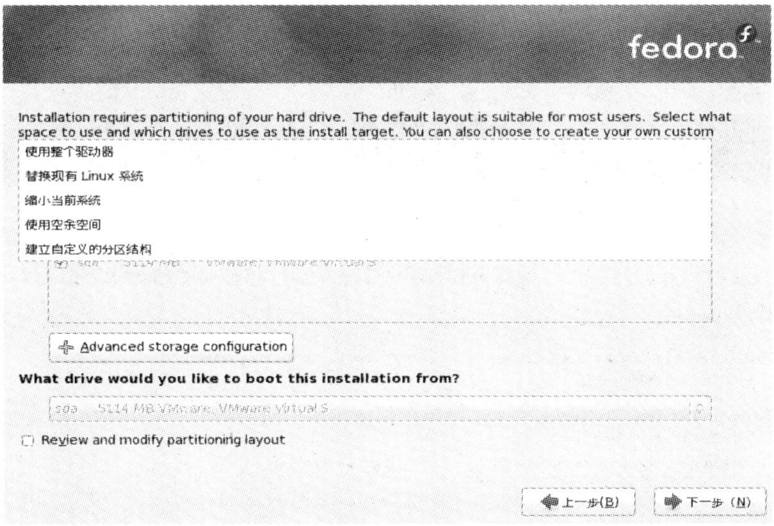

图 10-8　选择系统分区模式

紧接着进入磁盘分区界面。Fedora 系统至少需要两个分区：一个用于安装 Fedora 操作系统文件，空间相对大一些；另一个用来做 SWAP 分区（交换区）。

说明：下面介绍 Fedora Linux 的主要系统目录。

● "/"：系统根目录，系统中所有的目录都是从根目录开始的。

● "/home"：是用户的主目录，每个用户各自的数据以用户命名的形式，分别单独保存在这个目录下。

● "/tmp"：用来存放临时文件，对于多用户或网络服务器来说是非常必要的。这样即使程序运行时生成大量的临时文件，或者用户对系统进行了错误的操作，文件系统的其他部分仍然是安全的。

● "/var"：存放一些系统记录文件和配置文件。

● "/usr"：占空间最大的目录，用户的很多应用程序和文件几乎全在这个目录中。

● "/bin"：存放标准系统实用程序。

● "/dev"：存放设备文件。

● "/opt"：存放可选的安装软件。

● "/sbin"：存放标准系统管理文件，即由系统管理员使用的系统管理程序。

● "/boot"：引导核心的程序目录。

● "/etc"：系统管理所要的配置文件和子目录。

● "/root"：超级用户默认的主目录。

然后，进入引导装载程序配置界面，选中 "Install boot loader on /dev/sda" 选项，引导装载器将会被安装在/dev/sda 分区中（这是计算机中第一块硬盘的 MBR 主引导扇区）。如果安装 Linux 的这台计算机上已装有其他操作系统（如 Windows），那么在 "Boot loader operating system list" 列表中显示出来，可在这里选中计算机每次加电启动后默认要进入的操作系统。

⑨ 单击"下一步"按钮，进入软件安装选择界面，如图 10-9 所示，Fedora 默认的安装包括了办公软件、开发软件和网页服务器，这里选择了"办公"和"软件开发"类的软件，单击"下一步"按钮。

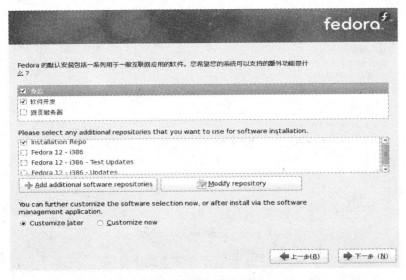

图 10-9 软件安装选择界面

⑩ Fedora 安装程序将根据以上配置选项，开始进行复制、安装系统文件，安装时间依据系统配置的不同而不同。安装完成之后，出现如图 10-10 所示的安装成功界面，从光驱中取出操作系统安装光盘，然后单击"重新引导"按钮重新启动计算机，即可进入 Fedora Linux。

图 10-10　安装成功界面

成功安装 Fedora Linux，并第一次启动进入系统后，首先出现欢迎提示信息界面，如图 10-11 所示。

图 10-11　首次启动 Fedora 的欢迎界面

在 Fedora Linux 正常使用之前，仍有一些基本配置需要设置，在欢迎界面中单击"前进"按钮，逐步完成这些设置。首先，在"许可协议"界面中，阅读并接受；然后，在"创建用户"对话框中，创建一个日常使用的用户账户，用来使用 Fedora 系统，前面的安装过程中曾经创建一个根用户及其口令，该用户具有管理计算机的最高权限，而这里创建的用户只是使用 Fedora 的一个用户，并不具备管理权限；接着，进入日期和时间的设置界面，可根据当前的日期和时间设置系统时间；最后，可以选择是否将安装 Fedora Linux 的计算机系统环境文件，发送给 Fedora 项目组，单击"完成"按钮，完成首次启动 Fedora Linux 的简单配置过程，即可进入 Fedora Linux 的登录界面，如图 10-12 所示。

图 10-12　Fedora Linux 的登录界面

10.2　技能 2　GNOME 图形用户界面

Linux 操作系统继承了 UNIX 内核设计精简、高度健壮的特点，在操作方式上都与 UNIX 相似，其操作基础是强大的命令行界面。Linux 内核是不包括图形用户界面的，现在 Linux 操作系统所使用的各种图形界面都只是 Linux 的应用程序实现的，如 GNOME、KDE 等。这与 Windows 操作系统的 GUI 从本质上讲是不一样的，从 Windows 2000 开始的 Windows 操作系统已将 GUI 作为了操作系统的内核组成部分，完全是一个图形化的操作系统。

在 20 世纪 80 年代，图形界面风潮席卷操作系统业界，当时麻省理工学院（MIT）与 DEC 公司合作，开发了一个 UNIX 系统上的视窗环境，这就是著名的 X Window System。X Window 并不是一个直接的图形操作环境，而是作为图形环境与 UNIX 操作系统内核沟通的中间桥梁，任何厂商都可以在 X Window 基础上开发出不同的 GUI 图形应用环境。

Fedora 操作系统的默认图形桌面是 GNOME（GNOME 就是在 X Window 基础上构建的），除了具有出色的图形环境功能外，还提供了编程接口以供程序员开发使用。

10.2.1　GNOME 简介

GNOME 是一款完全开放源代码的自由软件（可访问其官方网站：http://www.gnome.org），是 Fedora Linux 的默认图形桌面环境。GNOME 与窗口管理器是相互独立的。窗口管理器

和桌面系统是两个不同的概念，对于同一个桌面系统可以使用不同的窗口管理器。GNOME 主要由三部分组成：面板（用来启动程序和显示目前的状态）、桌面（应用程序和资料放置的地方）和一系列标准桌面工具程序。GNOME 的环境如图 10-13 所示。

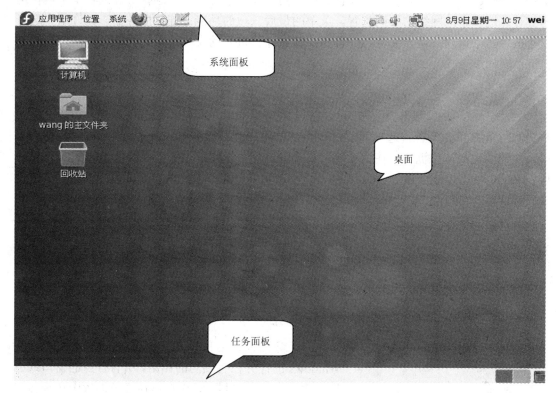

图 10-13　GNOME 的环境

1. 系统面板

GNOME 面板可用于启动当前所有可运行的程序，与 Windows 操作系统中的"开始"菜单相似，主要包括系统面板和任务面板。系统面板是 GNOME 界面和行为的核心，相对于系统中各种应用程序，面板有许多特权。系统面板中包含了菜单、快捷工具按钮等内容。

1）"应用程序"菜单

在"应用程序"菜单中，用户可查看，并通过单击菜单中的命令按钮，选择已安装的应用程序。Fedora 12 默认安装的应用程序如下。

- Internet（因特网）：包括 Web 浏览器、网络通信软件等因特网应用工具。
- 办公：包括文字处理软件等工具。
- 附件程序：包括字典、文档管理器、计算器和文本编辑器等工具软件。
- 图形：实现图像浏览、图像编辑的图形处理软件。
- 系统工具：包括网络、文件、硬件等多种系统配置管理工具软件。
- 影音：包括多媒体播放工具、CD 提取器、电影播放器等影音工具软件。
- 游戏：包括多种趣味小游戏。

2）"位置"菜单

"位置"菜单中主要是访问文件、文件夹和网络等的内容，包括主文件夹、桌面文件夹、文档、音乐、图片、视频、下载、计算机、网络和搜索等，用户选择"位置"菜单可快速转到计算机和本地网络的不同位置。菜单的最后三项的功能：连接服务器，允许用户选择一个服务器来访问；搜索文件，允许用户搜索计算机上的文件；最近文档，列出用户最近打开的文档。

3）"系统"菜单

"系统"菜单的主要作用是在 Fedora 中设置桌面等系统环境或应用程序，可以允许用户为 GNOME 桌面设置首选项，获得使用 GNOME 的帮助，对 Fedora 系统管理的日常操作，以及注销或关闭计算机等。在"系统"菜单中进行系统详细设置，其功能类似于 Windows 操作系统中的"控制面板"。例如：通过"首选项"子菜单中的内容设置系统的桌面、硬件和软件环境；"锁住屏幕"启动屏幕保护程序，在返回桌面时要求输入用户密码。

另外，系统面板还包括一些快捷工具按钮，通过单击这些快捷按钮可以启动相应的应用程序，"Firefox"浏览器用来浏览网站页面；"Evolution"电子邮件程序提供了所有标准的电子邮件客户功能，包括功能强大的邮箱管理、用户定义的过滤器，以及快速搜索；"Gnote"是 Linux 系统上一款极其优秀的桌面便笺软件。

2. 任务面板

在 GNOME 桌面环境中，最下方为任务面板，之所以称为任务面板，是因为它与 Windows 的任务栏有相同的作用，所有打开的窗口或应用程序都会在这里显示，用户可在任务面板中选择窗口或应用程序。

图 10-14　工作区切换器首选项

在任务面板的最右端有一个"工作区切换"区域，允许用户在多个工作区之间切换。所谓的工作区，就是用户桌面上的窗口，可以把工作区想象成几个虚拟屏幕，可以随时切换。默认情况下有两个工作区，单击任何一个则作为当前显示的工作区。每个工作区中可以打开一定数量的应用程序，工作区的数量也可以自己定制，即在任务面板上增加工作区的操作：在任一工作区上单击鼠标右键，在"工作区切换器首选项"对话框中，单击"工作区的数量"微调按钮，可指定工作区的数量，如图 10-14 所示。

3. GNOME 桌面

GNOME 桌面是指除最上部的系统面板与最下部的任务面板之外的部分，类似于 Windows 操作系统的桌面概念。用户可以将经常使用的程序或文件、目录等放置在桌面上，通过双击其图标而使用该程序。

　　GNOME 桌面环境包括了一个名为 Nautilus 的文件管理器，Fedora 称为文件浏览器，它提供了系统和用户个人文件的图形化显示，但不仅仅是文件可视列表，还允许用一个综合界面来配置桌面、Fedora 系统，浏览图片，以及访问网络等，可称得上是 GNOME 桌面的 Shell 接口。

　　启动 Nautilus 文件管理器，可通过选择系统面板的"位置"菜单中的"主文件夹"命令；也可以选择"应用程序"|"系统工具"|"终端"选项，在提示符下输入"nautilus"命令。

　　用户使用文件管理器时，可以进行首选项设置以满足用户的使用习惯，选择"系统"|"首选项"|"文件管理"选项，打开如图 10-15 所示的"文件管理首选项"对话框，可对各种选项进行设置。

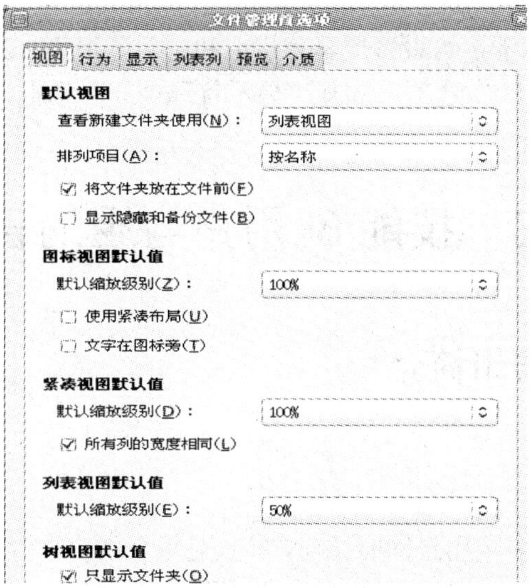

![文件管理首选项对话框](视图 行为 显示 列表列 预览 介质)

图 10-15　"文件管理首选项"对话框

　　该对话框中包括有多个选项卡：视图、行为、显示、列表列、预览和介质。用户可根据相应的选项卡进行设置。例如，在显示文件和文件夹时，是以"图标视图"形式显示的，可在"视图"选项卡中选择"列表视图"形式，并在"列表列"选项卡中选择显示的项目：名称、大小、类型、所有者和权限等信息，还可以调整这些信息的前后显示顺序。

10.2.2　设置 GNOME 桌面基本环境

　　与 Windows 操作系统类似，GNOME 桌面环境下用户也可以根据个人喜好对桌面背景、分辨率、屏幕保护或主题进行设置。

1. 设置桌面背景

　　Fedora 提供了多种桌面背景，用户可以在桌面上单击鼠标右键，在弹出的快捷菜单中选择"更改桌面背景"命令，系统弹出"外观首选项"对话框，可在"背景"选项卡中选择用户喜欢的背景桌面壁纸，可对背景样式、颜色进行选择并组合，还可以在线获得更多的背景。

2. 屏幕保护

与使用 Windows 操作系统时一样，如果在一定时间内不使用系统，将会出现屏幕保护，这样不仅有利于保护显示器，更重要的是对系统的安全起到了保护作用，防止未经授权的他人进入正在使用的系统。使用屏幕保护，可以选择"系统" | "首选项" | "屏幕保护程序"选项，在"屏幕保护程序首选项"对话框中，可以选择屏幕保护的主题，并可预览其效果，还可以设置屏幕保护出现的空闲时间等选项。同时，通过其中的"电源管理"选项卡，可以设置空闲多长时间后显示器、计算机进入睡眠，从而节约电能。

3. 设置分辨率

在 GNOME 桌面环境下，可设置屏幕分辨率和刷新频率等。其操作过程是：通过选择"系统" | "首选项" | "显示"选项，打开"显示首选项"对话框，即可以设置相应的分辨率和刷新频率。

10.3 技能 3 用户与组的管理

10.3.1 用户与组简介

1. 用户

Linux 操作系统支持多个用户同时访问，并且对每个用户设置了不同的操作权限。每个用户在操作系统中的表现形式是用户账户，即由用户名、密码、所属组及工作环境等数据组成。当用户登录操作系统时，无论是在本地计算机还是在网络上，首先必须正确输入用户名和密码，然后才可登录操作系统，在用户的权限下使用系统。

在 Linux 操作系统中，有以下三种类型的用户。

1）root 用户（系统管理员）

root 用户是 Linux 系统中的系统管理员，又称为超级用户，即拥有系统中的最高权限，可以访问系统中的任何资源，并对任何系统对象进行修改，执行不受限制的命令。因此，在使用 root 用户进行系统管理操作时，一定要谨慎，否则任何一个操作失误将导致严重的后果。该账户是在操作系统安装过程中自动创建并要求输入密码的，登录进操作系统后，在终端的提示符为"#"。Fedora Linux 的登录界面，默认情况下是不允许使用 root 用户登录的。

2）普通用户

在 Linux 系统中可以由 root 用户来创建多个普通用户，并为每个普通用户分配不同的权限，这样每个用户就可在自己的权限内进行操作。普通用户是由用户名、密码和主目录等信息组成的。普通用户对大部分系统目录及文件是没有写入的权限的。普通用户登录系统后，在终端的提示符为"$"。

3）系统用户

系统用户是操作系统中一类特殊的用户，主要用来完成某些特定的系统管理及相关服务。该类用户是由系统创建的，但不能用来登录系统。

2. 组

Linux 系统中的每个用户都属于一个或多个组，用户组是一些具有相同特性的用户的集合。使用用户组，可以非常方便系统管理员对用户的管理。当多个用户需要访问一个共享资源（如文件）时，就需要为每个用户设置相关的权限，假如这些用户在一个用户组中，只要设置用户组的相关权限，那么全组成员也就具有了该权限。

Linux 系统中的用户组有三种类型。

（1）用户私有组：创建用户账户时默认创建的以用户账户命名的组。

（2）系统默认组：又称为标准组，是系统安装时自动创建的，用于向该组内授予特定的用户访问权限，系统默认的组标志（GID）在 0～499 之间。

（3）普通用户组：根据实际运行情况，由系统管理员创建的组。

10.3.2　使用图形界面管理用户和组

使用图形化的管理工具，可以直观、简单、形象地进行操作，适于初学者。管理用户和组的图形化工具就是"用户和组群"工具，其启动操作可通过选择"系统"｜"管理"｜"用户和组群"命令，如图 10-16 所示界面。

图 10-16　用户管理界面

1. 使用图形界面管理用户

1）创建用户账户

要在 Fedora 中创建一个新用户账户，可以单击工具栏中的"添加用户"按钮，弹出"创建新用户"窗口，如图 10-17 所示。

在该对话框中，可在"用户名"文本框中输入要创建的新用户账户的名字；"全称"文本框中输入用户名的全部信息；"密码"文本框中输入该用户的密码，长度至少要大于 6 个字符；"确认密码"文本框中重新输入刚才输入的密码，二者保持一致；如果要更改系统默认指定的用户主目录，可在"主目录"文本框中进行设置；系统默认把新建用户归在"users"组中，如果需要为用户创建一个以该用户名命名的用户私有组，需要选中"为该用户创建私人组群"复选框；系统默认为该用户分配一个唯一的用户账户标志码（UID），当然用户可以自己选定。

2）修改用户账户的属性

修改用户账户的属性，首先选中指定的用户名，然后单击工具栏中的"属性"按钮，打开如图 10-18 所示的窗口。

图 10-17　"创建新用户"窗口　　　　图 10-18　"用户属性"窗口

在"用户属性"窗口中，包含有如下四个选项卡信息。

（1）用户数据：主要显示当前账户的相关数据，如用户名、全称、密码、确认密码、主目录和登录 Shell 等信息，在相应的文本框中可进行修改，这些信息保存在/etc/passwd 和 /etc/shadow 文件中。

（2）账号信息：可以设置用户密码的过期时间及将该用户锁定，这样做的目的是限制一些用户的登录，一般对某些临时用户的账户可以这样设置，这些信息保存在/etc/shadow 文件中。

（3）密码信息：可对用户密码进行相关属性设置。首先选中"启用密码过期"复选框，然后选择这几个属性参数："允许更换前的天数"主要用来设置密码的最少使用时间，即密

码的最小生存周期，在限定时间内不能做修改，只有超过该设定时间，才允许修改密码；
"需要更换的天数"即密码的最大生存周期，指用户两次更改密码操作之间间隔的最大天数，
超过该设置参数用户登录时，系统会强迫用户修改密码；"更换前警告的天数"是指上次用
户更改密码后，到系统提醒用户需要再次修改密码之间的间隔天数，它设置的值要小于"需
要更换的天数"值；"账号被取消激活前的天数"是指从用户密码过期之日到账户被安全禁
用之间的间隔天数，设置密码过期的目的是强制用户定期更新密码，以增强系统的安全性。
这些信息保存在/etc/shadow 文件中。

（4）组群：设置用户可加入的组，该信息保存在/etc/group 文件中。

3）删除用户账户

如果系统中某些用户账户不再使用，那么应及时删除以保证系统的安全性。删除用户
账户，可在用户列表窗口中选中该用户，再单击工具栏中的"删除"按钮，删除用户账户
的同时，要选择删除该用户账户的主目录、邮件假脱机目录及临时文件等内容。

2. 使用图形界面管理组

1）创建用户组

新创建一个用户组，在图 10-16 所示的用户和组群管理窗口中，单击"添加组群"按
钮，出现如图 10-19 所示的窗口。

在该窗口的"组群名"文本框中输入要创建的组名，系统还会默认地给每个组群分配
一个组标志码（GID），也可以指定组标志码。用户组的信息保存在/etc/group 文件中。

2）添加用户到组中

如果要把一个用户添加到一个组中，有两种方法：一是编辑用户账户的属性，在"组
群"选项卡中选择用户要添加的组即可；二是打开指定组的属性对话框，然后在"组群用
户"选项卡中，选择需要加入该组的用户即可，如图 10-20 所示。

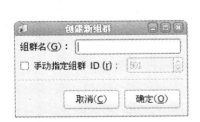

图 10-19　创建新组

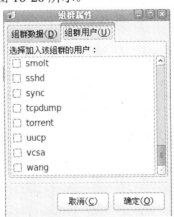

图 10-20　组群属性

3）删除用户组

删除系统某个不再使用的组，操作较为简单，在图 10-15 所示的用户和组群管理主界

面的组群列表窗口中，选定要删除的组名，然后单击工具栏中的"删除"按钮即可完成删除指定组。

10.3.3　使用命令管理用户和组

使用命令管理用户和组的操作，主要是创建、修改和删除等操作，这是系统管理员和程序员喜欢的操作方式。在普通用户登录 Fedora 系统后，在 GNOME 界面中，单击"应用程序"|"系统工具"|"终端"选项，打开终端命令行界面，执行"su"命令，以 root 用户的密码登录（出现"#"提示符），也就是以系统管理员的身份，才可以使用命令管理用户和组。

1．使用命令管理用户

1）添加用户账户

添加用户账户的命令是 useradd。

命令格式：useradd [选项] 用户账户名。

功能描述：在系统中添加一个用户账户。

常用的选项如下所示：

● -c 全称，指定用户的全称或注释信息。

● -d 主目录，指定用户的主目录，用来取代系统默认的主目录/home/用户名。

● -e 日期，指定用户密码的过期日期，日期格式为 YYYY-MM-DD。

● -g 用户组名，指定用户所属的用户组名。

● -s Shell，指定用户的登录 Shell，以取代默认的/bin/bash。

● -u UID，指定用户的用户标识码 UID。

如果不带任何选项的 useradd 命令，系统会按默认值来创建用户账户。例如，添加一个名字为"student"的用户账户，并将其主目录设置为"/student"，可执行以下命令：

```
#useradd  -d  /student   student
```

2）修改用户账户属性

修改用户账户属性的命令是 usermod。

命令格式：usermod [选项] 用户账户名。

功能描述：修改已有用户账户的属性。

常用选项如下所示：

● -l 新用户账户名，设置新的登录用户名。

● -e 禁用日期，指定用户账户禁止使用的日期。

● -d 目录名用户账户名，修改用户的主目录。

例如，将前例中添加的用户 student 改名为 student1，并将原 student 用户的主目录/student 改为/home/student1，可执行如下命令：

```
#usermod   -l   student1   student
#usermod   -d   /home/student1   student1
```

注意： usermod 命令是不能为用户自动创建一个主目录的，只是为用户指定主目录的路径。

3）删除用户账户

删除用户账户的命令是 userdel。

命令格式：userdel [选项] 用户账户名。

功能描述：删除指定的用户账户，不能直接删除已登录的用户账户。

常用的选项是：-r，表示删除用户账户的同时删除主目录下的所有目录及文件。

例如，删除前例中的用户账户 student1，可执行如下命令：

```
#userdel   student1
```

4）维护用户账户的密码

维护用户账户密码的命令是 passwd。

命令格式：passwd [选项]用户账户名。

功能描述：用于维护用户账户的密码。

如果不指定任何参数，则修改当前用户的密码。常用的选项如下所示：

- -d，用于删除用户账户的密码，使该用户不能登录系统。如果恢复该用户登录，则需要重新设置密码。
- -l，用于锁定指定用户账户。
- -u，用于解除指定用户账号的锁定状态。
- -S，用于查询指定用户账户的密码状态。

2. 使用命令管理组

1）创建用户组

创建用户组的命令是 groupadd。

命令格式：groupadd [选项] 用户组名。

功能描述：在系统中创建一个新用户组。

常用选项：-g 用户组 GID，为新创建组指定一个 GID，该 GID 必须唯一且大于 500。

例如，新创建一个名字为 studentgroup 的用户组，可执行如下命令：

```
#groupadd   studentgroup
```

2）更改用户组属性

更改用户组属性的命令是 groupmod。

命令格式：groupmod [选项] 用户组名。

功能描述：用于改变用户组的属性。

常用选项如下所示：

● -g 新 GID，用于更改指定用户组的 GID，组名保持不变，新 GID 不能指定在 0～99 范围内（这已预留给系统使用）。

● -n，更改用户组名，但本身 GID 保持不变。

例如，把用户组 studentgroup 的名字更改为 newstudentgroup，可执行如下命令：

```
#groupmod  -n  newstudentgroup  studentgroup
```

3）删除用户组

删除用户组的命令是 groupdel。

命令格式：groupdel 用户组名。

功能描述：删除指定的用户组。

执行该命令时注意，如果指定的用户组正在运行，则不能删除该用户组。

例如，删除前例中的用户组 newstudentgroup，可执行如下命令：

```
#groupdel  newstudentgroup
```

10.3.4 用户和组的配置文件

1. 用户账户的配置文件

用户账户的相关信息数据都保存在/etc/passwd 和/etc/shadow 两个配置文件中。这些配置文件都是文本文件，只有 root 用户才可以直接编辑其中的内容。

1）用户配置文件/etc/passwd

passwd 文件中保存的是用户账户的基本信息。由于所有用户对 passwd 文件都有只读的权限，该文件实际上并不保存用户真正的密码。该文件中，每行表示一个用户账户的信息，共有七个字段属性，每个字段中间用"："隔开，各字段的含义如下。

● 用户账户名：用户登录时使用的名称。

● 用户密码：这里都是用 X 代替，真正的密码保存在/etc/shadow 文件中。

● 用户账户标志码 UID：是系统用来唯一标志用户的数字，从 500 开始。

● 用户组标志码 GID：是系统用来唯一标志用户所属组的数字，相关信息保存在/etc/group 文件中。

● 全名：用户账户相关的描述信息。

● 主目录：用户登录系统后的默认目录，一般在/home 目录的下面。

● Shell：用户登录后使用的 Shell 命令解释器，Fedora 默认的是/bin/bash。

2）用户密码配置文件/etc/shadow

shadow 文件是用来保存用户的密码信息，只有 root 用户才可以查看，这个文件中每行信息标志一个用户，每行包含八个字段，每个字段中间用"："隔开，各字段的含义如下。

● 用户账户名：用户登录时使用的名称。

- 用户密码：存放的是经过加密算法运算后的用户密码。
- 最后一次修改密码的日期：系统用从 1970 年 1 月 1 日到最后一次修改密码的日期之间的天数来表示这个值。
- 密码的最小生存期：至少在这些天数之内不能修改密码。
- 密码的最人生存期：在这些天数之后必须修改密码。
- 更改密码前的警告天数：在这些天数内提示用户更改密码。
- 账户过期日期：系统用从 1970 年 1 月 1 日到账户过期日期之间的天数来表示这个日期。
- 账户不活跃的天数：在密码过期之后的这些天数内用户不能登录系统。

2. 用户组的配置文件

用户组的信息保存在/etc/group 和/etc/gshadow 两个配置文件中。

1）用户组文件/etc/group

group 文件用来保存用户组的相关信息，任何一个用户都可以读取里面的文件内容，但只有 root 用户才有权限修改。该文件中每一行的信息由四个字段组成，每个字段中间用"："隔开，各个字段的含义如下。

- 用户组名：用户组的名称。
- 密码：用户组的密码，这里以 X 代替。
- 用户组标志码 GID：该数字用于表示一个唯一的用户组。
- 组成员列表：属于该用户组的用户账户成员列表。

2）用户组密码文件/etc/gshadow

gshadow 文件保存的是用户组的密码、组管理员的信息，该文件只有 root 有权读取。同样，文件中每行表示一个组信息，每行由四个字段组成，每个字段中间用"："隔开，各字段的含义如下。

- 用户组名：用户组名称，与 group 文件的用户组名称相对应。
- 用户组密码：用于保存已加密的用户组密码，一般不使用。
- 组管理员账户：用于保存用户组的管理员账户。
- 组成员列表：保存属于该组的成员列表，每个用户名之间用"，"分隔。

10.4　技能 4　常用系统配置操作

10.4.1　Linux 网络基本配置

Fedora Linux 系统提供了一个图形化界面的网络配置工具，可以配置各种网络连接。下面将介绍使用该工具如何进行基本的网络参数配置，但是进行网络配置之前应设计好网络主要参数：本机的网络 IP 地址、子网掩码和默认网关，以及一些网络服务器的 IP 地址（如 DNS 服务器地址）。

① 启动网络配置工具，可以在 GNOME 界面依次选择"系统"|"管理"|"网络"选项，即可打开如图 10-21 所示的网络配置窗口。

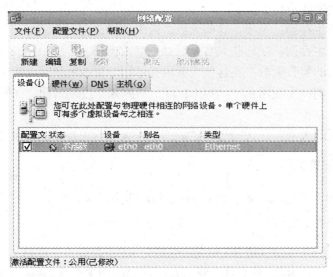

图 10-21 "网络配置"窗口

② 从图 10-21 中可以看出，Linux 系统在安装过程中已经自动识别出一个网络适配器（或称网卡），但是此网络适配器由于没有进行配置，所以目前状态是不活跃状态，即还没有激活。在需要激活的设备记录上，双击鼠标左键，打开如图 10-22 所示的对话框，进行网络常规配置。

图 10-22 以太网设备配置

在该对话框中，可用两种方法对 IP 地址进行设置：一种是通过"自动获取 IP 地址设置"来配置本机 IP 地址，但这种方法的前提是必须在本机所在的局域网中安装、配置了 DHCP 服务器；另一种是手动配置 IP 地址。

③ 如果手动配置 IP 地址，可选择"静态将 IP 地址设置为"选项，并正确输入事先设计好的 IP 地址、了网掩码和默认网关地址。单击"确定"按钮，到这里已经配置好了可以加入以太局域网的一台计算机。如果还要使用网络里提供的 DNS 服务（即域名解析服务），那么还需要在图 10-21 中的"DNS"选项卡中，配置主 DNS 服务器及其他 DNS 服务器的 IP 地址。

10.4.2　Linux 软件包管理

1. Linux 软件安装包格式

Linux 操作系统的软件安装过程，与 Windows 系统相比较要复杂一些，主要是因为 Linux 有多种软件安装包格式。目前，Linux 操作系统的软件安装包，主要有两种格式：一种是二进制发布软件包，另一种是源代码发布软件包。

Linux 二进制发布软件包，是事先将源程序编译成可执行的二进制码形式，在安装时不需要用户重新编译，这样可以方便用户安装和使用，但是缺乏灵活性。因为二进制软件包只能运行于特定的硬件和操作系统环境下，不同的系统平台就需要不同的二进制发布软件包。二进制软件包的格式主要包括 rpm 包（".rpm" 或 ".src.rpm"）、dpkg 包和 tar 包。目前大多数版本的 Linux 系统使用 rpm 包进行软件安装；dpkg 包是 Debain Linux 操作系统提供的一种软件包格式，其安装文件一般以 ".deb" 为扩展名；tar 包则是由打包工具 tar 程序提供（其文件扩展名是 ".tar"）的，有时使用 gzip 工具压缩，最终形成以 ".tar.gz" 为扩展名的安装包。

Linux 系统有许多软件在发布时，使用源代码形式，而不是编译好的二进制文件。源代码发布软件包，可以根据用户的实际系统环境进行编译，形成适合自身配置的二进制代码。其优点是控制性强、灵活，但是缺点是安装比较复杂，容易出现各种问题或错误。

2. rpm 软件包管理

rpm 软件包在发布时，往往使用特定的命名方式，一般是由软件名称、版本号、发布版本号、运行体系结构和类型后缀组成的。例如：VMware Workstation 6.0.4 版本的虚拟机工具提供的 VMware Tools 安装包的文件名是 "VMwareTools-6.0.4-93507.i386.rpm"。

一个 rpm 文件是能够让某个特定程序运行的全部文件集合，其中包括二进制文件的内容、安装位置、软件包的描述信息和软件包之间的依赖关系等重要内容。可以使用 GNOME "系统"菜单中"添加/删除软件"命令，启动软件包管理器，其主界面如图 10-23 所示。

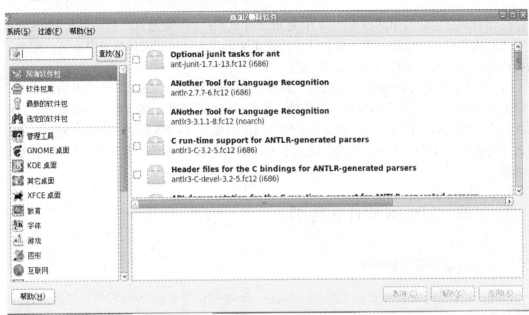

图 10-23　添加/删除软件

　　当安装或卸载软件包时，可在搜索文本框中输入软件包名，单击"查找"按钮，那么右边显示窗口将显示相关的软件包，从而选择特定软件包前的复选框，然后单击"应用"或"清除"按钮，由工具自动解析软件包的依赖关系，再选择"安装"或"删除"按钮即可。

　　注意：在使用该工具进行软件包的安装或卸载时，必须是 root 用户操作，并且当前计算机要连接 Internet 网络。

习题与实训

1. 填空题

　　（1）Linux 是一款性能卓越、特色突出的操作系统，支持＿＿＿＿＿＿＿＿＿＿＿＿，实时性良好，具有优秀的兼容性和可移植性，被广泛地应用于各种计算机平台上。

　　（2）Linux 的设计定位于＿＿＿＿＿＿＿＿，源自 UNIX 的设计思想，使得它的命令程序设计简单、功能丰富。

　　（3）Linux 有两种版本：＿＿＿＿＿和＿＿＿＿＿。

　　（4）Linux 内核版本有两种：＿＿＿＿和＿＿＿＿。

　　（5）Linux 操作系统分三层：＿＿＿＿＿、＿＿＿＿＿和实用程序层。

　　（6）Fedora Linux 操作系统默认图形桌面是＿＿＿＿＿，其不仅具有出色的图形环境功能，还提供了编程接口以供程序员开发使用。

　　（7）GNOME 主要由三部分组成：＿＿＿＿＿＿＿＿＿＿＿＿＿＿＿＿＿。

　　（8）Linux 操作系统的用户主要分为三种类型：＿＿＿＿＿＿＿＿＿＿＿＿＿＿＿＿。

　　（9）Linux 操作系统的组主要分为三种：＿＿＿＿＿＿＿＿＿＿＿＿＿＿＿＿＿。

（10）Linux 操作系统中添加用户账户的命令是＿＿＿＿＿＿。

（11）Linux 操作系统中创建用户组的命令是＿＿＿＿＿＿。

（12）网络配置需要提供的网络基本参数有：＿＿＿＿＿＿＿、＿＿＿＿＿和＿＿＿＿。

（13）目前 Linux 操作系统的软件安装包，主要有两种格式：＿＿＿＿＿＿＿＿＿＿和

＿＿＿＿＿＿＿＿＿＿＿＿。

2. 简答题

（1）Linux 操作系统的主要技术特性有哪些？

（2）Linux 操作系统主要分哪几种版本，其主要内容是什么？

（3）Linux 操作系统分三层：内核层、Shell 层和实用程序层，其内核层和 Shell 层包含哪些功能？

（4）通过与 Windows 操作系统的对比，Linux 操作系统的图形用户界面的实现本质有哪些呢？

实训项目 10

（1）实训目的：熟练掌握 Fedora Linux 操作系统的安装，GNOME 图形界面的应用，和应用图形界面与命令两种方式管理用户和组。

（2）实训环境：局域网；安装 VMware Workstation 虚拟机工具的计算机。

（3）实训内容：

① 在 VMware Workstation 中创建、配置内存至少 512MB、硬盘 10GB 的虚拟计算机。

② 准备 Fedora 12 操作系统的安装镜像文件或安装光盘，在该虚拟计算机中，安装 Fedora Linux 操作系统。

③ 浏览 GNOME 界面中菜单内容，选择并设置桌面背景。

④ 以 root 用户登录，使用命令方式添加普通用户组 "studentgroup"，然后添加普通用户 "student1"、"student2"，分别加入 "studentgroup" 组中，进行修改属性、删除等管理操作，并且在用户和组配置文件、图形界面中查看执行结果。

⑤ 在 GNOME 的网络配置图形界面中，配置本机网络参数，使其加入局域网，并能和其他机器之间传送 Ping 数据包。

第11章 Linux文件系统管理

文件系统是操作系统中负责存取和管理信息的模块，它用统一方法管理用户和系统信息的存储、检索、更新、共享和保护，并为用户提供一整套方便、有效的文件使用和操作方法。用户使用计算机所完成的工作，大多都是与文件系统进行交互实现的。Linux 系统中的所有内容都是由文件组成的，其文件系统是文件组织的抽象。最新版本的 Fedora Linux 操作系统，使用了 Ext4 文件系统，同时向下兼容以往 Linux 的 Ext2、Ext3 文件系统。

【本章概要】

◆ Linux 文件系统概述；

◆ 文件系统常用管理命令。

11.1 技能 1 Linux 文件系统概述

文件系统是 Linux 操作系统的重要组成部分，Linux 文件具有强大的功能。文件系统中的文件是数据的集合，文件系统不仅包含着文件中的数据而且还有文件系统的结构，所有 Linux 的文件、目录、软连接及文件保护信息等都存储在其中。

Linux 最早的文件系统是 Minix，但是专门为 Linux 设计的文件系统——扩展文件系统 Ext 被设计出来并添加到 Linux 中，其对 Linux 操作系统产生了重大影响。随着 Linux 系统的发展，针对基于 Ext 文件系统的功能和性能等方面不断地进行了优化和升级，Ext 系列文件系统已成为现在 Linux 操作系统发布和安装的标准文件系统类型。

在 Linux 系统中，每个具体文件系统被从操作系统和系统服务中分离出来，而它们之间通过一个接口层——虚拟文件系统（Virtual File System，VFS）来通信和交换信息。VFS 使得 Linux 可以支持多种不同的文件系统，每个文件系统表示一个 VFS 的通用接口。由于使用 VFS 将 Linux 文件系统的所有细节进行了转换，那么 Linux 核心的其他部分及系统中运行的程序，将引用统一的文件系统。因此，Linux 虚拟文件系统允许用户同时透明地安装多个不同的文件系统。

在 Linux 文件系统中，有一种特殊类型的文件系统，即"/proc 文件系统"，只存在内存当中，而不占用外存空间。它以文件系统的方式为访问系统内核数据的操作提供接口。"/proc 文件系统"是一个伪文件系统，用户和应用程序可以通过/proc 目录得到系统的信息，并可以改变内核的某些参数，从而调整系统性能。

11.1.1 Linux 常用文件系统的类型

文件系统表示存储在计算机上文件和目录的数据结构及其算法，其所具有的不同格式，决定了信息如何被存储，这些格式被称为文件系统类型。随着 Linux 操作系统的发展，所支持的文件系统类型也在迅速扩充。下面将介绍 Linux 常用的文件系统。

1. Ext3 文件系统

Ext3 是一种日志式文件系统，是对 Ext2 文件系统的扩展，同时兼容 Ext2。

为什么要使用日志式文件系统呢？由于文件系统在运行过程中，都有内存缓冲的信息参与运作，当该文件系统使用完毕而不再使用时，必须对文件系统进行卸载操作，以便将内存缓冲内容写回磁盘。因此每当操作系统要关机时，必须先将其所有运行的文件系统全部关闭后，才能进行其他关机步骤。如果是文件系统尚未完全关闭就关机（如突然断电），那么下次启动该操作系统，将会造成文件系统的配置数据出现不一致，这时操作系统必须做文件系统的重整工作，将不一致与错误的地方修复。然而，重整工作是相当耗时的，特别是容量大的文件系统，而且也不能百分之百地保证所有的资料都不会丢失。所以，采用"日志式文件系统 （Journal File System）"技术，是解决此类问题的较好方法。日志式文件系统最大的特色是：它会将整个磁盘的写入动作，完整地记录在磁盘的某个区域上，以便有需要时可以回溯追踪。由于数据的写入动作包含许多的细节，如改变文件标头数据、搜寻磁盘可写入空间、多个写入数据区段等，每一个细节没有完成若被中断，就会造成文件系统的不一致，因而需要重整。然而，在日志式文件系统中，由于详细纪录了每个细节，故当在某个过程中被中断时，系统可以根据这些记录直接回溯并重整被中断的部分，而不必花时间去检查其他的部分，故重整的工作速度相当快，几乎不需要花时间。

Ext3 文件系统有如下主要特点。

1）高可用性

使用 Ext3 文件系统，即使在非正常关机后，系统也不需要检查文件系统，并且恢复 Ext3 文件系统的时间只要数十秒钟。

2）数据的完整性

Ext3 文件系统能够极大地提高文件系统的完整性，避免了意外宕机对文件系统的破坏。在保证数据完整性方面，Ext3 文件系统有 "同时保持文件系统及数据的一致性"模式，可以不产生由于非正常关机而存储在磁盘上的垃圾文件。

3）文件系统的速度

使用 Ext3 文件系统时，有时在存储数据时可能要多次写数据，但是，由于 Ext3 的日志功能对磁盘驱动器的读写磁头工作进行了优化，所以文件系统的读写性能较之 Ext2 文件系统来说，性能并没有降低。

4）数据转换

由 Ext2 文件系统转换成 Ext3 文件系统非常容易，只要执行简单的命令即可完成整个转换过程，用户不用花时间备份、恢复、格式化分区等。用 Ext3 文件系统提供的小工具 tune2fs，可以将 Ext2 文件系统轻松地转换为 Ext3 日志文件系统。另外，Ext3 文件系统可以不经任何更改，而直接加载成为 Ext2 文件系统。

5）多种日志模式

Ext3 有两种日志模式：一种工作模式是对所有的文件数据及 metadata（定义文件系统中数据的数据，即元数据）进行日志记录（data=journal 模式）；另一种工作模式则是只对 metadata 记录日志，而不对数据进行日志记录（即 data=ordered 或者 data=writeback 模式）。系统管理人员可以根据系统的实际工作要求，在系统的工作速度与文件数据的一致性之间做出选择。

2. Ext4 文件系统

Ext4 是 Linux 扩展文件系统的第四版，是基于 Ext3 文件系统的扩展日志式文件系统，相对于 Ext3 文件系统，其主要特点如下。

1）兼容性

Ext3 升级到 Ext4，能提供系统更高的性能，消除存储限制，获取新的功能，并且不需要重新格式化分区。Ext4 会在新的数据上用新的文件结构，旧的文件保留原状。

2）文件系统和文件容量

Ext3 支持最大 16TB 容量的文件系统，其中单个文件最大 2TB。而 Ext4 增加了 48 位块地址，最大支持 1EB 容量的文件系统，最大 16TB 容量的单个文件。

说明：$1EB = 1024PB = 2^{60}B$；$1PB = 1024TB = 2^{50}B$；$1TB = 1024GB = 2^{40}B$。

3）子目录可伸缩性

Ext3 每个目录最大包含 32000 个子目录，不包括 "." 和 ".." 两个目录，也就是 31998 个。Ext4 文件系统打破了这个限制，可以创建无限制数量的子目录。

4）日志校验和

日志由于存储在磁盘上，假如出现磁盘硬件故障，那么从一个受损的日志上恢复数据将会导致巨大的系统数据损坏。Ext4 提供了校验和，允许将 Ext3 的双向提交日志格式转换为单向，加速文件系统操作，在某些情况下达到 20%增速，系统的可靠性和性能同时得到了改进。

5）在线碎片整理

当进行磁盘块的分配时，文件系统会产生碎片。为了解决这个问题，Ext4 支持在线碎片整理，并且有一个 e4defrag 工具可以整理个别文件在整个文件系统中的存储。

3. proc 文件系统

proc 文件系统是一个伪文件系统，它只存在内存当中，而不占用外存空间（即磁盘空间），它以文件系统的方式为访问系统内核数据的操作提供接口。用户和应用程序可以通过/proc 目录得到系统的信息，并可以改变内核的某些参数。由于系统的信息（如进程）是动态改

变的，所以用户或应用程序读取 proc 文件时，proc 文件系统是动态地从系统内核读出所需信息并提交的。

在/proc 下有三个很重要的目录：net，scsi 和 sys。sys 目录是可写的，可以通过它来访问或修改内核的参数（优化系统时必须很小心，因为可能会造成系统崩溃，最好是先找一台无关紧要的计算机，调试成功后再应用到当前系统上），而 net 和 scsi 则依赖于内核配置，如如果系统不支持 scsi，则 scsi 目录不存在。

另外/proc 目录下还有一些以数字命名的目录，它们是进程目录。系统中当前运行的每一个进程都有对应的一个目录在/proc 下，以进程的 PID 号为目录名，它们是读取进程信息的接口。而 self 目录则是读取进程本身的信息接口。proc 文件系统的名字就是由之而起的。

4. 虚拟文件系统 VFS

Linux 支持多种文件系统，其中 Ext3、Ext4 是当前应用较多的文件系统。Liunx 支持的所有文件系统统称为逻辑文件系统，而 Linux 在逻辑文件系统的基础上，增加了一个虚拟文件系统 VFS 接口层，如图 11-1 所示的 VFS 层次结构。

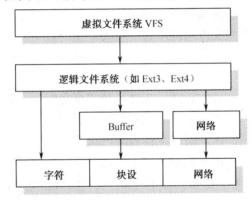

图 11-1　VFS 层次结构

虚拟文件系统 VFS 位于逻辑文件系统（可直接称为文件系统）之上，管理各种类型的文件系统，并且屏蔽了它们相互之间的差异，为用户命令、函数调用和内核其他部分提供访问文件和设备的统一接口，使得不同的逻辑文件系统按照同样的模式呈现在用户面前。从用户使用操作系统角度而言，用户察觉不到不同逻辑文件系统的差异，可以使用相同的命令或操作来管理不同逻辑文件系统下的文件。

11.1.2　Linux 文件和目录

1. Linux 文件

文件是 Linux 文件系统中存储数据的一个命名对象，是系统处理信息的基本单位。一个文件可以是空文件（即其中没有任何用户数据），但它仍然为操作系统提供了其他信息。文件组成了 Linux 的一切，在使用过程中，Linux 系统不会理会一个文件是数据库文件、文本文件还是游戏程序文件，只会将其作为一个文件管理。

文件从用户角度看，其结构（即逻辑结构）可以分为两大类：字节流式的无结构文件和记录式的结构文件。由字节流（即字节序列）组成的文件是一种无结构文件（或称为流式文件），不考虑文件的内部逻辑结构如何，只是简单地看做是一系列字节的序列。由记录数据组成的文件称为记录式文件，记录是这种文件的基本信息单位，记录式文件通常用于信息管理。

文件从文件系统管理的角度看，是由两部分组成的：文件控制块（File Control Block，FCB）和文件体（即文件信息）。文件控制块是文件系统给每个文件建立的唯一管理数据结构，一般包括文件标志和控制信息、文件逻辑结构信息、文件物理结构信息、文件使用信息和文件管理信息等。

Linux 系统中的文件主要包括如下几种类型。

（1）普通文件：通常是流式文件。

（2）目录文件：用于表示和管理系统中的全部文件。

（3）连接文件：用于不同目录下文件的共享。

（4）设备文件：包括块设备（如磁盘、光盘等）文件和字符设备（如键盘）文件。

（5）管道文件：提供进程间通信的一种方式。

（6）套接字文件：该类型文件与网络通信有关。

2．Linux 目录

目录是文件系统中组织文件的形式。文件系统将文件组织在若干目录及其子目录中，最上层的目录称作根目录，用"/"标志，其他的所有目录都是从根目录出发而生成的。这种目录结构类似于一个倒置的树，所以又称为"树状结构"。

在"树状结构"的目录中，它的根部位于顶部，从上向下延伸枝，每个枝上只有一个连接，但向下可以有多个分枝。Linux 使用标准的目录结构，在安装时，安装程序就已经为用户创建了文件系统和完整而固定的目录组织形式，并指定了每个目录的作用和其中的文件类型。

Windows 操作系统的目录也采用树形结构，但是这种结构的根隶属于磁盘分区的盘符，有几个分区就有几个树形结构，它们之间的关系是并列的。而在 Linux 中，无论操作系统管理几个磁盘分区，这样的目录树就只有一个，从结构上讲，各个磁盘分区上的树形目录不一定是并列的。

Linux 文件系统中，每个目录都是一种特殊的文件，包含索引节点，在索引节点中存放该文件的控制管理信息。目录支持了文件系统的层次结构，文件系统中的每个文件都登记在一个或多个目录中。被包含在一个目录中的目录称为子目录，包含该子目录的目录称为父目录。在一个目录下，一定至少包含两个特殊的目录："."（代表目录本身）和".."（代表其父目录）。一个文件或目录在文件系统中的位置被称为路径，Linux 的路径是以"/"和文件或目录名组织在一起的，如/tmp、/usr/bin 等。

Linux 系统中文件和目录的命名字符是区分大小写的，如 Beijing 和 BeiJing 是不同的文件名或目录名。在命名文件或目录时，应尽量简单，并能反映出其代表的意义。Linux 文件系统中，文件名或目录名最长可达 256 个字符，除斜线和空字符以外，可包含任意的 ASCII 字符，因为这两个字符被操作系统当做表示路径名的特殊字符来解释。

11.1.3　加载和卸载文件系统

所谓的加载，就是将一个文件系统的顶层目录挂到另一个文件系统的子目录中，被加载的子目录称为加载点。Linux 系统在使用光盘或 U 盘时，必须执行加载（mount）命令。加载命令可将这些存储介质指定成系统中的某个目录，以后直接访问该目录即可读写存储介质上的数据。

1. 确定设备名

在加载文件系统时，被加载的文件系统一定是 Linux 操作系统支持的文件系统，否则使用 mount 命令时系统会报错。用户在加载文件系统之前，必须要手动地在 Linux 系统中创建加载子目录，mount 命令中不会自动创建加载点的。

Linux 系统中设备名称通常都保存在/dev 目录中，这些设备名称的命名是有一定规则的，如/dev/disk 是指硬盘，fd 是 Floppy Device，a 代表第一个设备，通常 IDE 接口可有四个 IDE 设备，所以识别硬盘是 hda、hdb、hdc 和 hdd，如 hda1 中的 "1" 表示第一个分区。

2. 加载文件系统

在加载设备文件系统之前，首先要确定加载点是否存在，如果不存在，一定要创建加载点，即在 Linux 系统中创建加载子目录。例如，在 Linux 系统中使用光盘，首先在系统根目录下创建加载点目录 cdmount，用于加载光盘驱动器，执行命令如下：

```
#mkdir   /cdmount
#mount   /dev/cdrom   /cdmount
```

说明： mount 命令是用于加载文件系统的，它的使用权限是 root 用户，其命令格式如下：
mount　[-参数]　[加载设备]　[加载点目录]
主要参数说明如下：
- -h，显示辅助信息。
- -v，显示信息，通常和-f 一起使用来排除错误。
- -a，将/etc/fstab 中定义的所有文件系统加载上。
- -f，使用 mount 不执行实际加载动作，而是模拟整个加载过程。
- -t，显示被加载文件系统的类型。

3. 卸载文件系统

Linux 系统使用完毕的已加载文件系统，要及时卸载，执行文件系统卸载的命令是 umount，执行该命令必须是 root 用户。

命令格式：umount　[-参数]　[加载的设备]　[加载点目录]

umount 命令是 mount 命令的逆操作，使用方法和参数完全相同。如前例加载光驱文件系统后，Linux 系统就会锁定光驱设备，当不再使用时，执行如下 umount 命令即可卸载光驱文件系统。

11.2   技能 2 文件系统常用管理命令

11.2.1   文件和目录的权限

Linux 是多用户操作系统，其文件和目录是根据不同用户来划分的，其中每个用户和目录都包含访问权限，这些权限决定了哪些用户能访问和如何访问这些文件和目录。

1. 权限的表示

使用 "ls -l" 命令，在终端窗口显示当前工作目录的文件信息，如图 11-2 所示。

```
                        wang@ZZCAH:~
文件(F)  编辑(E)  查看(V)  终端(T)  帮助(H)
[wang@ZZCAH ~]$ ls -l
总用量 40
-rw-rw-r--. 1 wang wang   22  8月 10 21:52 lianxi
drwxrwxr-x. 2 wang wang 4096  8月 10 21:06 test
drwxr-xr-x. 2 wang wang 4096  8月  9 10:50 公共的
drwxr-xr-x. 2 wang wang 4096  8月  9 10:50 模板
drwxr-xr-x. 2 wang wang 4096  8月  9 10:50 视频
drwxr-xr-x. 2 wang wang 4096  8月  9 10:50 图片
drwxr-xr-x. 2 wang wang 4096  8月  9 11:14 文档
drwxr-xr-x. 2 wang wang 4096  8月  9 10:50 下载
drwxr-xr-x. 2 wang wang 4096  8月  9 10:50 音乐
drwxr-xr-x. 2 wang wang 4096  8月  9 13:29 桌面
[wang@ZZCAH ~]$
```

图 11-2   当前目录的信息

从图 11-2 中可看出，每一行是一个文件或目录的信息：第一个字符表示该行是文件还是目录，"-"表示是普通文件，"d"表示是目录；紧接其后的九个字符表示了文件或目录的权限。文件或目录的权限总体来说，可分为三种：读（r）、写（w）和执行（x）。三种权限的组合表示了系统中该文件或目录的使用权限。三种权限的具体含义如下：

（1）r，读取权限，说明该文件或目录是否可读。对目录，是表示可列出目录中的内容。

（2）w，写入权限，说明该文件或目录可写入（修改）。对目录，表示可对目录进行修改，如果有写权限，则可以对目录进行删除、重命名等操作。

（3）x，执行权限，说明可执行该文件。对目录来说，表示可在该目录中进行搜索。

由 r、w 和 x 每三个顺序组成一组，共分三组来表示文件或目录的权限，没有权限就使用 "-" 代替。这三组权限分别指定了不同用户对该文件或目录的不同权限：前三个字符表示所有者的权限；紧接着三个字符表示所有者所在组其他人的权限；最后三个字符表示系统中其他人的权限。例如图 11-2 中，普通文件 lianxi 的权限信息 "rw-rw-r--"：所有者 wang 具有可读可写权限；组 wang 中其他人具有可读可写权限；系统其中他人只具有可读权限，不能写和执行。

这三种权限又分别用三个数字之和来表示：对文件或目录的读权限 r 是 4，写权限 w 是 2，执行权限 x 是 1，没有权限是 0。下面举例说明。

- rwxr- -r--：对应的数字是 744（4+2+1，4，4）
- rw-r-----：对应的数字是 640（4+2，4，0）

2．更改权限

更改文件或目录的权限，可使用 chmod 命令，其命令格式如下：

chmod　[权限数字表示]　文件或目录名

例如，在图 11-2 中的 lianxi 文件的权限为 "664"，即所有者可读可写、组内用户可读可写、系统内其他用户只读，执行下面命令修改其权限为 "640"，即所有者可读可写、组内用户可读、系统内其他用户无权操作该文件。

$chmod　640　lianxi

$ls　-l

以上两条命令的执行结果如图 11-3 所示。

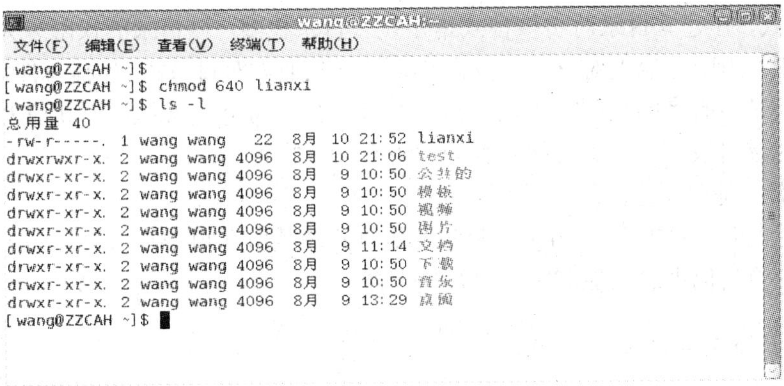

图 11-3　执行结果

11.2.2　目录操作命令

利用文件目录，可以分门别类地安排文件。日常文件系统管理中，最好是把相关的文件都存放在同一个目录内。

1．显示目录内容

在 Linux 系统中显示目录内容，也就是列出当前目录中所有的子目录和文件信息，可使用 ls 命令，该命令的格式如下：

ls　[选项] [目录名]

主要"选项"参数的说明如下：

- -a，用于显示所有文件和子目录。
- -l，除了文件名之外，还将文件的权限、所有者、文件大小等信息详细列出来。
- -r，将目录的内容清单以英文字母顺序的逆序显示。
- -t，按文件修改时间进行排序，而不是按文件名进行排序。
- -A，同-a，但不列出"."、".."两个目录。
- -F，在列出的文件名和目录名后添加标志。例如，在可执行文件后添加"*"，在目录名后添加"/"。
- -R，如果目录及其子目录中有文件，就列出所有文件。

2. 创建和删除目录

1）创建目录

在 Linux 系统中创建新目录的命令是 mkdir，该命令的格式如下：

```
mkdir   [-m 模式]   目录名
```

命令中的参数说明如下：

- -m 模式，在建立目录时将按模式指定设置目录权限。该目录的权限分为：目录所有者权限、组中其他人对目录的权限和系统中其他人对目录的权限。例如，-m 755，7 表示目录所有者的权限是可读、可写、可执行；两个 5 表示组中其他人和系统中其他人对该目录有可读、可执行权限，没有可写权限。
- 目录名，是要创建的新目录。

例如，在当前目录中创建"test"目录，所有者及其所在组用户具有可读、可写、可执行权限，系统中其他用户只能浏览。执行如下命令：

```
$mkdir   -m 774   ./test
```

2）删除目录

在 Linux 系统中删除已有的目录，可使用命令 rmdir，一般情况下要删除的目录必须为空目录，如果目录不为空，则系统会报告错误。常用的命令格式如下：

```
rmdir   目录名
```

例如，删除前例新创建的目录 test，可执行如下命令：

```
$rmdir   test
```

3. 显示目录内容和改变工作目录

1）显示目录内容

显示当前目录的命令是 pwd 命令，该命令是最常用、最基本的命令之一，用于显示当

前所在的目录。用户当前目录是指用户在整个系统中所处的位置。该命令的格式就是不带任何参数的"pwd"。

2）改变工作目录

改变当前工作目录在 Linux 系统使用的是 cd 命令，该命令的格式如下：

cd　[目录名]

命令中的"目录名"参数，表示改变到所指定的目录。如果没有指定目录，就返回到用户主目录（在 HOME 系统环境变量中指定）。cd 命令有以下几个使用技巧：

- "cd"，可进入用户的 home 目录；
- "cd /"，可进入系统的根目录；
- "cd .."，可进入上一级目录。

11.2.3　文件操作命令

在命令行环境下对文件进行操作，比在图形环境下操作文件更加快捷和高效。文件操作主要包括查找、显示、比较、复制、移动和删除等动作，下面将详细介绍常用的文件操作命令。

1. 查找、排序和显示指定文件内容

1）查找文件

在 Linux 系统中查找文件通常使用的是 find 命令，该命令在系统管理时方便查找所需要的指定文件。由于 Linux 的版本很多，不同版本相应的文件放在不同的目录结构中，那么 find 命令非常有助于 Linux 的应用。其命令格式如下：

find　[目录列表]　[匹配标准]

主要参数说明如下：

- 目录列表，希望查询文件的目录列表，目录间用空格分隔。
- 匹配标准，希望查询文件的匹配标准，具体匹配标准如表 11-1 所示。

表 11-1　find 命令匹配标准

表 达 式	说　　明
-name 文件	指示 find 要找什么；要找的文件包括在引号中，可以使用通配符（*、？）
-perm 模式	匹配所有模式为指定数字型模式值的文件。不仅仅是读、写和执行，所有模式都必须匹配。如果模式前有负号字符（-），表示采用除这个模式外的所有模式
-type　x	匹配所有类型为 x 的文件。x 可以是 c（字符特殊）、b（块特殊）、d（目录）、p（命名管道）、l（符号连接）、s（套接文件）或 f（一般文件）
-links　n	匹配连接数为 n 的文件
-size　n	匹配所有大小为 n 块的文件（512 字节/块）
-user 用户号	匹配所有指定用户号的文件

续表

表 达 式	说　　　明
-atime　n	匹配所有在前 n 天内访问过的文件
-mtime　n	匹配所有在前 n 天内修改过的文件
-newer　文件	匹配所有修改时间比 file 文件更新的文件
-print	显示整个文件路径和名称。一般来说，都要用-print 这个参数，因 find 命令进行的搜索是没有显示结果的

例如，查找系统/root 目录中所有名称包含"install"的文件，可执行如下命令：

　　#find　/root　-name "install"　-print

下面介绍几种使用 find 命令的技巧。

（1）通过文件名查找。如果知道了某个文件的文件名（如 test 文件），却不知道它存在于哪个目录下，此时可通过执行如下查找命令实现：

　　#find　/　-name "test" -print

该命令中的"/"是告诉命令查找整个文件系统。

（2）根据部分文件名查找。当要查找某个文件时，不知道该文件的全名，只知道这个文件包含几个特定的字母，此时使用查找命令也可以找到相应文件。这时需要在查找文件中给出通配符"*"或"？"。例如，在目录"/home"下查找文件"test"，但仅知道该文件是"t"字母开头的，那么可执行如下命令：

　　#find　/home　-name t*　-print

（3）根据文件的特征查找。如果仅知道某个文件的大小、修改日期等特征，也可以使用 find 命令把该文件查找出来。例如，已知/home 目录下有一个文件尺寸小于 290bytes，可执行如下命令：

　　#find　/home　-size -290c　-print

说明：字符 c，表示这个要查找的文件大小是以 bytes 为单位的，命令中"-290c"的"-"表示要系统列出小于指定大小的文件；如果是"+"则表示系统要列出大于指定大小的文件；如果命令无"-"或"+"，则表示需要列出正好等于指定大小的文件。

2）显示文本文件的内容

显示文本文件内容的命令是 cat 和 more 命令，实现功能是将文本文件的内容显示在终端上。

（1）cat 命令，其命令格式如下：

　　cat　[选项]　文件列表

主要参数说明如下：

● 常用的选项如表 11-2 所示。

表 11-2 cat 命令的常用选项

选 项	说 明
-b	计算所有非空输出行，开始为 1
-e	在每行末尾显示$符号
-n	计算所有输出行，开始为 1
-s	将相连的多个空行用单一空行代替

● 文件列表，这是要连接文件的选项列表。如果没有指定文件或连字号（-），就从标准输入读取。例如，显示 test.txt 文件，同时显示出每一行的行号，可执行如下命令：

$cat -n test.txt

该命令执行结果如图 11-4 所示。

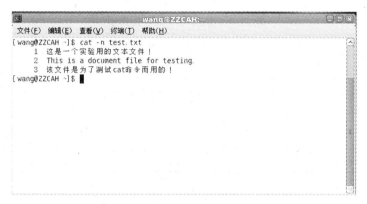

图 11-4 cat 命令执行结果

（2）more 命令，其命令格式如下：

more [选项] 文件列表

more 命令的功能与 cat 类似，但它适合显示长文件清单，可以一次一屏或一个窗口的方式显示。按空格键继续显示下一页，按"Backspace"退格键显示上一页。常用的选项如表 11-3 所示。

表 11-3 more 命令的常用选项

选 项	说 明
-d	用于提示用户，在屏幕下方显示[Press space to continue, q to quit]，如果用户按错了键，则显示[Press h for instructions]
-f	计算行数时，以实际行数为依据，而非以自动换行后的行数为依据
-p	不以卷动的方式显示每一页，而是先清除屏幕，然后再显示内容
-s	当遇到连续两行以上的空白行时，替换为一行空白行
+/	在每个文件显示前搜寻该字符串，然后从该字符串之后开始显示
-num	指定一次显示的行数
+num	从第 num 行开始显示

215

例如，要逐页显示当前目录下文本文件 test.txt 的内容，如果存在连续两行以上的空白行，则只显示一行空白行，可执行如下命令：

$more -s test.txt

3）查找文件内容

查找文件内容的命令是 grep 命令，该命令可以在指定文件中查找与给出模式相匹配的内容，其命令格式如下：

grep [选项] 匹配字符串 文件列表

命令中的参数说明如下：

● 常用的选项如表 11-4 所示。

表 11-4　grep 命令的常用选项

选　　项	说　　明
-v	列出不匹配串或正则表达式的行
-c	对匹配的行计数
-l	只显示包含匹配文件的文件名
-h	抑制包含匹配文件的文件名的显示
-n	每个匹配行只按照相对的行号显示
-i	产生不区分大小写的匹配，默认状态区分大小写

● 匹配字符串，希望在文件中查到的串。

● 文件列表，可选的、用空格分隔的文件列表，用于查询给出的串或正则表达式。

例如，在前例的 test.txt 中查找包含"file"的内容并显示行号，可执行如下命令：

$grep -n "file" test.txt

如果在当前目录下查找包含"file"的文件并对各文件匹配的行计数，可执行如下命令：

$grep -c "file" *.*

4）排序命令

Linux 系统中的 sort 命令可以实现对文件中的各行进行排序。sort 命令有许多使用的选项，这些选项最初是用来对数据库格式的文件内容进行各种排序操作的。实际上，sort 命令可以被认为是一个非常强大的数据管理工具，用来管理内容类似数据库记录的文件。

sort 命令将逐行对文件中的内容进行排序，如果两行的首字符相同，该命令将继续比较这两行的下一个字符，如果还相同，则将继续进行比较下去。该命令的格式如下：

sort [选项] 文件

sort 命令对指定文件中所有的行进行排序，并将结果显示在标准输出（即显示器）上。如果不指定输入文件或使用"-"，则表示排序内容来自标准输入。

sort 排序是根据从输入行抽取的一个或多个关键字进行比较来完成的。排序关键字定义了用来排序的最小的字符序列。默认情况下，以整行为关键字按 ASCII 字符顺序进行排序。改变默认设置的选项主要有：

- -m，若给定文件已排序，合并文件。
- -c，检查给定文件是否已排好序，如果它们没有排好序，则打印一个出错信息，并以状态值 1 退出。
- -u，对排序后认为相同的行只留其中一行。
- -o，输出文件，将排序输出写到输出文件中，而不是标准输出。如果输出文件是输入文件之一，sort 先将该文件的内容写入一个临时文件，然后再进行排序并且输出结果。

改变默认排序规则的选项主要有：

- -d，按字母顺序排序，比较时仅字母、数字、空格和制表符有意义。
- -f，将小写字母与大写字母同等对待。
- -l，忽略非打印字符。
- -r，按逆序输出排序结果。
- -b，在每行中按照排序关键字的内容进行排序。

例如，对前例中的 test.txt 文件按照字典顺序进行排序，可执行如下命令：

```
$sort  -d  test.txt
```

命令的执行结果如图 11-5 所示

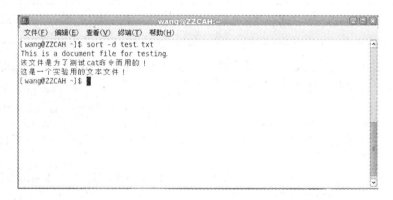

图 11-5　sort 命令的执行结果

2. 比较文件内容的命令

1）comm 命令

如果想对两个有序的文件进行比较，可以使用 comm 命令。该命令的格式如下：

```
comm  [-123]  file1  file2
```

该命令是对两个已经排好序的文件进行比较，其中 file1 和 file2 是已排好序的文件。comm 读取这两个文件，然后生成三列输出：仅在 file1 中出现的行、仅在 file2 中出现的行、在两个文件中都存在的行。如果文件名用 "-" 字符，则表示从标准输入读取。

选项 1、2 或 3 抑制相应的列显示。例如，"comm -12"就只显示在两个文件中都存在的行；"comm -23"只显示在第一个文件中出现而未在第二个文件中出现的行；"comm. -123"则什么也不显示。

2）diff 命令

diff 命令用于比较两个文件内容的不同，其命令格式如下：

> diff　[参数]　源文件　目标文件

其中"源文件"和"目标文件"是用户要比较的两个文件，该命令常用的参数及其功能说明如表 11-5 所示。

表 11-5　diff 命令常用参数及其功能说明

参　　数	说　　明
-a	将所有文件当做文本文件来处理
-b	忽略空格造成的不同
-B	忽略空行造成的不同
-q	只报告什么地方不同，不报告具体的不同信息
-H	利用试探法加速对大文件的搜索
-i	忽略大小写的变化
-l	用 pr 命令对输出进行分页
-r	在比较目录时比较所有的子目录
-s	两个文件相同时才报告
-v	在标准输出上输出版本信息并退出

例如，在前例的文件 test.txt 为源文件，创建另一个文件 test.doc 为目标文件，比较二者之间的差异，可执行如下命令：

> diff　-a　test.txt　test.doc

其执行结果如图 11-6 所示。

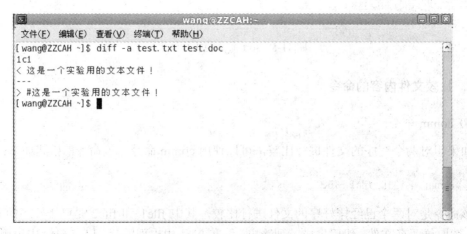

图 11-6　diff 命令的执行结果

3. 复制、删除和移动文件的命令

1）文件复制命令

如果要建立新服务或进行数据备份工作，那么就需要复制文件和目录。Linux 下的 cp 命令用于复制文件或目录，该命令是较为重要的文件操作命令，其命令格式如下：

> cp　[选项]　源文件　目标文件
> cp　[选项]　源文件组　目标目录

主要参数说明如下：
- 常用的命令选项列表如表 11-6 所示。

表 11-6　cp 命令的常用选项

选　项	说　明
-a	在备份中保持尽可能多的源文件结构和属性
-b	做将要覆盖或删除文件的备份
-f	删除已存在的目标文件
-i	提示是否覆盖已存在的目标文件
-p	保持原先文件的所有者、组、权限和时间标志
-r	递归复制目录，把所有非目录文件当普通文件复制
-R	递归复制目录

cp 命令不仅可以对单个文件进行复制，还可以一次复制多个文件，命令格式中需要把要复制的文件和目录列表由空格分隔开。例如，将当前目录中扩展名为 doc、txt 的全部文件复制到/home 目录中，可执行如下命令：

> #cp　*.txt　*.doc　/home

2）文件删除命令

Linux 系统中的 rm 命令可从文件系统中删除文件及整个目录。要特别说明的是，在 Linux 系统的 rm 命令不像 Windows 系统的回收站或垃圾箱这类的机制，文件一旦删除，将无法进行恢复。不过在 GNOME 图形界面中有回收站的功能，删除文件只能先删除到回收站，再清空回收站，才可以彻底删除文件。rm 命令的格式如下：

> rm　[选项]　文件列表

主要参数的说明如下：
- 命令的常用选项如表 11-7 所示。

表 11-7　rm 命令的常用选项

选　项	说　明
-r	删除文件列表中指定的目录，若不用此标志则不能删除目录
-i	指定交互模式，在执行删除前提示确认：以 Y 的响应都表示肯定；其他则表示否定
-f	指定强行删除模式。通常在删除文件权限可满足时 rm 提示，该标志强迫删除，不用提示
-V	在删除前回显文件名
--	指明所有选项结束，用于删除一个文件名与某一选项相同的文件。例如，假定偶然建立了名为 "-f" 的文件，又打算删除它，命令 rm 将不起任何作用，因为-f 被解释成标志而不是文件名。那么，命令 rm -- -f 则能成功删除该文件

● 文件列表，希望删除的文件列表，文件之间用空格分隔，可以包括目录名。

默认情况下，rm 命令能删除指定的文件，而不能删除目录。但是当给定了参数选项 "-r" 之后，就可以删除指定的整个目录及其所包括的子目录与文件。

当要删除的文件不存在时，系统会出现一些提示错误的信息；当文件存在时，大多数 Linux 系统将执行命令。许多 Linux 命令都没有过多的提示和回应，如果有错误信息，其提示也相当的简单。这种情况对新用户来说会不太习惯，而对有经验的用户来讲，这些命令提示是不必要的。

例如，使用 rm 命令删除/home 目录下的所有 test 文件，可执行如下命令：

```
#rm   -i   /home/test.*
```

3）文件移动命令

在 Linux 系统中移动文件，就是把一个或多个文件从一个目录下先删除，然后以原来名字或新名字移动到新的目录下。Linux 系统移动文件的命令是 mv，其命令格式有如下形式：

```
mv   [-f] [-i]   文件 1   文件 2
mv   [-f] [-i]   目录 1   目录 2
mv   [-f] [-i]   文件列表   目录
```

命令中的主要参数说明如下：

● -f，通常情况下，目标文件存在但用户没有写权限，mv 命令会给出提示，而该选项是：mv 命令执行移动，不给出任何提示来表示是否执行成功。

● -i，交互模式，当移动的目录已存在同名的目标文件名时，用覆盖方式写文件，但在写入之前给出提示。

● 文件 1、目录 1，表示是源文件或源目录。

● 文件 2、目录 2，表示是目标文件或目标目录。

● 文件列表，用空格分隔的文件名列表。本选项用于文件保持原名字被移动到目的地。

例如，将 "/home/wang" 目录下的所有 test 文件移动到 "/home" 目录下，可执行如下命令：

```
#mv   -i   /home/wang/test.*   /home
```

4. 文件内容统计命令

Linux 系统使用 wc 命令进行文件内容的统计，该命令的功能为统计指定文件中的字节数、字数和行数，并将统计结果显示输出。wc 命令的格式如下：

```
wc  [选项]  文件列表
```

该命令中如果没有给出文件名，则从标准输入设备（键盘）读取。wc 命令同时也给出所有指定文件的总统计数。字是由空格字符区分开的最大字符串。wc 命令中的主要选项参数的含义如下：

- -c，统计字节数。
- -l，统计行数。
- -w，统计字数。

这些选项可以组合使用，输出列的顺序和数码不受选项的顺序和数目的影响，总是按下述顺序显示：行数、字数、字节数、文件名。

例如，显示当前目录中 test.txt 文件的统计信息，可执行下面的命令：

```
$wc  -lcw  test.txt
```

5. 命令的输入和输出

在 Linux 系统中，执行一个终端命令时通常会自动打开三个标准文件，即标准输入文件（stdin），对应终端的键盘；标准输出文件（stdout）和标准错误输出文件（stderr），这两个文件都对应于终端的显示器屏幕。进程将从标准输入文件中得到输入数据，将正常输出数据输出到标准输出文件中，而将错误信息送到标准错误输出文件中。

以 cat 命令为例。通过前面的学习，读者应知道 cat 命令的功能是，将从命令给出的文件中读取数据，并将这些数据直接送到标准输出。若执行如下命令：

```
$cat  test.txt
```

就会将文件 test.txt 的内容依次显示到显示器屏幕上。但是如果没有任何参数的 cat 命令，它就会从标准输入中读取数据，输入回车键位结束符并将其送到标准输出。例如，如图 11-7 所示执行有参数和无参数 cat 命令。

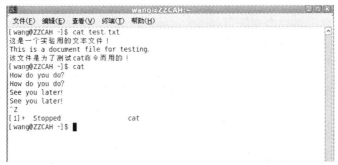

图 11-7　执行有参数和无参数 cat 命令

用户输入的每一行都立刻被 cat 命令输出到屏幕上，但是使用直接标准输入/输出文件存在以下问题：

- 输入数据从终端输入时，用户费了好多工夫输入的数据只能使用一次，下次再想继续使用，则必须重新输入，而且还是在终端输入，如果输入有误，修改起来也不方便。
- 输出数据输出到终端屏幕上的信息只能看而不能修改，无法对输出数据做出更多的修改，也许只能通过将其输出作为另一个命令的输入来处理。

为了解决上述问题，Linux 系统为输入/输出的传送引入了另外的两种机制：输入/输出重定向和管道技术。

1）输入重定向

输入重定向是指把命令（或可执行程序）的标准输入重定向到指定的文件中，也就是输入数据可以不用来自键盘的操作输入，而是来自一个指定的文件。所以，输入重定向主要用于改变一个命令的输入源，特别是改变那些需要大量输入的输入源。

例如，命令 wc 统计指定文件包含的行数、字数和字节数。如果仅在命令行上输入如下命令：

```
$wc
```

wc 命令将等待用户输入数据信息，并且从键盘上输入的所有文本信息都出现在屏幕上，但是并没有什么结果，直至按下 "Ctrl+z" 或 "Ctrl+d" 组合键，wc 才返回到提示符下。

如果直接给出一个文件名作为 wc 命令的参数，如下所示，wc 将返回该文件所包含的行数、字数和字节数：

```
$wc   < /etc/passwd
```

该命令的执行如图 11-8 所示。

图 11-8　实例 wc 命令的执行

这里使用的输入重定向的操作符是 "<"。

另一种输入重定向称为 here 文档，是告诉终端当前命令的标准输入来自命令行。here 文档的重定向操作符是 "<<"，它将一对分隔符（! …!）之间的正文重定向输入给命令。例如，下面将一对分隔符之间的正文作为 wc 命令的输入，统计出正文的行数、字数和字节数。

```
$wc <<!
>Print new line,word, and byte counts for each FILE, and a
>total line if more than one FILE is specified. With no FILE
```

> or when FILE is -, read standard input.

> !

在 "<<" 操作符后面，here 文档的正文一直延续到遇见另一个分隔符为止。第二个分隔符应出现在一个新行的开始，这时 here 文档的正文（不包括开始和结束的分隔符）将重新定向传送给命令 wc 作为它的标准输入。

由于大多数命令都以参数的形式在命令行上指定输入文件的文件名，所以输入重定向并不经常使用。尽管如此，当要使用一个不接受文件名作为输入参数的命令，而需要使用的输入内容又存在于一个文件里时，就能使用输入重定向命令来解决问题。

2）输出重定向

输出重定向是把命令（或可执行程序）的标准输出或标准错误输出重新定向到指定的文件中。这样，该命令的输出就不显示在屏幕上，而是写入到指定文件里。

输出重定向比输入重定向更常用，很多情况下都可以使用这种功能。例如，如果某个命令的输出很多，在屏幕上不能完全显示（即显示的内容分多屏），那么将输出重定向到一个文件中，然后再用文件编辑器打开这个文件，就可以查看其输出信息了。另外，如果想保存一个命令的输出结果，也可以使用这种方法。还有，输出重定向可以用于把一个命令的输出当做另一个命令的输入。输出重定向的一般使用形式为：

命令 > 文件名

例如，下面的命令：

```
$ls  -l  >  directoryout
$more   directoryout
```

以上命令是：将 ls 命令输出保存为一个名为 directoryout 的文件，然后分页显示。需要注意的是，如果 ">" 符号后面的文件已经存在，那么该文件将被覆盖。

为了避免输出重定向中指定文件只能存放当前命令的输出重定向的内容，Shell 提供了输出重定向的一种追加手段。输出追加重定向与输出重定向的功能非常相似，区别仅在于输出追加重定向的功能是把命令（或可执行程序）的输出结果追加到指定文件的最后之处，而该文件原有的内容不被破坏。

如果要将一条命令的输出结果追加到指定文件的后面，可以使用追加重定向操作符 ">>"，其使用形式如下：

命令 >> 文件名

例如：

```
$ls –a /dev >> directoryout
$more    directoryout
```

与标准输出重定向一样，错误输出也可以重新定向，使用符号 "2>" 或追加符号 "2>>"，表示对错误输出的重定向。例如下面的命令：

```
$ls   /usr/tmp 2> errfile
```

可在显示器屏幕上看到程序的正常输入结果，但又将程序的任何错误信息送到文件 errfile 中，以备将来检查使用。

还可以使用另一个输出重定向操作符"&>"将标准输出和错误输出同时送到一个文件中。例如：

```
$ls   /usr/tmp &> outputfile
```

利用重定向将命令组合在一起，可实现系统单个命令不能提供的新功能。例如，使用下面的命令序列，可实现统计/usr/bin 目录下的文件个数：

```
$ ls    /usr/bin > /tmp/binfiles
$wc -w    /tmp/binfiles
```

3）管道

将一个程序或命令的输出作为另一个程序或命令的输入，有两种方法：一种是通过一个临时文件将两个命令或程序结合在一起，例如前面例子中的/tmp/binfiles 文件将 ls 和 wc 命令联在一起；另一种是使用 Linux 系统提供的管道技术。

管道可以把一系列命令连接起来，这意味着第一个命令的输出会作为第二个命令的输入，通过管道传给第二个命令，第二个命令的输出又会作为第三个命令的输入，依此类推。显示在屏幕上的是管道行中最后一个命令的输出。使用管道功能是通过管道操作符"|"来建立一个管道行。例如，用管道功能改写上面的例子：

```
$ls   /usr/bin | wc -w
```

例如，执行以下命令：

```
$ cat   test.txt | grep "This" | wc -l
```

管道将 cat 命令（显示出 test.txt 文件的内容）的输出，传送给 grep 命令（在输入里查找单词 This），grep 命令的查找结果输出则是包含 This 的行，这个输出又被送到 wc 命令，wc 命令统计输入中的行数，即 test.txt 文件中含有 This 的有几行。

6. 命令替换

命令替换和重定向有些相似，但区别在于命令替换是将一个命令的输出作为另外一个命令的参数。常用的命令形式如下：

```
command1  'command2'
```

其中，command2 的输出将作为 command1 的参数。需要注意的是，这里的"'"符号，被它括起来的内容将作为命令执行，执行后的结果作为 command1 的参数。例如：

```
$cd   'pwd'
```

该命令是将 pwd 命令列出的当前目录作为 cd 命令的参数，实际执行结果仍然是停留在当前目录下。

习题与实训

1. 填空题

（1）文件系统是操作系统中负责存取和管理信息的模块，它用统一方法管理用户和系统信息的_____ _____，并为用户提供一整套方便、有效的文件使用和操作方法。

（2）最新版本的 Fedora Linux 操作系统，使用了_____文件系统。

（3）"/proc 文件系统"是一个伪文件系统，用户和应用程序可以通过/proc 目录得到__ _____。

（4）Ext3 是一种_____，是对 Ext2 文件系统的扩展，同时兼容 Ext2。

（5）_____是 Linux 文件系统中存储数据的一个命名对象，是系统处理信息的基本单位。

（6）文件从用户角度看，其结构（即逻辑结构）可以分为两大类：_____和_____。

（7）Linux 操作系统的目录结构是一个_____。

（8）Linux 操作系统中加载文件系统的命令是_____命令，卸载文件系统的命令是_____命令。

（9）Linux 操作系统中每个用户和目录都包含访问权限，这些权限决定了_____ _____。

（10）Linux 操作系统修改文件和目录的权限的命令是_____命令。

（11）文件或目录的权限总体来说，可分为三种：_____三种权限的组合表示了系统中该文件或目录的使用权限。

（12）pwd 命令的功能是_____。

（13）显示出文本文件内容的命令有_____和_____。

（14）在 Linux 系统中，执行一个终端命令时通常会自动打开三个标准文件：_____ _____。

（15）grep 命令的功能是_____。

2. 简答题

（1）简述 Linux 操作系统中为什么要使用日志式文件系统？

（2）通过与 Ext3 文件系统的对比，说明 Ext4 文件系统的主要技术特征有哪些？

（3）什么是"proc 文件系统"，其具体工作原理是什么？

（4）什么是虚拟文件系统？

（5）Linux 操作系统的文件有哪几种类型，其具体含义是什么？

（6）简述 Linux 操作系统中管道技术的实现过程。

实训项目 11

（1）实训目的：了解 Linux 操作系统所支持文件系统的种类及其主要特征，熟练掌握 Linux 文件系统管理的常用命令。

（2）实训环境：局域网络；在 VMware Workstation 虚拟机支持下，安装有 Fedora Linux 操作系统的计算机。

（3）实训内容：

① 为使用光盘上的文件，加载光盘文件系统至用户主目录下的 tmp 子目录。

② 通过浏览加载点子目录，查看光盘上的内容。

③ 卸载光盘文件系统。

④ 在用户主目录下，创建实验用目录 lianxi，并在该目录下创建两个文本文件 test.txt 和 test.doc，查看系统新建立的 lianxi 目录和 test.txt、test.doc 文件的权限。

⑤ 使用输入重定向操作符，分别向 test.txt、test.doc 文件添加多行信息；然后使用 cat 命令显示文件内容；使用 wc 命令统计每个文件内有多少行、单词和字符；使用 grep 命令查找指定信息的行。

⑥ 分别使用 rmdir、rm 命令删除所建立的目录 lianxi 和两个文本文件 test.txt、test.doc。

第12章 Linux系统监控与进程管理

功能强大、性能卓越的操作系统不仅具有较高的稳定性，同时具有较高的安全性。这样，无论运行的是核心关键业务应用系统，还是 Internet 上进行的电子商务，都可为复杂的商业运行环境提供全面保障。作为系统管理员，做好操作系统的监控和进程管理等系统管理工作是实现以上目标的重要保障。Fedora Linux 系统管理，通常需要监控系统中运行的进程，查看、分析 CPU、磁盘和网络等系统资源的使用情况，利用检测系统日志、网络流量等手段将非常有助于发现异常，并正确处理问题。

【本章概要】
◆ 常用的系统管理方法；
◆ 系统日志管理；
◆ 进程管理。

12.1 技能 1 常用的系统管理方法

12.1.1 使用系统监视器

Fedora 操作系统可同时支持多个用户，每个用户都可以同时执行多个程序，而每个程序又可能同时启动了多个进程。如果某些进程占用了大量的系统资源，就会造成系统负载过重，因此需要随时监控系统状态，了解系统中消耗 CPU 资源最多的进程，从而使系统保持稳定、良好的整体性能。Fedora 12 提供了图形化操作界面的系统监视器工具，使用该工具可非常方便地监视整个系统资源。

启动系统监视器，可通过单击 GNOME 桌面面板上的"应用程序"|"系统管理工具"|"系统监视器"选项即可。另外，系统管理员用户 root 还可以在 Shell 提示符下，运行如下命令启动系统监视器：

```
# gnome   -system -monitor
```

启动后的系统监视器图形界面如图 12-1 所示。

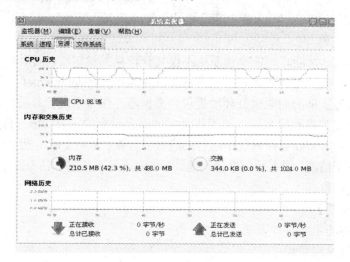

图 12-1　系统监视器

在系统监视器窗口中，包含了"系统"、"进程"、"资源"和"文件系统"四个选项卡。

1."系统"选项卡

"系统"选项卡显示的是当前计算机的名称、所使用操作系统的版本号（包括内核版本号信息）、基本硬件信息（内存大小、处理器型号）和系统磁盘状态（即可用的磁盘空间）等信息。

2."进程"选项卡

"进程"选项卡中，主要显示了进程的名称、状态、ID 号和所占用内存空间的大小等信息，如图 12-2 所示。

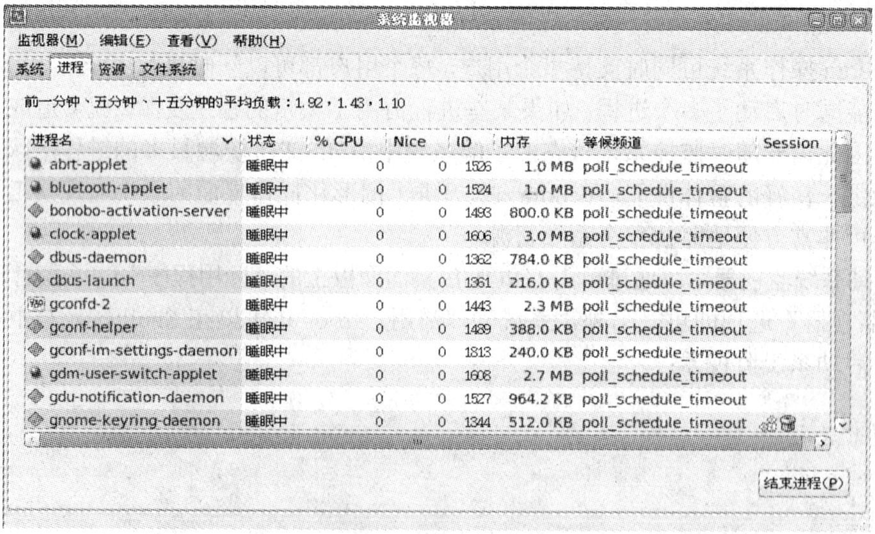

图 12-2　进程显示窗口

要查看某个进程的详细信息，或对某个进程进行操作，可单击"查看"菜单，选择其中"活动进程"、"全部进程"或"我的进程"命令，以确定可显示进程的范围。例如，选择查看当前活动进程的情况，可选择"查看"|"活动进程"菜单命令，如图 12-3 所示。可在该窗口的进程列表中，选定某个进程对象并单击鼠标右键，可弹出快捷菜单包括对指定进程执行如下操作：停止进程、继续进程、结束进程、杀死进程、更改优先级及查看进程的内存映像和该进程打开的文件等。

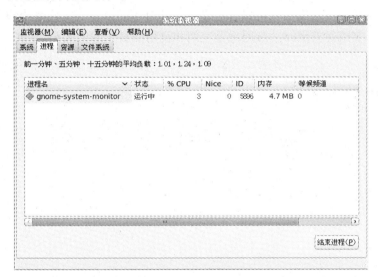

图 12-3 当前活动进程

如果希望在进程列表中显出更多的信息，可单击"编辑"|"首选项"菜单命令，打开"系统监视器首选项"对话框，如图 12-4 所示，设置显示进程的信息域选项等内容。

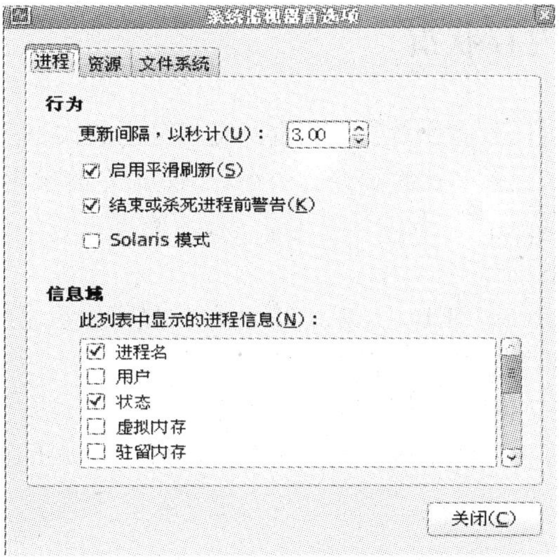

图 12-4 "系统监视器首选项"对话框

3."资源"选项卡

系统监视器的"资源"选项卡，动态显示当前计算机系统 CPU 的使用状况、内存和交换区空间使用的情况，还有网络正在接受和正在发送的字节数等信息，如图 12-1 所示。

4."文件系统"选项卡

使用"文件系统"选项卡，可以查看设备及其对应的目录、文件系统的类型、所占磁盘空间的总量、空闲磁盘空间、可用磁盘空间和已用磁盘空间的大小，如图 12-5 所示。

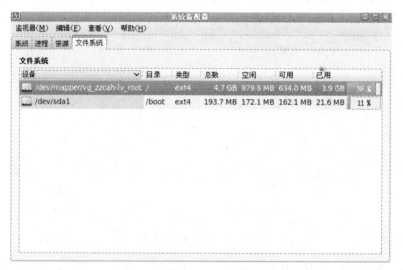

图 12-5　"文件系统"选项卡

12.1.2　查看内存状况

通过使用 free 命令可以查看系统物理内存和交换分区的大小，以及已使用的、空闲的、共享的内存大小和缓存（包括高速缓存）的大小。free 命令的常用形式如下：

```
free   [-bl-kl-ml-g] [-o] [-t]
```
其中参数的说明如下：

● -bl-kl-ml-g，是以 Bytes、KB、MB、GB 为单位显示磁盘空间情况的。

● -o，不显示缓冲和高速缓存的信息。

● -t，显示出内存与交换区的统计和信息。

例如，显示当前计算机系统中内存的使用情况，可执行如下命令：

```
$ free   -m   -t
```
其执行情况如图 12-6 所示。

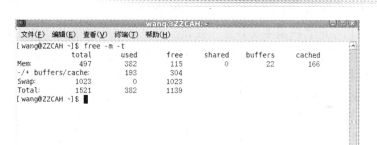

图 12-6　实例 free 命令的执行

12.1.3　磁盘管理

计算机中的磁盘容量是有限的，为了及时了解磁盘使用情况、合理分配磁盘空间，需要通过 Linux 系统中的多个应用程或命令进行管理。

1.　查看系统磁盘使用情况

在 Fedora Linux 中可使用图形界面应用程序"磁盘使用分析器"来查看磁盘的具体使用情况，具体操作步骤如下。

① 启动磁盘使用分析器，可选择"应用程序"|"系统工具"|"磁盘使用分析器"选项，打开如图 12-7 所示的界面。

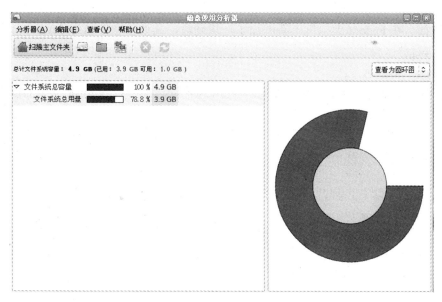

图 12-7　磁盘使用分析器

② 单击工具栏中的"扫描主文件夹"按钮，程序立即开始对用户主目录中所有的文件夹进行扫描，并统计列出每个文件夹占用磁盘空间的情况。

③ 单击工具栏中的"扫描文件系统"按钮，将扫描 Linux 所有的文件系统内容，并报告这些文件夹和文件使用磁盘的状况。

④ 单击工具栏中的"扫描文件"按钮，将出现选择文件夹对话框，分析器工具可扫描指定的文件夹和文件，并报告其使用磁盘空间的情况。

"磁盘使用分析器"工具不仅可以报告本地计算机磁盘的使用情况，还可以扫描远程计算机中的文件系统，并报告其磁盘使用情况。

2. 磁盘的分区、格式化和加载管理

在使用任何类型的操作系统时（特别是安装系统过程中），都需要系统管理员对磁盘进行分区和格式化的操作。在 Windows 操作系统中，往往通过"磁盘管理"工具进行磁盘分区及格式化操作。

注意： 包括磁盘管理在内的各种系统管理命令，都必须是系统管理员用户 root 操作完成的，普通用户是没有权限执行系统管理类命令的。

1）使用 fdisk 命令进行磁盘分区

fdisk 是 Linux 中较早期的分区命令，现在所有的 Linux 发行版中都有。

① 执行如下命令查看计算机中磁盘编号和使用情况，从而选定需要分区的磁盘：

```
#fdisk   -l
```

② 例如，在 Fedora 虚拟机上新添加了一块硬盘，其设备文件名为/dev/sdb，那么执行如下命令进行分区操作：

```
#fdisk   /dev/sdb
```

可在"Command"命令提示符下输入命令，如输入"m"查看 fdisk 命令的操作帮助信息，命令执行的终端窗口如图 12-8 所示，

图 12-8　fdisk 命令执行的终端窗口

③ 输入 "n", 表示新建一个分区, 这里可选择输入 "p" 建立一个主分区; 然后输入分区编号, 主分区的编号范围是 1~4, 这里可选择 1; 接着需要输入分区的大小。

Linux 系统 fdisk 命令是使用柱面来显示磁盘分区的大小的, 那么这里就需要系统管理员了解柱面和容量的换算公式。例如: 有一个 80GB 容量的磁盘, 在系统要求输入开始柱面时, 看到总的柱面数是 9729, 此时可使用下列公式来计算每个分区的柱面大小:

每个分区的柱面大小=分区的容量/磁盘总容量×9729

在得到这个柱面大小后, 就可通过 "开始柱面+柱面大小" 得到该分区结束柱面, 从而确定分区的大小了。不过, 用户在操作时, 也可以按照系统的默认值进行分区。

④ 完成分区大小的设置后, 输入 "w" 子命令, 即可完成硬盘分区的操作, 最后输入 "q" 子命令退出 fdisk。

如果在建立磁盘分区过程中, 发现某个分区设置不合适, 想删除它并重新建立, 可以在 fdisk 命令提示界面下, 输入 "d" 子命令删除错误的分区信息。

说明: 目前许多 Linux 版本的系统中, 增加了一个磁盘分区命令 "parted", 这也是一个较为方便的操作命令, 有关其帮助信息可执行 "parted --help" 命令查看。

2) 格式化分区

完成分区建立后, 还需要通过格式化命令建立文件系统, 即磁盘分区格式化, 使用的 Linux 命令是 mkfs, 例如执行如下命令格式化前面创建的新磁盘分区:

```
#mkfs  -t  ext4  /dev/sdb
```

其中 "-t" 参数是指出将要创建的分区类型, 即采用哪种文件系统进行格式化。

3) 加载新磁盘

前面磁盘的分区和格式化等操作, 一般是在 Linux 系统所在计算机中添加了一块新硬盘而常做的工作。进行完磁盘分区和格式化后, 还不能立即使用该磁盘, 需要加载到 Linux 中才行。加载新磁盘可手动执行 mount 命令, 挂载到已创建的某个目录下; 也可以在系统配置文件 "fstab" 中添加如下一行内容 (以前例添加的磁盘 /dev/sdb, 加载目录 /home/wang/sdbwork 为例):

```
/dev/sdb  /home/wang/sdbwork  ext4  defaults  0 0
```

3. 交换页面文件的管理

安装 Linux 系统时, 要求创建一个分区作为虚拟内存。如果在安装完成后, 随着应用的增多, 需要增加虚拟内存, 那么就需要通过添加交换页面文件来实现。该操作的具体过程如下。

1) 通过交换页面文件增加虚拟内存

需要确定添加的交换页面文件的大小, 并将其除以 1024 来判定块的大小 (因为 Linux 中交换页面文件的大小单位是块, 一块是 1024B)。

① 执行如下命令建立交换页面文件:

```
#dd  if=/dev/zero  of=/swapfile  bs=1024  count=65536
```

② 使用以下命令将建立的文件转换为 swap 文件:

```
#mkswap  swapfile
```

③ 执行如下命令启用该交换页面文件：

> #swapon /swapfile

④ 完成上面的操作后，还需要在/etc/fstab 配置文件中添加如下一行，使其在以后启动系统时自动加载该文件：

> /swapfile swap swap default 0 0

2）删除交换页面文件

① 当需要删除交换页面文件时，可以使用下面的命令进行操作：

> #swapoff /swapfile

这里的 swapfile 是交换页面文件的文件名。

② 从配置文件/etc/fstab 中删除包含要删除文件名的一行信息。

③ 在文件系统中，使用 rm 命令删除该文件。

4. 磁盘配额的管理

在 Linux 系统中创建多个用户时，系统会对应着每个用户自动生成一个目录，该目录名与用户名相同。在这个目录下，用户可以存储多个文件。但是，系统管理员为了使每个用户都能够拥有合理的磁盘存储空间，需要限制每个用户对磁盘空间的使用容量。要实现这样的目的，就需要使用磁盘配额管理功能。

在 Linux 系统进行磁盘配额管理的过程中，其操作步骤可以归纳为以下几步：

● 编辑修改/etc/fstab 文件
● 创建配额文件
● 分配配额

磁盘配额的管理是对分区进行控制的，因此在进行配额操作时，应该确定分区对应的目录名，下面的操作是以"/home"分区为例进行的。

1）编辑修改/etc/fstab 文件

fstab 文件中存放着与系统分区有关的重要信息，其中每行是一个分区的记录，每行记录中又分为六个字段，以空格为分隔符：

● 第一字段，是具体的实体位置，如设备文件名；
● 第二字段，是要加载的文件名；
● 第三字段，是文件系统类型，如 Ext4、SWAP；
● 第四字段，是所要设定的状态，包括 ro（只读）、defaults（包括其他参数 rw、exec、auto、async）；
● 第五字段，是设置需要备份的标志位，其默认值为 0（不备份）；
● 第六字段，是设置该分区的文件系统在开机时，是否做检查，默认值是 0（不做检查）。只有 root 用户的文件系统分区必须做检查设置，其他可设置为 0。

添加如下配置信息：

> LABEL=/home /home ext4 default,usrquota,grpquota 1 2

这条记录信息的意义是在/home 分区上启用了用户和组配额，也就是说，如果在设置用户和组时，设置了它们所使用的主目录是/home 目录，即/home 分区。那么，这些用户登

录系统后，在使用/home 目录时将受到配额限制。

完成上面操作后，需要重新启动计算机，使其配置生效。

2）创建配额文件

重启计算机后，运行 quotacheck 命令，检查启用了配额的文件系统，也就是检查哪个目录或分区使用了配额，并为每个义件系统建立一个当前磁盘用量的表。该表被用来史新操作系统的磁盘用量文件。此外，文件系统的磁盘配额文件也被更新。例如，如果用户和组配额都为"/home"文件，那么执行的命令如下：

```
#quotacheck  -acug  /home
```

文件被创建后，运行如下命令可检查启用配额的文件系统的当前磁盘用量表：

```
#quotacheck  -avug
```

其中参数说明如下：

- a，检查所有启用了配额的在本地加载的文件系统；
- c，建立配额文件；
- v，在检查配额过程中显示详细的状态信息；
- u，检查用户磁盘配额信息；
- g，检查组磁盘配额信息。

3）分配配额

系统管理员在进行分配配额时，主要是对用户和组进行操作。

① 为用户分配配额。执行如下命令可为用户分配配额：

```
#edquota  <用户名>
```

当执行命令后，系统会自动使用文本编辑器的方式显示以下内容（可编辑修改相应字段内容）：

- "Filesystem"字段，是启用配额的文件系统；
- "blocks"字段，显示当前用户使用的块数；
- 随"blocks"字段之后的"sort"、"hard"字段，设置用户在该文件系统上的软、硬"块"限制；
- "inodes"字段，显示用户当前使用的内节点数；
- 随"inodes"字段之后的"sort"、"hard"字段，设置用户在该文件系统上的软、硬"内节点"限制。

所谓硬限制，是指用户或组可以使用的磁盘空间的最大值，达到该限制时，磁盘空间就不能被用户或组所使用。所谓的软限制，是指可被使用的最大磁盘空间，可在一段时间（即过渡期）内超过。设置软限制的过渡期，可以执行如下命令：

```
#edquota  -t
```

该命令的执行，可使系统以文本编辑器的方式打开当前的系统配额文件，分别在其中的"Block grace period"、"Inode grace period"字段输入时间值（可用秒、分钟、小时、天数、周数或月数的英文单词表示）。

如果需要校验用户的配额是否被设置成功，那么可以执行如下命令：

```
#quota  <用户名>
```

② 为组分配配额。为组进行配额分配，可执行如下命令：

> #edquota -g <组名>

执行命令后，以文本编辑器方式打开现存的组配额信息，类似于用户配额信息，可进行编辑修改，最后保存文件。

校验组配额是否分配成功，可执行如下命令：

> #quota -g <组名>

12.2 技能 2 系统日志管理

Linux 系统的日志文件记录了系统运行的详细信息，例如，常驻服务器程序运行出现问题或用户登录错误等信息，都可以被记录下来。因此，系统的日志文件对系统的安全而言是非常重要的。通过查看系统的日志文件，系统管理员可以方便地了解系统的状态，检查系统故障和跟踪系统使用情况。

12.2.1 日志文件简介

日志文件（log files）是包含关于系统消息（包括内核、服务及系统上运行的应用程序等）的文件。不同的日志文件记录着不同的信息。如果有运行载入系统内核的驱动程序，或是有未经授权的系统操作时，那么系统管理员使用日志文件，就可以诊断出问题，并解决系统问题。

Linux 系统中的文件可分为两类：一类是系统日志；另一类是应用程序日志。系统日志是每个版本的 Linux 操作系统都有的，记录着系统发生的各种各样的事件信息。应用程序日志的内容取决于所运行的应用程序及产生日志的方式。大多数日志文件都存放在/var/log目录中，该目录下的日志文件如图 12-9 所示。

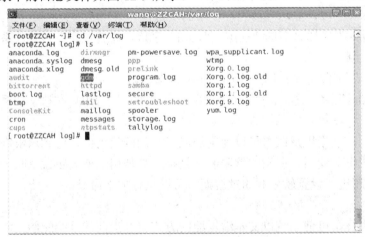

图 12-9　/var/log 目录下的内容

如果要查看某个日志文件的内容，可以使用文本编辑器打开该日志文件。日志文件的内容通常详细记录着程序的执行状态、日期、时间和主机等信息。这些日志内容只有系统

管理员用户 root 有权限进行操作管理。

下面介绍几个常用的日志文件。

- /var/log/boot.log，记录了系统在引导过程中发生的事件，即 Linux 系统开机自检过程显示的信息。
- /var/log/dmesg，记录了与启动系统相关的基本信息，例如 BIOS、CPU、内存、磁盘驱动器、PCI 设备，以及各分区上使用的文件系统等信息。可通过 dmesg 命令打开。
- /var/log/maillog，记录了每一个发送到系统或从系统发出的电子邮件的活动。通过它，可以查看用户使用哪个系统发送数据或把数据发送到哪个系统。
- /var/log/wtmp，记录了每个用户登录、注销，以及系统的启动、停机事件。
- /var/log/cron，cron 守护进程的日志文件。
- /var/log/lastlog，用于记录用户最后登录信息的日志文件，可使用 "lastlog -u <用户名>" 命令进行查看。
- /var/log/secure，记录了与安全连接有关的信息。
- /var/log/Xorg.0.log，X 服务器的日志文件。
- /var/log/cups 目录，打印日志文件目录。
- /var/log/gdm 目录，GNOME 启动日志文件目录。

12.2.2　系统日志文件的管理

Fedora 12 的系统日志主要是由系统守护进程 rsyslogd 产生的。默认情况下，rsyslogd 在系统引导时就启动运行了。系统日志文件中记录什么类型的信息及保存在什么地方通常都是由配置文件/etc/rsyslog.conf 决定的。

系统管理员在配置文件 rsryslog.conf 中，除了系统默认记录外，还可以根据实际系统运行环境的需求，增删记录信息。这样，每当操作系统启动时，就会根据该文件的内容实时记录系统信息，即形成各种不同的日志文件。执行如下命令可查看 rsyslog.conf 文件的内容：

```
# more   /etc/rsyslog.conf
```

该命令将分页显示 rsyslog.conf 文件的内容，如图 12-10 所示。

在 rsyslog.conf 文件中以符号 "#" 开头的行都是注释行，会被程序忽略，其中有用的配置行的基本格式是：

记录信息的类型. 优先级　　日志文件的位置

一般，Linux 操作系统可记录的信息被分为几个类别（如表 12-1 所示），其中每种类别的信息又可根据其重要程度分为不同的优先级（如表 12-2 所示）。

图 12-10　rsyslog.conf 文件的内容

表 12-1　记录信息的类型

信 息 类 别	说　明
kern	系统内核的状态信息
authpriv	用户登录系统的信息，包括系统管理员和普通用户
cron	定时器信息
uucp	UNIX-to-UNIX Copy Protocol 的信息
news	新闻服务器的信息
local7	启动时系统引导的信息

表 12-2　信息的优先级

信 息 类 别	说明（优先级从高到底）
emerg	紧急信息，例如系统死机而无法使用
alert	警报信息，即需要立即进行处理的情况
crit	临界信息，系统处于事故前的临界点
err	错误信息，系统发生的一般故障
warm	警告信息
notice	提醒信息
info	一般信息
debug	调试信息
*	全部信息
none	不记录任何信息

在配置行中可以包含若干个"记录信息的类型. 优先级"对, 各对之间要使用";"隔开; 具有相同优先级的多个记录信息类型之间可以使用","分隔。另外, 当在配置文件中指定一个优先级时, rsyslogd 进程通常会记录具有该优先级的信息, 及具有比该优先级更高的优先级的值。

下面介绍 Fedora 12 中 rsyslog.conf 文件中, 默认配置行的含义:

- "kern.*　　　　/dev/console", 该行表示把系统内核所有状态信息都发往控制台。
- "*.info; mail.none; authpriv.none;cron.none　　　/var/log/messages", 该行用于指定把所有优先级高于"一般信息"的事件信息都记录在/var/log/messages 文件中, 不包括电子邮件、新闻服务、登录系统和 cron 守护进程的信息。
- "authpriv.*　　　　/var/log/secure", 该行表示与登录系统有关的信息都记录在/var/log/secure 文件中。
- "mail.*　　　　-/var/log/maillog", 该行指定将与电子邮件有关的信息都记录在/var/log/maillog 文件中。
- "cron.*　　　　/var/log/cron", 该行表示与 cron 守护进程有关的信息都记录在/var/log/cron 文件中。
- "*.emerg　　　　*", 该行表示当出现各种类型的紧急信息时, 让所有用户都能收到。
- "uucp,news.crit　　　　/var/log/spooler", 该行表示把所有优先级等于或者高于临界信息, 并且与 uucp 和新闻服务相关的信息都记录在/var/log/spooler 文件中。
- "local7.*　　　　/var/log/boot.log", 该行表示把启动时系统引导的信息保存在/var/log/boot.log 文件中。

由于 Fedora 12 系统的 rsyslogd 进程生成的日志文件, 可能会增长得非常大, 从而占用大量的磁盘空间, 那么就需要对日志文件进行管理, 即可以删除一些不重要的或已经过时的日志信息。

12.3　技能 3 进程管理

Linux 操作系统是多用户、多任务操作系统, 多用户是指 Linux 系统在同一时间支持多个用户使用计算机系统, 多任务是指 Linux 可以同时执行多个任务程序。那么, 多个任务反映到操作系统中, 就是多个进程, 每个任务都是由多个相关进程配合完成的。当用户登录 Linux 系统通过执行命令的方式运行一个程序时, 系统就会为该程序创建一个或多个进程, 在操作系统统一指挥下, 它们彼此之间分工、协作, 共同完成该程序要完成的任务, 其中每个进程都是一个能被独立调度、与其他进程并发执行的独立单位。

在 Linux 操作系统中, 进程可分为如下三类。

（1）交互式进程。该类进程是在终端上执行的进程, 即可在前台运行也可在后台运行。前台运行的进程是从标准输入接受数据, 将输出送到标准输出, 把错误信息送到标准错误输出。如果进程是在后台运行的, 那么终端可以用来执行其他任务命令。用户可以把前台进程放到后台运行, 也可以把后台进程换到前台运行。

（2）批处理进程。该类型的进程是由一系列进程组成的, 与终端没有联系。这些进程执行时间不由终端命令决定, 是在作业队列中依次执行的。

（3）守护进程。守护进程是在 Linux 操作系统启动时一起启动的进程，其通常都是完成系统中的某项服务，例如 httpd（Web 服务）、crond（计划任务服务）等，都在后台运行。

12.3.1　查看进程状态

当用户在命令提示符下输入一个可执行程序名或系统命令时，Linux 系统内核就将该程序相关代码加载到内存中开始执行，也就是为该程序创建一个或多个相关的进程，通过进程完成其功能。

如果用户在命令行直接输入命令运行，就是以前台方式启动了一个进程，例如 "ls -l" 就以前台方式启动一个进程完成当前目录的列表显示。如果用户在命令行输入完命令后又在末尾添加一个字符 "&"，就是以后台执行方式启动一个进程，例如在系统中查找一个文件，时间会很长，那么执行命令 "find　/　-name　example　-print > file &" 后，可在终端上继续执行其他任务，过段时间再查看 file 文件内容，从而了解查找 example 文件的情况。

要对进程进行管理（即检测和控制），首先必须了解当前系统中进程的状况，也就是查看进程。Linux 系统中，可以使用 ps 命令查询正在运行的进程，即了解正在后台运行的进程和正在批处理运行的批处理进程。

ps 命令的格式如下：

ps　　[选项]

当 ps 不带选项参数执行时，只显示由当前终端创建的正在执行的进程。

ps 命令中常用的选项参数说明如下：

- -e，显示所有进程；
- -f，全格式产生一个长列表；
- -h，不显示标题；
- -l，给出长列表；
- -a，显示终端上的所有进程，包括其他用户的进程；
- -r，只显示正在运行的进程；
- -x，显示没有控制终端的进程（即与终端无关的进程）；
- -u，打印用户格式，显示用户名和起始时间；
- -w，用宽格式显示，不截取命令行；
- -t list，列出 list 中指定的终端创建的所有进程的详细信息。

例如，分页显示当前所有进程，同时显示进程的用户起始时间，可执行如下命令：

　　#ps　　-aux ︳more

该命令的执行结果如图 12-11 所示。

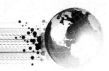

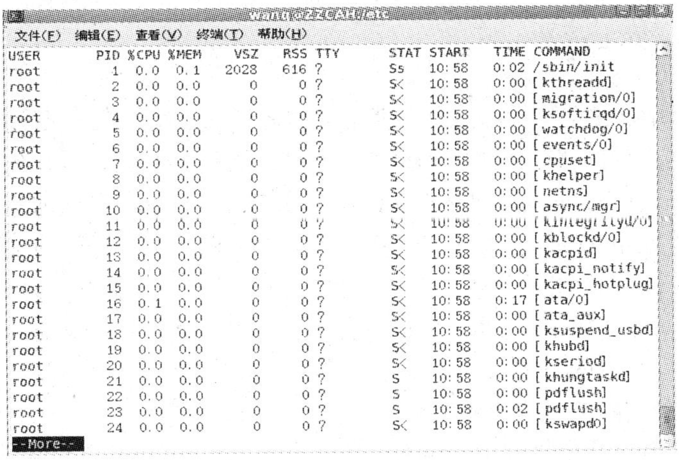

```
文件(F)  编辑(E)  查看(V)  终端(T)  帮助(H)
USER       PID %CPU %MEM   VSZ  RSS TTY   STAT START   TIME COMMAND
root         1  0.0  0.1  2028  616 ?     Ss   10:58   0:02 /sbin/init
root         2  0.0  0.0     0    0 ?     S<   10:58   0:00 [kthreadd]
root         3  0.0  0.0     0    0 ?     S<   10:58   0:00 [migration/0]
root         4  0.0  0.0     0    0 ?     S<   10:58   0:00 [ksoftirqd/0]
root         5  0.0  0.0     0    0 ?     S<   10:58   0:00 [watchdog/0]
root         6  0.0  0.0     0    0 ?     S<   10:58   0:00 [events/0]
root         7  0.0  0.0     0    0 ?     S<   10:58   0:00 [cpuset]
root         8  0.0  0.0     0    0 ?     S<   10:58   0:00 [khelper]
root         9  0.0  0.0     0    0 ?     S<   10:58   0:00 [netns]
root        10  0.0  0.0     0    0 ?     S<   10:58   0:00 [async/mgr]
root        11  0.0  0.0     0    0 ?     S<   10:58   0:00 [kintegrityd/0]
root        12  0.0  0.0     0    0 ?     S<   10:58   0:00 [kblockd/0]
root        13  0.0  0.0     0    0 ?     S<   10:58   0:00 [kacpid]
root        14  0.0  0.0     0    0 ?     S<   10:58   0:00 [kacpi_notify]
root        15  0.0  0.0     0    0 ?     S<   10:58   0:00 [kacpi_hotplug]
root        16  0.1  0.0     0    0 ?     S<   10:58   0:17 [ata/0]
root        17  0.0  0.0     0    0 ?     S<   10:58   0:00 [ata_aux]
root        18  0.0  0.0     0    0 ?     S<   10:58   0:00 [ksuspend_usbd]
root        19  0.0  0.0     0    0 ?     S<   10:58   0:00 [khubd]
root        20  0.0  0.0     0    0 ?     S<   10:58   0:00 [kseriod]
root        21  0.0  0.0     0    0 ?     S    10:58   0:00 [khungtaskd]
root        22  0.0  0.0     0    0 ?     S    10:58   0:00 [pdflush]
root        23  0.0  0.0     0    0 ?     S    10:58   0:02 [pdflush]
root        24  0.0  0.0     0    0 ?     S<   10:58   0:00 [kswapd0]
--More--
```

图 12-11　分页显示当前所有进程

ps 命令执行结果中显示的各字段的含义如表 12-3 所示。

表 12-3　ps 命令输出字段的含义

字　段　名	含 义 说 明
USER	进程所有者的用户名
PID	进程标志号
%CPU	进程自最近一次刷新以来所占用的 CPU 时间和总时间的百分比
%MEM	进程使用内存的百分比
VSZ	进程使用的虚拟内存大小，以 K 为单位
RSS	驻留空间的大小，显示当前常驻内存程序的 K 字节数
TTY	进程相关的终端。若为“？”则表示该进程不占用终端
STAT	进程状态，用下面的代码之一给出： R：可执行的；S：睡眠状态；T：停止；I：空闲；W：进程没有驻留页
TIME	进程使用的总 CPU 时间
COMMAND	被执行的命令行
NI	进程的优先级值
PRI	父进程标志号
WCHAN	进程等待的内核事件名

12.3.2　调度进程

Linux 系统允许多个进程并发执行，但是系统的资源总是有限的，如果系统中并发进程的数量过多，就会造成系统的整体性能下降，尤其是当系统中存在黑客进程时，甚至可能会造成系统瘫痪。因而，有必要根据一定的策略对系统中的进程进行调度，例如，将可疑的进程终止，将不紧急的进程挂起或者降低优先级等。

1. 设置进程的优先级

在 Linux 系统中，各个进程都是具有特定的优先级的，系统在为某个进程分配 CPU 使用时间时，是根据进程的优先级进行判定的。有些进程比较重要，需要先执行，以提高整个程序的执行效率，而有些不太重要的进程，其优先级可以低一些。通常情况下，大多数用户进程的优先级是相同的，但是可以使用系统提供的命令改变进程的优先级。

首先可使用"ps -l"命令查看当前用户进程的优先级。在执行结果中，有两个字段："PRI"和"NI"。其中"PRI"表示进程的优先级，它是由操作系统动态计算的，是实际的进程优先级；"NI"表示的是请求进程执行优先级，它可由进程拥有者或 root 用户进行设置，"NI"会影响到实际的进程优先级。

下面介绍两个可以改变进程优先级的命令。

（1）nice 命令。命令格式如下：

```
nice  [选项] 命令
```

nice 命令的功能是，在启动进程时指定请求进程的执行优先级。该命令较常用的一个选项是"-n"，n 值（即 NI 值）的范围是-20～19。其中-20 代表最高的 NI 优先级，19 代表最低的 NI 优先级。如果没有参数，则将自动设置 NI 值为 10。默认情况下，只有 root 用户才有权限提高请求进程的优先级，而普通用户只能降低请求进程的优先级。

例如：以后台运行方式运行 find 进程，并配合 nice 命令将 find 进程的请求优先级设置为-18；然后，再以后台运行方式启动 vim 进程，并配合 nice 命令将 vim 进程的请求优先级设置为-16。使用"ps -l"命令查看设置结果，如图 12-12 所示。

```
文件(F)  编辑(E)  查看(V)  终端(T)  帮助(H)
[root@ZZCAH wang]# nice --18 find / -name testfile&
/home/wang/testfile
[1] 24132
[root@ZZCAH wang]# nice --16 vim&
[2] 24153
[1]   Done                    nice --18 find / -name testfile

[2]+  Stopped                 nice --16 vim
[root@ZZCAH wang]# ps -l
F S   UID   PID  PPID  C PRI  NI ADDR SZ WCHAN  TTY          TIME CMD
4 S     0 24071  3953  0  80   0 -  2314 wait   pts/1    00:00:00 su
4 S     0 24090 24071  0  80   0 -  1644 wait   pts/1    00:00:00 bash
4 T     0 24153 24090  0  64 -16 -  3381 signal pts/1    00:00:00 vim
4 R     0 24165 24090  0  80   0 -  1554 -      pts/1    00:00:00 ps
[root@ZZCAH wang]#
```

图 12-12 使用 nice 命令设置优先级

（2）renice 命令。命令格式如下：

```
renice [+/-] [-g 命令名称…] [-p 进程标志码…] [-u 进程所有者…]
```

renice 命令的功能是，在进程执行时更改它的 NI 值，可通过命令名、PID 或进程所有者名指定进程。

例如：以后台方式启动 vim 进程，并使用 nice 命令将该进程的请求优先级设置为 10（系统默认值），然后可使用 ps 命令查看到 vim 进程的 NI 值为 10，及其 PID 值。接着，使

用 renice 命令将 vim 命令的优先级更改为-6，再使用 ps 命令查看更改后的进程状态，如图 12-13 所示（PID 值随用户的系统不同而有所不同）。

```
                    wang@ZZCAH:/home/wang
文件(F)  编辑(E)  查看(V)  终端(T)  帮助(H)
[root@ZZCAH wang]# nice vim&
[1] 26164
[root@ZZCAH wang]# ps -l
F S   UID   PID  PPID  C PRI  NI ADDR SZ WCHAN  TTY          TIME CMD
4 S     0 24071  3953  0  80   0 -  2314 wait   pts/1    00:00:00 su
4 S     0 24090 24071  0  80   0 -  1664 wait   pts/1    00:00:00 bash
4 T     0 26164 24090  1  90  10 -  3381 signal pts/1    00:00:00 vim
4 R     0 26167 24090  0  80   0 -  1555 -      pts/1    00:00:00 ps

[1]+  Stopped                 nice vim
[root@ZZCAH wang]# renice -6 -p 26164
26164: old priority 10, new priority -6
[root@ZZCAH wang]# ps -l
F S   UID   PID  PPID  C PRI  NI ADDR SZ WCHAN  TTY          TIME CMD
4 S     0 24071  3953  0  80   0 -  2314 wait   pts/1    00:00:00 su
4 S     0 24090 24071  0  80   0 -  1664 wait   pts/1    00:00:00 bash
4 T     0 26164 24090  0  74  -6 -  3381 signal pts/1    00:00:00 vim
4 R     0 26242 24090  0  80   0 -  1555 -      pts/1    00:00:00 ps
[root@ZZCAH wang]#
```

图 12-13　使用 renice 命令更改优先级

2. 挂起和恢复进程

有时需要将某个进程暂时挂起，被挂起的进程会被投入到后台，处于暂停状态，然后，在需要的时候或合适的时候再恢复被挂起的进程，使之处于执行状态。要挂起当前运行的前台进程，只需按"Ctrl+z"组合键即可。要恢复进程的运行，可以采用如下两种方式：

● 使用 fg 命令使被挂起的进程返回至前台运行。
● 使用 bg 命令恢复挂起的进程，并使之在后台运行。

例如：用户正在终端使用 vim 编辑器，这时想创建一个目录以存放所编辑的文件，就可以按"Ctrl+z"组合键（当 vim 处于命令模式时按此组合键）将 vim 进程暂时挂起，等到创建目录成功后，再使用 fg 命令使 vim 返回至前台继续运行，如图 12-14 所示。

```
                    wang@ZZCAH:/home/wang
文件(F)  编辑(E)  查看(V)  终端(T)  帮助(H)
[root@ZZCAH wang]# vim

[1]+  Stopped                 vim
[root@ZZCAH wang]# mkdir testdir
[root@ZZCAH wang]# fg
```

图 12-14　执行"挂起和前台恢复"

除此之外，还可以将被挂起的进程恢复至后台继续运行。例如：使用 find 命令查找文件，在文件未查找到之前按"Ctrl+z"组合键将其挂起，这时使用 vim 编辑器进行文本编辑，

可将 vim 进程挂起，恢复 find 进程在后台继续执行，直到 find 进程结束，最后可恢复 vim 进程继续工作，直到退出该编辑器。整个操作过程如图 12-15 所示。

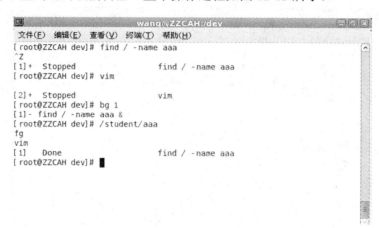

图 12-15　执行"挂起和后台恢复"

fg 命令和 bg 命令，既可以带参数也可以不带参数，当不带参数执行时，是对最近被挂起的进程进行操作；如果带参数，参数是挂起进程的序号，就是对指定的进程进行操作。

3. 终止进程

系统管理员在查看进程状态报告时，经常会发现有些异常进程占用大量的 CPU 使用时间，或者有些进程处于死循环等情况，那么就必须终止（或撤销）这些问题进程，以保证系统的稳定和安全。

终止一个进程，可采用以下方法：

● 在当前终端上，按"Crtl+c"组合键，可以终止当前正在执行的前台进程。

● 使用 kill 命令。

● 使用 killall 命令。

使用 kill 命令可以终止一个进程，实际是向指定的进程发送特定的信号（该信号可以是信号名也可以是信号码），从而使该进程根据指定信号执行特定的动作。kill 命令的格式如下：

```
kill  [-信号]  PID
```

如果在使用该命令时，未使用信号选项参数，则 kill 命令就会向指定的进程发送中断信号（即信号名为 SIGTERM，信号码为 15），指定进程捕捉到该信号将终止运行。当使用不带参数的 kill 命令不能终止某些进程时，就必须使用带信号选项参数的 kill 命令向进程发送 kill 信号（即信号名为 SIGKILL，信号码为 9），这样就会强行终止该进程，但是使用这种终止进程可能会带来副作用，例如数据丢失、终端无法恢复到正常状态等。

通过执行"kill -l"命令可以查看 kill 命令能向进程发送哪些信号。

当要终止一个进程，而又不知道其 PID 时，可使用命令"ps | grep 进程名"获取进程 PID，然后再使用以该 PID 为参数的 kill 命令，强行终止该进程（即从系统中撤销）。

使用 killall 命令也可以将进程终止，该命令使用进程名称为参数，来终止相应的进程执行。如果系统中存在多个具有相同名称的进程，这些进程将全部被终止。该命令的格式如下：

killall　[-信号]　进程名

4. 使用 top 命令监视进程

当对进程进行调度时，需要了解系统中当前进程的具体状态，即要了解当前哪些进程正在运行，哪些进程已经结束，有没有异常进程。系统管理员在监视进程时可以使用 ps 命令，还可以使用 top 命令。使用 top 命令可以监控系统的资源，包括内存、交换分区和 CPU 使用情况等，该命令可定期更新显示内容，默认情况下是根据 CPU 的负载多少进行排序的。下面将详细介绍 top 命令的使用方法。

top 命令的格式是：top　[选项]。

常用的选项参数说明如下：

- -c，显示整个命令行而不是显示命令名。
- -d，间隔秒数，指每两次屏幕刷新之间的时间间隔，默认情况下每隔 3 秒刷新一次。
- - i，不显示任何睡眠进程。
- -n，更新次数，指每秒内监控信息更新的次数。
- -p，进程标志码列表，监视指定的一个或者多个进程，列表中的各进程 PID 之间用逗号分隔。
- -s，切换 top 命令在安全模式下运行。
- -S，使用累计模式。

在终端窗口中执行不带参数的 top 命令，如图 12-16 所示。

```
                        wang@ZZCAH:~
文件(F)  编辑(E)  查看(V)  终端(T)  帮助(H)
top - 10:49:22 up 15 min,  2 users,  load average: 1.79, 0.84, 0.40
Tasks: 146 total,     2 running, 144 sleeping,    0 stopped,   0 zombie
Cpu(s): 16.1%us, 11.4%sy,  0.0%ni, 71.8%id,  0.0%wa,  0.7%hi,  0.0%si,  0.0%st
Mem:    509948k total,   439548k used,    70400k free,    31476k buffers
Swap:  1048568k total,        0k used,  1048568k free,   214452k cached

  PID USER      PR  NI  VIRT  RES  SHR S %CPU %MEM   TIME+  COMMAND
 2035 wang      20   0  6516 1140  980 R 11.6  0.2   0:00.35 vmware-user
 1283 root      20   0 49296  18m 5976 S  7.6  3.7   0:10.81 Xorg
 1983 wang      20   0 70228  13m  10m S  2.3  2.8   0:00.82 gnome-terminal
  887 root      20   0  2828  932  732 S  2.0  0.2   0:04.81 vmware-guestd
 1571 root      20   0 90872  18m  14m S  0.7  3.8   0:02.41 nautilus
 2026 wang      20   0  2560 1064  824 R  0.7  0.2   0:00.17 top
   34 root      15  -5     0    0    0 S  0.3  0.0   0:00.28 scsi_eh_1
 1873 wang      20   0 66172  19m  11m S  0.3  4.0   0:00.99 python
    1 root      20   0  2028  772  552 S  0.0  0.2   0:01.79 init
    2 root      15  -5     0    0    0 S  0.0  0.0   0:00.01 kthreadd
    3 root      RT  -5     0    0    0 S  0.0  0.0   0:00.00 migration/0
    4 root      15  -5     0    0    0 S  0.0  0.0   0:00.21 ksoftirqd/0
    5 root      RT  -5     0    0    0 S  0.0  0.0   0:00.00 watchdog/0
    6 root      15  -5     0    0    0 S  0.0  0.0   0:00.04 events/0
    7 root      15  -5     0    0    0 S  0.0  0.0   0:00.00 cpuset
    8 root      15  -5     0    0    0 S  0.0  0.0   0:00.00 khelper
    9 root      15  -5     0    0    0 S  0.0  0.0   0:00.00 netns
```

图 12-16　执行 top 命令

以上显示的命令结果信息，分为两部分：前面第一部分是系统状态统计信息；后面第二部分是系统中各个进程的详细信息。

第一部分系统状态统计信息的各行含义如下。

- 第一行为系统状态信息，依次显示的项是：系统启动时间、已经运行时间、当前登录用户数目和三个平均负载值。

● 第二行显示进程状态，依次为进程总数、处于运行态的进程数、处于睡眠态的进程数、处于暂停态的进程数，和处于"僵死"状态的进程数（这些就是系统的异常进程）。

● 第三行显示各类进程占用 CPU 时间的百分比，依次是用户模式进程、系统模式进程、优先级为负的进程和闲置进程所占 CPU 时间的百分比。

● 第四行为内存使用情况统计信息，依次为内存总量、已用内存空间的大小、空闲内存的大小和缓存的大小。

● 第五行为交换空间统计信息，依次显示交换空间总量、已用交换空间的大小、空闲交换空间的大小和被缓存交换空间的大小。

第二部分统计信息显示系统当前进程的详细信息列表，其中各个字段的含义如下。

● PID，进程标志号。

● USER，进程所有者的用户名。

● PRI，进程的优先级（一般由操作系统分配）。

● NI，进程的请求执行优先级。

● VIRT，进程使用虚拟内存的大小。

● RES，进程驻留内存的大小。

● SHR，进程使用共享内存的大小。

● S，进程的状态：S－表示睡眠；D－表示不可中断的睡眠；R－表示运行；T－表示暂停；Z－表示"僵死"。

● %CPU，进程自最近一次刷新以来所占用的 CPU 时间与总时间的百分比。

● %MEM，该进程所使用的物理内存占总内存的百分比。

● TIME+，该进程自启动以来所占用的总 CPU 时间。

● COMMAND，启动该进程的命令。

top 命令在执行过程中，其结果会不断更新，按"q"键可终止该命令进程的执行。top 命令在显示结果时，默认是按 CPU 使用率按从高到低排序进程的，可以按内存使用率（命令执行过程中按"m"键）和执行时间（命令执行过程中按"t"键）排序。

另外，top 命令在执行过程中，用户可以使用一些交互子命令，完成相应的功能，其子命令如表 12-4 所示。

表 12-4　top 命令中的交互子命令

字　段　名	含　义　说　明
空格	立即刷新显示
h 或"？"	显示帮助文档
i	忽略/显示限制或僵死进程
k	终止一个进程，系统将提示用户输入需要终止的进程 PID，及发送给该进程什么信号。安全模式中该子命令被屏蔽

续表

字　段　名	含　义　说　明
Q	退出程序
r	重新安排一个进程的优先级。系统提示用户输入需要改变的进程 PID 及进程需要的优先级。输入正值将使优先级降低
S	切换到累计模式
s	改变两次刷新之间的延迟时间
f 或 F	从当前显示中添加或删除显示项目
l	切换显示负载和启动时间信息
m	切换显示内存信息
t	切换显示进程和 CPU 状态信息
c	切换显示命令名称
M	根据驻留内存大小进行排序
P	根据 CPU 使用百分比大小进行排序
T	根据时间/累计时间进行排序
W	将当前设置写入~/.topc 文件中

说明：执行 top 命令，显示的是所有用户的进程信息。假如只监视某个指定用户的进程状况，可在 top 命令执行过程中按"u"键，输入指定的用户名即可显示与用户有关的进程信息。如果在 top 命令中，执行"k"子命令终止进程，则只有 root 超级用户才能终止所有用户的进程，而每个用户只能终止自己的进程，无权终止其他用户的进程。

习题与实训

1. 填空题

（1）Fedora Linux 系统管理员常使用_____进行系统管理。

（2）系统管理员可以在 Shell 提示符下，运行_____命令启动系统监视器。

（3）在系统监视器窗口中，包含了_____、_____、_____和_____四个选项卡。

（4）通过使用_____命令可以查看系统物理内存和交换分区的大小，以及已使用的、空闲的、共享的内存大小和缓存（包括高速缓存）的大小。

（5）在 Fedora Linux 中可使用图形界面应用程序_____，查看磁盘的具体使用情况。

（6）Linux 操作系统中可以使用_____命令和_____命令进行磁盘分区操作。

（7）在 Linux 系统进行磁盘配额管理的过程中，其操作步骤可以归纳为以下三步：_____、_____、_____。

（8）Linux 系统中的文件可分为两类：一类是_____；另一类是_____。

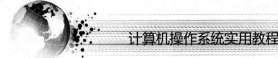

（9）Fedora 12 的系统日志主是要由系统守护进程_____产生的。

（10）系统日志文件中记录什么类型的信息及保存在什么地方通常都是由配置文件_____决定的。

（11）执行如下命令_____可查看 rsyslog.conf 文件的内容。

（12）Linux 操作系统中进程可以分为：_____、_____和_____。

（13）Linux 系统中，可以使用 ps 命令查询_____。

（14）在 Linux 系统中，进行进程优先级设置的命令有_____和_____。

（15）使用_____命令可以监控系统内存、交换分区和 CPU 使用情况等信息。

（16）可以使用_____或_____命令终止系统内运行的进程。

2. 简答题

（1）Fedora 系统管理员使用系统监视器工具进行系统管理时，可监控到哪些系统信息？

（2）简述通过增加交换页面文件扩展虚拟内存的操作步骤。

（3）简述系统管理过程中，对磁盘进行配额管理的意义是什么？

（4）什么是前台进程和后台进程？

（5）Linux 系统管理过程中，系统管理员为什么要进行进程优先级设置？

（6）Linux 系统进行进程管理时，可以使用哪些方法终止系统异常的进程？

实训项目 12

（1）实训目的：了解 Linux 操作系统所支持文件系统的种类及其主要特征，熟练掌握 Linux 文件系统管理的常用命令。

（2）实训环境：局域网络；在 VMware Workstation 虚拟机支持下，安装有 Fedora Linux 操作系统的计算机。

（3）实训内容：

① 启动系统监视器工具，分别通过"系统"、"进程"、"资源"和"文件系统"四个选项卡，查看系统的整体运行状况。

② 启动磁盘分析器工具，通过扫描文件系统、文件夹和文件等方式，查看系统磁盘空间的使用情况。

③ 在当前虚拟 Fedora Linux 操作系统中，添加一块新虚拟硬盘并使其正常工作，可参考以下步骤进行操作。

- 关闭 Fedora Linux 系统，在 VMware Workstation 虚拟计算机中正确设置、添加新虚拟硬盘。
- 启动操作系统，转换到 root 用户登录。
- 执行 fdisk -1 命令，显示当前已安装的磁盘设备及其包括的分区；
- 执行 fdisk /dev/sdb 命令，进行磁盘分区操作，在 fdisk 命令控制下，依次执行如下子命令，添加一个主分区，并保存：

        n   p   1   w
- 重启计算机；

● 执行 mkfs　-ext4 /dev/sdb 命令，格式化新增硬盘的分区为 Ext4 文件系统；

● 为以后开机自动加载新硬盘，配置/etc/fstab 文件，添加如下一行信息：

　/dev/sdb　　/home/wang/sdbwork　ext4　defaults　0 0

④ 分别使用 find 命令和 vi 命令启动两个进程，使用 ps 命令查看进程的相关信息，利用 fg 和 bg 命令进行前台和后台运行的切换。

⑤ 使用 top 命令监控系统进程的运行状况，然后使用 kill 命令终止指定进程。

第13章　Linux系统编程开发环境

　　基于 Linux 操作系统的软件开发项目，多是应用于网络环境（Linux 的诞生就得益于 Internet（因特网））的，随着 Linux 系统的发展，遍布世界各地的编程技术人员一起从事着一些软件项目。大多数 Linux 软件是经过自由软件基金会提供的 GNU 公开认证授权的，因而通常也称为 GNU 软件。Linux 操作系统为软件开发提供了丰富的编程工具，不仅提供了 Shell 编程语言，而且支持多种 Linux 平台的高级语言程序开发（如 C/C++、Java 等）。

【本章概要】
◆ Linux 软件编程风格简介；
◆ Shell 编程基础；
◆ Linux 的 C 语言编程环境；
◆ Linux 的 Java 语言编程环境。

13.1　技能 1　Linux 软件编程风格简介

　　Linux 操作系统作为 GNU 软件家族之一，其源代码数以万计，但这些程序代码看起来令人赏心悦目，其美观程度可称得上是一件艺术品。Linux 主要有两种编程风格：GNU 风格和 Linux 核心风格。下面将介绍一些编写 Linux 程序代码时常用的具体风格。

1. GNU 风格

　　（1）函数返回类型说明和函数名分两行放置，函数起始字符和函数开头左边大括号放到最左边。

例如：

```
        static char *
        main (argc,argv)
        int argc;
        char *argv[]
        {
           ......
        }
```

或者是用标准 C：

```
        static char *
        main (int argc, char *argv[])
        {
           ......
        }
```

如果参数太长不能放到一行，可在每行参数开头处对齐：

```
    int
    net_connect ( struct sockaddr_in *cs, char *server, unsigned short int port, char *sourceip,
    unsigned short int sourceport, int sec)
```

对于函数体，应该按照如下方式进行书写代码：在左括号之前、逗号之后，以及运算符号前后添加空格使程序便于阅读。例如：

```
    if (x < abc (x, z))
      efg = bar[4] + 5;
    else
      {
          while (z)
          {
              efg += abc (z, z);
              z--;
          }
          return ++x + bar ();
      }
```

当一个表达式需要分成多行书写时，应该在操作符之前（而不是之后）分隔。例如：

```
    if (abc_this_is_long && bar > win (x, y, z)
        && remaining_condition)
```

（2）尽量不要让两个不同优先级的操作符出现在相同的对齐方式中，应该附加额外的括号使得代码缩进以表示出嵌套。例如：

错误的对齐：

```
    mode = (inmode[j] == voidmode
        || (GET_MODE_SIZE (outmode[j]) > GET_MODE_SIZE (inmode[j])
        ? outmode[j]:inmode[j]);
```

正确的对齐：

```
    mode = ( (inmode[j] == voidmode
        || (GET_MODE_SIZE (outmode[j]) > GET_MODE_SIZE (inmode[j]))
        ? outmode[j]:inmode[j]);
```

（3）按照如下分时书写 do-while 语句：

```
do
  {
      t = abc (w);
  }
while (b < 0);
```

（4）每个程序都应该以一段简短的说明来表示其功能的注释。例如：

```
/* fmt-filter for simple filling of text */
```

（5）为每个函数书写注释，说明函数是什么功能，需要哪些入口参数，参数可能值的含有和用途。如果用了非常见、非标准的东西，或者可能导致函数不能工作的任何可能的值，则应该进行特殊说明。如果存在重要的返回值，则也需要说明。

（6）尽量在一行声明一个类型的变量，每行都以一个新的声明开头。例如：

```
int war, good;
char *p;
int number[];
```

如果是全局变量，在每个变量定义之前都应该注释。

（7）当一个 if 中嵌套了另一层 if-else 语句时，应用大括号把 if-else 括起来，以便清晰地表示其层次关系。例如：

错误的书写形式：

```
if (abc)
  if (war)
      win ( );
  else
      lose ( );
```

正确的书写形式：

```
if (abc)
  {
  if (war)
      win ( );
  else
      lose ( );
  }
```

（8）尽量避免在 if 条件中进行赋值。例如：

错误的书写形式：

```
if ((hk = (char *)malloc (sizeof *hk)) == 0)
  fatal ("virtual memory exhausted");
```

正确的书写形式：

```
hk = (char *)malloc (sizeof *hk);
if (hk == 0)
```

```
    fatal ("virtual memory exhausted");
```

（9）在命名标志符中使用下划线"_"分隔单词，尽量使用小写，大写字母用来定义宏和枚举等类型。例如：应该使用类似 ignore_space_change_flag 的字符串定义变量，不要使用类似于 iReadThisNumber 的变量名。

2.　Linux 内核编程风格

（1）Linux 内核缩进风格是 8 个字符。

（2）Linux 内核的语句块是将开始的大括号放在首行语句的末尾处。例如：

```
    if （ad == 1）{
      ……
    }
```

在命名函数时，开始的括号放在下一行的第一位。例如：

```
    char function (int x)
    {
      ……
    }
```

结束的大括号应单独占用一行，除非它后边还需要跟随同一条语句的其他部分。例如：

```
    do {
      ……
    } while (condition)
    if (x == y){
    ……
    }else if (x > y){
        ……
      else{
        ……
    }
```

（3）在命名变量、常量时，在保证意义明了的前提下，尽量简洁，这样程序员书写容易，阅读方便，但是命名全局变量应该用描述性命名方式。

（4）函数的定义尽量短小精悍，一般不要让函数的参数多于 6 个，否则应该尝试分解这个过于复杂的函数。

（5）通常注释说明要清楚地表达函数的功能，而不是其实现原理。函数功能说明应放在函数定义之前。

Linux 操作系统中提供了一个工具 indent，可以帮助 C 语言源程序代码转换成 GNU 或 Linux 核心风格。可执行如下命令：

```
    $indent -gnu test.c
    $indent -kr -i8 test.c
```

13.2 技能 2 Shell 编程基础

在命令行提示符下，每输入一条命令就可获得一次系统响应。当某项工作任务需要连续输入多条命令，才能得到最后的结果时，这种操作方法就显得效率很低，并且造成操作者的劳累。那么，执行 Shell 程序就可以解决这个问题。使用 Shell 程序可以用一条简单的命令代替许多复杂命令的执行。Shell 程序还具有更强的功能，如其他可编程语言一样，在 Shell 程序中可具有使用数据变量、参数传递、条件判断、程序流控制、数据输入/输出、子程序及中断处理等其他编程语言中具有的特点。

Shell 程序有时也称 Shell 脚本，它与 C 等其他高级编程语言相比，不需要任何附加库的支持，使用的是已安装在 Linux 系统中的命令。Fedora Linux 中包含的上百条命令实际让就是 Shell 脚本程序。下面通过实例执行一个简单的 Shell 程序，使读者初步了解 Shell 的编程。例如用户每天使用下述命令备份自己的数据文件：

```
$cd    /usr/home/myname
$ls    * | cpio -o > /dev/rmt0
```

为了避免每天重复地输入这些复杂的命令，用户利用编辑器（如 gedit、vim），把以上命令编写到文件 backup 中，当用户进行数据备份时只需执行 Shell 程序 backup：

```
$sh backup
```

执行 backup 的另一种方法是增加该文件的执行权限，然后直接在提示符下运行：

```
$ ./backup
```

直接运行 Shell 程序时，注意 Shell 程序文件必须存在于环境变量$PATH 所指定的路径中。

13.2.1 Shell 的基本语法

1. Shell 程序变量

Shell 程序中提供了说明和使用变量的功能，所有变量名都是以单个字符或字符串形式命名的，采用"$变量名"的形式进行运算。Shell 程序中主要使用如下几种类型的变量。

1）环境变量

环境变量是系统环境的一部分，在 Shell 程序中既可以使用 Shell 已定义的环境变量，也可以定义新的环境变量。可在 Shell 程序中修改环境变量的值，环境变量名一般使用大写字母命名。常用的 Shell 环境变量如表 13-1 所示

表 13-1 Shell 常用环境变量

变　量　名	说　　明
HOME	用于保存注册目录的完整路径名
PATH	用于保存用冒号分隔的目录路径名，Shell 将按 PATH 变量中给出的顺序搜索这些目录，找到的第一个与命令名称一致的可执行文件将执行

续表

变　量　名	说　　明
TERM	终端的类型
UID	当前用户的标志码，它的取值是由数字构成的字符串
PWD	当前工作目录的绝对路径名，该变量的取值随 cd 命令的使用而变化
PS1	主提示符，若以 root 用户登录，默认的主提示符是 "#"；若以普通用户登录，则默认的主提示符是 "$"
PS2	辅助提示符，当 Shell 接受用户输入命令过程中，如果用户在输入行的末尾输入 "\" 然后回车，就会显示辅助提示符（默认是 ">"）

2）用户变量

用户变量由用户在编写 Shell 程序时进行说明和使用。用户变量由字母、数字及下划线组成，并且变量名的第一个字符不能为数字，变量名的大小写是敏感的，用户可在命令行使用 "=" 进行赋值。

有时需要说明一个变量是一个特定值，而程序中不再改变其值，可使用如下命令保证该变量的只读性：

readonly　变量名

在当前 Shell 程序中定义的用户变量都是局部变量，不能被其他 Shell 命令或程序所使用。但是，如果使用 export 命令，则可以将一个局部变量提供给其他 Shell 程序使用，其格式为：

export　变量名

除此之外，用户也可以在给变量赋值的同时使用 export 命令，其格式如下：

export　变量名=变量值

用户在使用变量时，必须在其前面添加 "$" 符号，这样才能使变量名被变量值替换。在 Shell 程序中，还可以进行变量的条件替换，也就是说，只有在某种条件发生时才进行替换（注意：替换条件要放在一对大括号内）。下面介绍几种替换命令。

● 无赋值默认替换

{variable :- value}

这里的 variable 是一个变量，value 是变量替换时使用的默认值。例如执行如下命令，如图 13-1 所示。

图 13-1　执行默认替换

可以看出，变量替换时使用了命令行中定义的默认值，但是事实上变量的值并没有因此改变。

● 可赋值的默认替换

可赋值的默认替换方法是：不但使用默认值进行替换，而且还要将默认值赋给该变量。其命令格式为：

{variable :=value}

在命令中，对变量 variable 进行替换的同时将会把值 value 赋给该变量，例如执行如下命令，如图 13-2 所示。

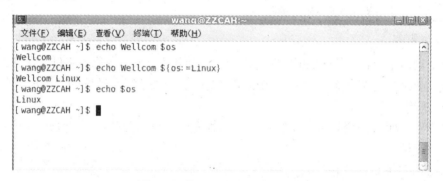

图 13-2 执行可赋值的默认替换

● 已赋值变量的替换

该替换方式是：只有当变量已被赋值时，才使用指定值进行替换。其命令格式如下：

{variable :+value}

在这种情况下，只有 variable 已被赋值时，它才会被 value 替换掉，否则不进行任何替换（而 variable 的值不变），例如图 13-3 的命令执行。

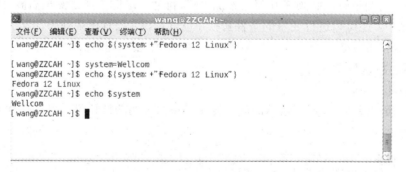

图 13-3 执行已赋值变量的替换

● 带错误检查条件的变量替换

在这种情况下，如果变量 variable 已被赋值，则进行正常替换；否则，消息 message 将会送到标准错误输出（如果此替换出现在 Shell 程序中，那么该程序将会终止）。其命令格式如下：

variable :? message

例如图 13-4 所示的执行过程（如果未指定 message，则 Shell 将会显示一条默认的消息，即 "parameter null or not set"）。

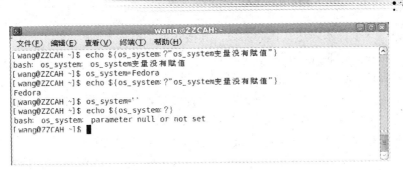

图 13-4　带错误检查条件的变量替换

3）内部变量

内部变量和环境变量类似，也是在 Shell 执行前就定义的变量。可以在 Shell 程序内使用内部变量，但是不能修改这些变量的值。常用的一些内部变量如下所示：

- $#，传递给 Shell 程序的位置参数的个数；
- $?，Shell 程序内最后执行的命令和 Shell 程序的返回值；
- $*，调用 Shell 程序时，所有传递参数构成的一个字符串；
- $0，Shell 程序名。

下面举例说明如何在 Shell 脚本中使用内部变量，这些脚本程序命名为 example，其命令内容如下：

```
echo    "number of parameters is $#"
echo    "program name is $0"
echo    "parameters as a single string is $*"
```

4）位置参数

位置参数是一种在调用 Shell 的命令行中按照各自的位置决定的变量，是在程序名之后输入的参数。位置参数之间用空格分隔，Shell 取第一个位置参数替换程序文件中的$1，取第二个参数替换$2，依次类推。$0 是一个特殊的变量，其内容是当前 Shell 程序的文件名，因此$0 不是一个位置参数，在显示当前所有的位置参数时是不包括$0 的。

下面是一个简单的位置参数示例：

```
#name display program
if  [ $#  -eq  0 ]
then
  echo "未提供名字"
else
  echo "你的名字是" $1
fi
```

2.　算术表达式

高级语言中变量是具有类型的，即变量被限制为某一数据类型（如整型、字符型）。Shell 中的变量通常是按字符进行存储的，为了对 Shell 变量进行运算，必须使用 expr 命令。

expr 命令将一个算术表达式作为参数，其格式如下：

```
expr  integer1  operator  integer2
```

其中 integer1、integer2 是操作数（必须为整数）；operator 是算术操作符，包括 "+"（两个整数相加）、"-"（第一个操作数减去第二个操作数）、"*"（两个整数相乘）、"/"（第一个整数除以第二个整数）、"%"（两个整数相除取余数）。

用户不能单独使用 "*" 作乘法，例如 "expr 4 * 5"，系统会报 "语法错误" 信息（因为系统会将 "*" 进行文件名替换）。正确的命令形式是 "expr 4 * 5"（使用转义符）即可得到正确结果 "20"。

Shell 程序的算术运算中是不能用括号改变算术运算顺序的，那么需要使用 "`"（反撇）和转义符。例如计算（5+7）/3 的结果，可执行命令是 "expr `expr 5 + 7` / 3"。

3. 字符表达式

变量表达式是编程过程中使用频率较高的编程元素之一，对变量表达式进行判断或比较是在 Shell 程序中完成逻辑功能的主要部分。Shell 程序中，完成表达式比较的命令是 "test" 命令，其语法格式如下：

```
test  expression
或
[ expression ]
```

test 命令支持四种比较类型，分别是字符串比较、数值比较、文件操作和逻辑操作。

1）字符串比较

字符串表达式可以测试字符串是否相等，字符串长度是否为 0 或字符串是否为空。字符串的比较操作符如表 13-2 所示。

表 13-2　Shell 字符串操作符

操 作 符	说 明
=	比较两个字符串是否相等
!=	比较两个字符串是否不相等
-n	判断字符串的长度是否大于 0
-z	判断字符串的长度是否等于 0

例如，有两个字符串变量 str1 和 str2，进行如下比较操作：

```
str1="Fedora"
str2="Linux"
if [ $str1 = $str2 ]
then
  echo "str1 is equal to str2"
else
  echo "str1 is not equal to str2"
if [ -n  $str2 ]
```

```
then
    echo "str2 has a length greater than zero"
else
    echo "str2 has length equal to zero"
fi
```

2）数值比较

Shell 程序不使用诸如 ">"、"<" 或 "=" 等符号来表示大于、小于或等于等比较关系，而是用整数表达式来表示的。如表 13-3 中的操作符可用于比较两个数值。

表 13-3　Shell 数值比较操作符

操　作　符	说　　　明
-eq	比较两个数值是否相等（equal）
-ge	比较一个数是否大于或等于另一个数（greater or equal）
-le	比较一个数是否小于或等于另一个数（less or equal）
-ne	比较两个数值是否不相等（no equal）
-gt	比较一个数是否大于另一个数（greater than）
-lt	比较一个数是否小于另一个数（less than）

例如，由两个数值变量 num1、num2 进行比较：

```
num1 = 10
num2 = 20
if [ $num1 eq $num2 ]
then
    echo "num1 is equal to num2"
else
    echo "num1 is not equal to num2"
if [ $num1 -le $num2 ]
then
    echo "num1 is less than or equal to num2"
else
    echo "num1 is greater than num2"
fi
```

3）文件操作

文件测试表达式通常是用来测试文件的信息的，从而决定应该进行的文件相关操作（如备份、复制或删除）。文件测试表达式有很多种，在表 13-4 中列出了常用的几种。

表 13-4　Shell 文件操作符

操　作　符	说　　明
-d	判断文件是否为目录
-f	判断文件是否为普通文件
-r	判断文件是否可读
-s	判断文件是否存在且长度大于 0
-w	判断文件是否可写
-x	判断文件是否可执行

4）逻辑操作

逻辑操作是对逻辑值进行的操作，逻辑值只有"是"和"否"两个，在表 13-5 中列出了 Shell 的三个逻辑操作符。

表 13-5　Shell 逻辑操作符

操　作　符	说　　明
!	对逻辑表达式求非
-a	对两个逻辑表达式进行求与（AND）操作
-o	对两个逻辑表达式进行或（OR）操作

4. Shell 中的字符

Shell 中的字符是 Shell 脚本程序的重要组成部分，其中某些字符具有特定的含义和重要作用，如表 13-6 中列出了一些特殊字符。

表 13-6　Shell 中的特殊字符

字　　符	说　　明
$	指示 Shell 变量的开始
|	管道将命令的标准输出传给下一个命令
#	注释开始
&	后台执行进程
?	匹配一个字符
*	匹配一个或多个字符
>	输出重定向操作符
<	输入重定向操作符
>>	输出重定向操作符（追加到文件中）
<<	等待指导后继输入串介绍
[]	字符范围

Shell 程序中，如果在字符串中使用特殊字符，需要在特殊字符前加一个转义字符 "\"（反斜线），转义字符表明该字符不用作特殊字符，程序也不会将其作为特殊字符来处理。下面对其中一些特殊字符进行详细介绍。

1）使用双引号

如果字符串中包括空格，可以使用双引号将字符串括起来，这样将作为一个整体来处理而不是多个。例如，将 "Fedora Linux" 整个赋值给变量 "system"，如果在赋值语句中不使用双引号，那么 Shell 就会将 "Fedora" 赋值给变量 system，同时把 "Linux" 当做单独一个命令执行。

双引号也解决了字符串中包含变量的问题。例如：

```
var1 = "Fedora"
var2 = "The system is $var1 Linux"
echo $var2
```

运行以上命令，其显示结果为 "The system is Fedora Linux"。

2）使用单引号

使用单引号将字符串括起来，可以阻止变量替换和解释特殊字符。对于后一种情况，单引号就是一个转义符，类似于反斜线。将上例中的双引号改为单引号，如下：

```
var1 = "Fedora"
var2 = 'The system is $var1 Linux'
echo $var2
```

运行以上命令，其结果显示为 "The system is $var1 Linux"，可以看出没有替换的变量 var1 在输出时保持原样。

3）使用反斜线

反斜线被用做转义符，可以阻止 Shell 将后边的字符解释为特殊字符。例如，如果是把 "$Fedora" 七个字符赋值给变量 system，当使用如下语句 "system=$Fedora" 赋值时，Shell 将解释为将变量 Fedora 的值赋给变量 system。当使用如下语句 "system=\$Fedora" 赋值时，才真正地把 "$Fedora" 赋给了变量 system。

4）使用反撇号

反撇号（大多数键盘是在 "Tab" 键的上部）可以通知 Shell 用其执行的结果代替字符串。例如，执行如下语句：

```
variable = `wc -l file.txt`
```

其结果就是统计当前目录下 file.txt 文件内有多少行，并把行的数目赋值给变量 variable。

13.2.2　Shell 的基本语句

1. 条件判断语句

条件判断语句是程序设计语言中十分重要的语句。该语句的含义是当某一条件满足时，执行指定的一组命令，否则不执行或执行另一些命令。

1）if-then-else 语句

在前面的示例中，已经使用到了 if-then-else 语句，if-then-else 语句的语法格式如下：

```
if [ expression ]
then
    statements
elif [expression ]
    statements
else
    statements
fi
```

if 语句可以嵌套，即一个 if 条件中可以包含另一个 if 条件。if 语句可以没有 elif 和 else 部分。如果 if 语句中的 expression 为假，并且可选的 elif 语句中 expression 也为假，则执行 else 部分。关键字 fi 表示 if 语句结束。

2）case 语句

case 语句可以根据指定变量匹配的值或值域来执行语句。通常，如果存在条件，就可以用 case 语句代替 if 语句。case 语句的语法格式如下：

```
case   str   in
str1 | str2 )
        statements;;
str3 | str4 )
        statements;;
*)
        statements;;
esac
```

case 语句的作用是当字符串与某个值相同时，就执行那个值后面的操作。如果对于同一个操作有多个值，就可以用分隔符 "|" 将各值分开。在为每个条件所指定的值中也可以带通配符。case 语句的最后一个条件必须是 "*"，即如果其他条件都不满足则将会执行它。对于每个指定的条件，其关联语句直到双分号为止。

2. 循环语句

与其他编程语言相似，Shell 语言常见的循环语句有 for、while 和 until 等循环语句。

1）for 语句

Shell 中 for 循坏语句的语法格式有两种：

（1）for 语句第一种格式，如下：

```
for  curvar  in  list
do
    statements
done
```

for 语句是对一组参数都执行一个操作。列表是在 for 循环的内部要操作的对象，它们可以是字符串。如果它们是文件，那么这些字符串就是文件名。变量 curvar 是在循环内部用来指代当前所指列表中的对象。如果是对 list 中的每个值都执行一次 statements，可使用该格式。在每次循环中，将 list 中的当前值赋给 curvar。list 列表可以是包含一组元素的变量或者是用空格分开的值列表。

（2）for 语句第二种格式，如下：

```
for  curvar
do
    statements
done
```

这种形式，是对传递给 Shell 程序的每个位置参数执行一次 statements。在每次循环中，将位置参数的当前值赋给变量 curvar。这种格式也可以写成如下形式：

```
for  curvar  in  $@
do
    statements
done
```

这里"$@"是传递给 Shell 程序的每个位置参数列表。

例如，循环显示一周内每天的英文单词，其执行代码如下：

```
no=1
for  curvar  in  Monday Tuesday Wednesday Thursday Friday Saturday Sunday
do
    echo "--------------"
    echo "第$no 天是$curvar"
    no=`expr no + 1`
done
done
```

2）while 语句

while 语句是 Shell 提供的另一种循环语句，它在指定条件为真时用于执行一组语句，

当条件为假时，循环马上结束；如果指定条件开始就为假，则循环将不会执行。while 语句的语法格式如下：

```
while   expression
do
   statements
done
```

3）until 语句

unitl 语句正好与 while 语句相反，该语句使循环代码重复执行直到指定条件为真。until 语句的语法格式如下：

```
until   expression
do
   statements
done
```

4）shift 语句

前面曾指出，对于位置变量或命令行参数，其个数必须是确定的，或者当 Shell 程序不知道其个数时，可以把所有参数一起赋给变量"$*"。若用户要求 Shell 在不知道位置变量个数时，还能逐一地处理，则需要使用 shift 语句。shift 语句在处理位置参数时，一次一个从左至右地处理，使每个位置参数向左移动一个位置，当前的$1 参数在 shift 执行后丢弃。

shift 语句的语法格式如下：

```
shift    [number]
```

其中参数 number 表示需要移动的位置数，该参数可选。若没有指定 number，则默认每次移动 1，即位置参数向左移动一个位置。

例如，以下代码使用 until 和 shift 语句来计算参数的和：

```
sum=0
until [ $# -eq 0 ]
do
  sum=`expr $sum + $1`
  shift
done
echo $sun
```

3. 函数

与使用其他编程语言类似，Shell 程序也支持函数。Shell 允许一组命令集形成一个可用块，这些块被称为 Shell 函数。函数是完成某种功能的一个 Shell 程序体，在 Shell 程序内可重复使用同一函数。通过使用函数，有助于在 Shell 程序中消除重复代码，和高效组织整个程序。

函数由函数名和函数体两部分组成。函数名在 Shell 程序内应该是唯一的；函数体是 Shell 的命令集合。函数的语法格式如下：

函数名（）{

　statements

}

或者

函数名　（）

{

　statements

}

函数可以放在一个文件中作为一段代码，也可以单独作为一个文件。调用函数的格式为：

函数名　参数 1　参数 2 ...

13.3　技能 3 Linux 的 C 语言编程环境

13.3.1　程序编译器 GCC

Fedora Linux 操作系统提供了多种 C 语言的编译器，用于开发 C 程序。其中使用较多的是 GCC 编译器，GCC 即 GNU C Compiler。最初 GCC 是定位于 C 语言编译器，经过多年发展，GCC 不仅能支持 C 语言，还支持 C++、Fortran、Pascal、Objective-C 和 Java 等语言的编译。

在系统中查看当前 GCC 版本的信息，可执行"gcc-version"命令，将显示当前所使用的 GCC 版本，如图 13-5 所示。

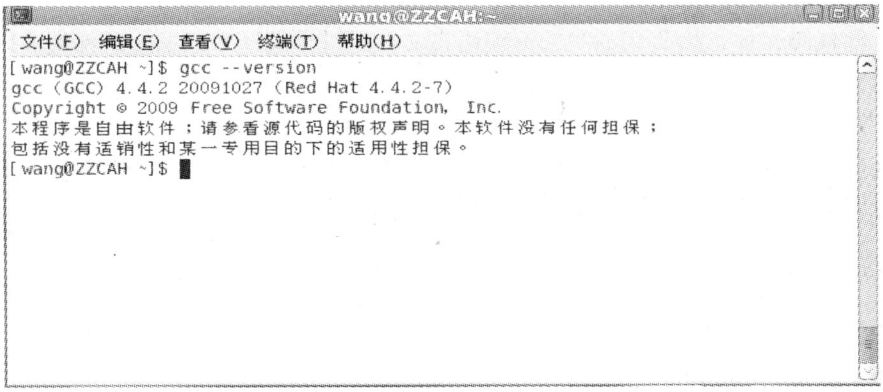

```
wang@ZZCAH:~
文件(F)  编辑(E)  查看(V)  终端(T)  帮助(H)
[ wang@ZZCAH ~]$ gcc --version
gcc (GCC) 4.4.2 20091027 (Red Hat 4.4.2-7)
Copyright © 2009 Free Software Foundation, Inc.
本程序是自由软件；请参看源代码的版权声明。本软件没有任何担保；
包括没有适销性和某一专用目的下的适用性担保。
[ wang@ZZCAH ~]$
```

图 13-5　GCC 版本的信息

1．GCC 规则

GCC 编译器能将 C、C++语言源程序编译、链接成可执行程序文件，如果没有给出可执行文件的名称，GCC 将生成一个名为"a.out"的文件。在 Linux 系统中，可执行文件是没有统一后缀的，系统是从文件的属性来区分可执行文件和不可执行文件的。而 GCC 则通过后缀来区别输入文件的类别，下面介绍使用 GCC 编译器所遵循的部分规则（或约定）：

- .c 为后缀的文件，是 C 语言源代码文件；
- .a 为后缀的文件，是由目标文件构成的档案库文件；
- .C、.cc 或.cxx 为后缀的文件，是 C++源代码文件；
- .h 为后缀的文件，是程序所包含的头文件；
- .i 为后缀的文件，是已经预处理过的 C 语言源代码文件；
- .ii 为后缀的文件，是已经预处理过的 C++源代码文件；
- .m 为后缀的文件，是 Objective-C 源代码文件；
- .o 为后缀的文件，是编译后的目标文件；
- .s 为后缀的文件，是汇编语言源代码文件；
- .S 为后缀的文件，是经过预编译的汇编语言源代码文件。

2．GCC 编译器的执行过程

虽然称 GCC 是 C 语言的编译器，但使用 GCC 把 C 语言源代码文件，生成可执行文件的过程不仅仅是编译的过程，而是要经历四个相互关联的步骤：预处理（也称预编译，Preprocessing）、编译（Compilation）、汇编（Assembly）和链接（Linking）。

① GCC 命令首先调用 cpp 进行预处理，在预处理过程中，对源代码文件中的预处理语句如文件包含（include）语句、预编译语句（如宏定义 define 等）进行分析。

② 接着调用 cc1 进行编译，这个阶段根据输入文件生成以".o"为后缀的目标文件。

③ 汇编过程是针对汇编语言的步骤，调用 as 进行工作。一般来讲，以".S"为后缀的汇编语言源代码文件、".s"为后缀的汇编语言文件经过预编译和汇编之后都生成以".o"为后缀的目标文件。

④ 当所有的目标文件都生成之后，GCC 就调用 ld 来完成最后的关键性工作，这个阶段就是链接。在链接阶段，所有的目标文件被安排在可执行程序中的恰当的位置，同时，该程序所调用到的库函数也从各自所在的档案库中连到指定的地方。

3．GCC 编译器的基本应用

GCC 的命令格式如下：

gcc [选项] [filename]

其中 filename 为要编译的程序源文件，GCC 有超过 100 个可用的编译选项，大部分程序员只会用到其中的一小部分，下面将介绍一些常用的选项。

- -c，只编译，不链接成为可执行文件，编译器只是由输入的".c"等源代码文件生成".o"为后缀的目标文件，通常用于编译不包含主程序的子程序文件。
- -o output_filename，确定输出文件名称为 output_filename，同时这个名称不能和源文

件同名。如果不给出这个选项，GCC 就给出预设的可执行文件 a.out。

- -g，产生符号调试工具（GNU 的 GDB）所必要的符号信息，要想对源代码进行调试，就必须加入这个选项。
- -O，对程序进行优化编译、链接，采用这个选项，整个源代码会在编译、链接过程中进行优化处理，这样产生的可执行文件的执行效率可以提高，但是，编译、链接的速度就相应地要慢一些。
- -IDIR，指定 DIR 为头文件的搜索目录之一，可以指定除系统默认的头文件目录外的其他目录。
- -LDIR，指定 DIR 为库文件的搜索目录之一，而在默认情况下 GCC 只链接系统的共享库。
- -ggdb，在可执行程序中包含 GDB 特性的大量调试信息，这会执行文件的大小急剧增大。
- -S，仅输出汇编代码（编译文件的汇编代码以.s 为扩展名）。
- -P，输出预处理结果。
- -Wall，允许 GCC 发出能提供的所有有用的警告信息，这有利于程序员排错。

例如，有一个显示"Welcome to Fedora Linux!"程序源代码文件 example.c，其内容如下：

```
#include <stdio.h>
int main (void)
{
  printf ("Welcome to Fedora Linux!");
  return 0;
}
```

当使用 GCC 不带任何选项编译一个程序时，将会在当前目录下生成一个名为 a.out 的可执行文件。例如，执行"gcc　example.c"编译命令，生成 a.out 执行文件。

当然，可以用"-o"参数为将生成的可执行文件指定一个文件名，并代替默认文件 a.out。例如，执行编译命令"gcc-o example example.c"，在当前目录下生成可执行的文件 example。编译器 GCC 在以上过程中，首先，运行预处理程序 cpp，在 example.c 文件中插入包含文件 stdio.h；然后，把经过预处理后的源代码编译成为目标文件；最后，链接程序 ld 把目标文件与库文件链接并生成名为 example 的二进制可执行文件。

为了更好地理解 GCC 的工作过程，可以把以上的编译过程分成几个步骤进行，并观察每步的执行结果。

① 执行命令"gcc　-E example.c　-o example.i"，-E 选项可以使 GCC 在预处理后停止编译，使用文本编辑器打开 example.i 文件并观察，会发现 studio.h 中的内容和其他应当被预处理的文件都包含进来了。

② 执行命令"gcc　-c example.i　-o example.o"，由于 GCC 能识别".i"文件为预处理后的 C 语言文件，因此 GCC 自动跳过预处理步骤而开始执行编译过程，生成目标代码文件 example.o。

③ 执行命令"gcc　-o example　example.o"，最后通过链接，GCC 把目标代码 example.o 生成了 example 可执行文件。

以上三步 GCC 编译工作和执行命令"gcc-o example example.c"进行编译，结果是一样的，只不过是用手工的三个步骤代替了 GCC 的自动编译。

13.3.2　调试工具 GDB 的应用

Linux 系统中提供了调试程序 GDB，是用来调试 C/C++程序的调试器，可以使程序开发者在程序运行时，观察程序的内部结构和内存的使用情况。GDB 工具能够实现如下一些重要调试功能：

- 运行程序，设置所有能影响程序运行的参数和环境；
- 控制程序在指定的条件下停止运行；
- 当程序停止运行时，可以检查程序的状态；
- 修改程序的错误，并重新运行程序；
- 可以单步执行代码，观察程序的运行状态。

GDB 工具调试的对象是可执行文件，而不是应用程序的源代码文件，然而，并不是所有的可执行文件都可以用 GDB 调试的。如果要让产生的执行代码可以用来调试，需要在执行 GCC 命令编译源文件时，加上"-g"参数，那么源程序在被编译过程中将添加调试信息。调试信息包含程序中的每个变量类型、在可执行文件里的地址映射和源代码的行号等内容。GDB 工具就是利用这些信息，使源代码和机器码相关联的。

GDB 的命令格式如下：

gdb　　filename

GDB 工具包括许多子命令，从而实现不同的功能。下面以一个简单的 C 语言程序为例，介绍 GDB 的典型应用。该源程序文件名为 printstr.c，功能是显示原字符串内容，然后再按照从后到前的顺序显示一次，其源代码如下：

```
#include    <stdio.h>
#include    <string.h>
#include    <stdlib.h>


main( )
{
  char    my_string[]="Welcome to Fedora!";

  print_old_strings (my_string);      /*显示原字符串内容*/
  print_new_strings (my_string);      /*显示字符串反向内容*/
}


print_old_strings (char *string)
{
  printf("The new string is %s\n", string);
}
```

```
print_new_strings (char *string)
{
  char    *string_new;
  int   i, size;                    /*i: 循环变量; size: 字符串长度, */

  size=strlen (string);
  string_new= (char *)malloc (size+1);
  for (i=0; i<size; i++)
        string_new[size-i]=string[i];
  string_new[size+1]='\0';
  printf("The new string is %s\n", string_new);
}
```

① 执行命令：gcc -g-o　printstr　printstr.c

使用 GCC 编译器编译源程序文件 printstr.c，同时把调试信息加入可执行文件 printstr。

② 运行 printstr 可执行程序，该程序显示出如下结果：

> The string is Welcome to Fedora!
>
> The new string is

程序显示第一行正确，但第二行没有按预期显示出来。

③ 执行命令：gdb printstr

启动调试器工具 GDB 对 printstr 可执行程序进行调试，从而发现问题。如果启动 GDB 时，没有带文件参数（即调试对象），那么启动 GDB 后在命令提示符下输入"file printstr"即可载入调试文件。

④ 在 GDB 工具的提示符下，输入"run"子命令，运行 printstr 程序。

⑤ 输入"list"子命令，以带有行号的形式显示 printstr 的源程序代码。该子命令每次只显示 10 行源代码，可连续敲回车键，显示其余的源程序代码。

⑥ 通过查看、分析源代码，发现第 26 行语句是关键点，执行如下子命令进行跟踪：

> (gdb)break 26

该命令是在第 26 行设置断点，程序一旦运行到第 26 行将挂起等待调试；

> (gdb)run
>
> (gdb)display string_new[size-i]

以上命令是当执行到第 26 行时，程序中断，显示变量 string_new[size-i]的值。

⑦ 程序中字符串"Welcome to Fedora!"长度为 17，因此循环执行 17 次，执行如下子命令：

> (gdb)next

该子命令是执行下一条代码，那么可以在提示符下敲回车键继续往下执行程序。发现 string_new[0]是没有被赋值的，而被 Null 字符填充。而整个存储 string_new 字符串的内存空间没有以"\0"为结束符，因此程序执行显示不出反向的字符串。

下面为修改后的正确源程序代码。

```
#include   <stdio.h>
#include   <string.h>
#include   <stdlib.h>


main( )
{
  char   my_string[]="Welcom to Fedora!";

  print_old_strings (my_string);          /*显示原字符串的内容*/
  print_new_strings (my_string);          /*显示反向字符串的内容*/
}


print_old_strings (char *string)
{
  printf("The new string is %s\n", string);
}
print_new_strings (char *string)
{
char   *string_new;
  int   i, size,offset;  /*i：循环变量；size：字符串长度；offset：字符串相对位置*/

size=strlen (string);
  string_new= (char *)malloc (size+1);
  offset=size-1;
  for (i=0; i<size; i++)
       string_new[offset-i]=string[i];
  string_new[size]='\0';
  printf("The new string is %s\n", string_new);
}
```

13.4　技能 4　Linux 的 Java 语言编程环境

Fedora Linux 操作系统提供了强大的 Java 语言开发支持，不仅可以在命令行下编译 Java 源程序，还提供了图形开发工具 Eclipse。

13.4.1　安装、配置 JDK 开发环境

Java 语言因性能稳定、可移植性强等特点，已成为编程开发的主流工具语言。如果用户在 Linux 系统下进行编程开发，那么需要安装 JDK（这与 Windows 操作系统下是相同的）。

在 Java 语言产品的官方网站上，下载最新的 JDK for Linux 版本（如 JDK1.6.0_21）。目前提供下载的安装包有两种：jdk-6u21-linux-i586.bin 和 jdk-6u21-linux-i586.rpm.bin。使用 root 用户登录，最快捷的方法是直接运行 jdk-6u21-linux-i586.bin 即可完成安装 JDK；而运行 jdk-6u21-linux-i586.rpm.bin，可以得到 jdk-6u21-linux-i586.rpm，然后需要执行命令"rpm -ivh jdk-6u21-linux-i586.rpm"来完成安装。

安装完毕后，需要配置其环境变量。假如用户安装的 JDK 是 1.6.0_21，其安装目录为 /usr/java/jdk1.6.0_21，根据使用 JDK 的用户情况，配置 JDK 环境：如果安装的 JDK 只是为某个用户使用，则修改其".bashrc"文件；如果是为系统中的所有用户使用，则需要修改 "/etc/profile"文件。配置修改的要求，是在文件中增加如下环境变量：

```
export    JAVA_HOME=/usr/java/jdk1.6.0_21
export    PATH=$JAVA_HOME/bin: $JAVA_HOME/jre/bin:$PATH:$HOME/bin
export    CLASSPATH=$CLASSPATH:$java_HOME/lib: $JAVA_HOME/jre/lib
```

一般情况下，不推荐修改/etc/profile 文件，因为从安全方面来讲，可能会带给 Fedora 潜在的安全危机，使用时应慎重考虑。

可执行命令"java-version"，显示当前 Java 版本号，包括 Java Runtime 和 Client VM 的版本信息。为了检验 JDK 是否正确安装，用户可编写简单的 Java 程序进行编译、运行。创建如下 Java 源程序 example.java：

```
import    java.awt.*;
class example
{
  public static void main (String args[])
  {
      System.out.println ("Welcome to Fedora Linux!");
  }
}
```

执行编译命令"javac example.java"，在当前目录下生成一个与类名相同的文件 example.class。然后执行命令"java example.class"，观察是否正常显示期望的结果，如果是就说明已正确安装了 JDK。

13.4.2　Java 图形化开发环境 Eclipse

1. 安装 Eclipse

Eclipse 是一个图形化的、可扩展的集成开发环境，可以使用不同的插件来扩张 Eclipse 的开发，如对 Web、J2EE、JSP 或 J2ME 等，可以开发 Java 相关的各种程序。Eclipse 是免费的开源软件，有 Windows、Linux 等操作系统环境下的安装程序包，可到 Eclipse 项目官方网站下载其相应的安装程序软件包，如可运行在 Linux 操作系统下的安装包 eclipse-java-helios-linux-gtk.tar.gz。安装该程序包可执行以下命令：

```
#gunzip eclipse-java-helios-linux-gtk.tar.gz
```

#tar xvf eclipse-java-helios-linux-gtk.tar

Eclipse 安装完毕后，会在当前目录下生成安装目录"eclipse"，该目录存放着 Eclipse 的全部工作目录和文件。为了使用户在 GNOME 桌面上就能快速、方便地执行启动 Eclipse 命令，可按照以下操作创建快捷图标。

① 在 GNOME 桌面上单击鼠标右键，在快捷菜单中选择"创建启动器"命令，弹出如图 13-6 所示的对话框。

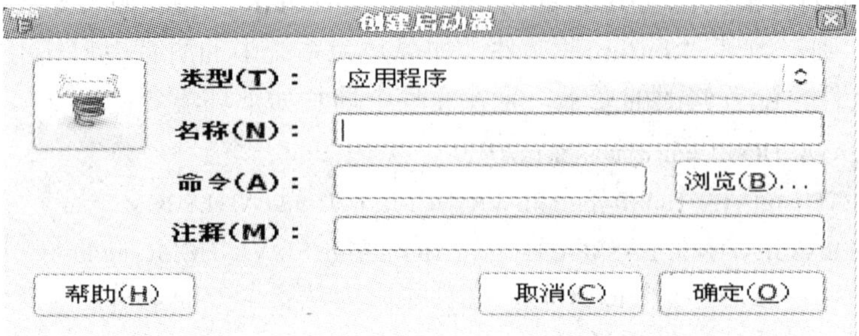

图 13-6 "创建启动器"命令

② 在"名称"文本框中，可输入快捷图标的名称，如"Eclipse"；在"命令"文本框中输入"<Eclipse 安装目录>/eclipse/start.sh"（start.sh 文件是事先创建好的，其中包括启动 Eclipse 的命令：<Eclipse 安装目录>/eclipse -vm /usr/java/jdk1.6.0_21/bin/java）。然后单击"确定"按钮，保存设置即可。

启动 Eclipse，系统会弹出一个工作区域设置的对话框，该对话框如图 13-7 所示。

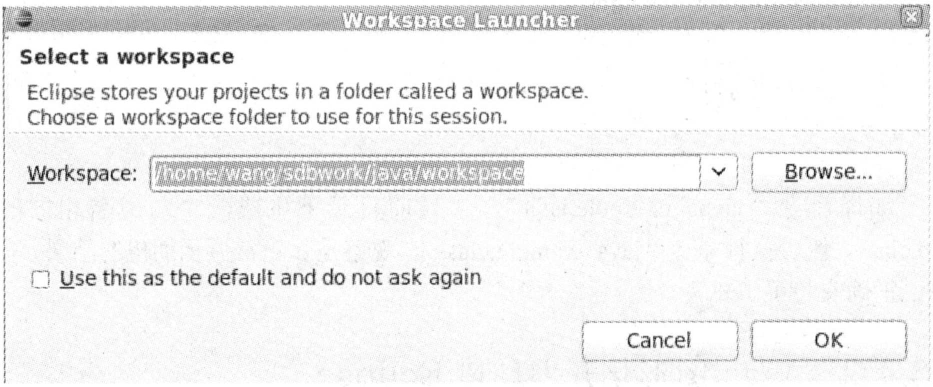

图 13-7 设置工作区域

在该对话框中，用户可设置以后 Eclipse 工作的目录位置。设置完成后，单击"OK"按钮，即可进入 Eclipse 的主界面，如图 13-8 所示。

2. Eclipse 的基本应用

通过使用 Eclipse 图形化集成开发环境，使得开发 Java 程序十分方便，用户可以不用再依次输入 javac 和 java 命令进行编译和执行，集成开发环境为用户自动完成了所有功能。

图 13-8　Eclipse 的主界面

① 使用 Eclipse 编写 Java 文件，首先为其创建一个 Project，在主界面的 File 菜单下，选择 New|Project 命令，出现 New Project 对话框，在该对话框中选择用户创建的工程类型，如图 13-9 所示。

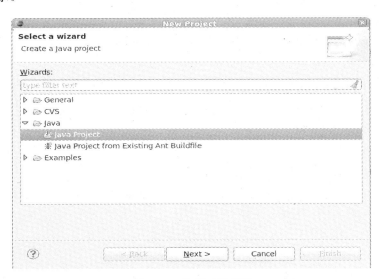

图 13-9　选择工程类型

② 单击"Next"按钮，出现如图 13-10 所示的创建新 Java 工程对话框。

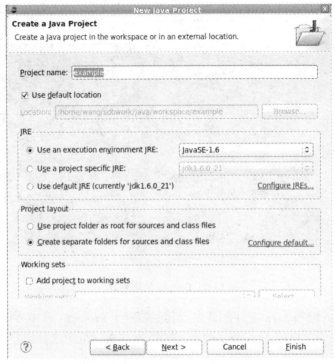

图 13-10　创建新 Java 工程对话框

③ 设置该新 Java 工程的名称，并启用 "Use default location"，表示在指定的工作区域中存储该工程项目的文件。"Create separate folders for sources and class files" 选项表示将工程创建到指定的目录中。单击 "Next" 按钮进入 Java Settings 设置界面，如图 13-11 所示。

图 13-11　Java Settings 设置界面

④ 在该界面中，用户可对创建工程的调试信息做出详细设置，一般情况直接选择默认值即可，单击 "Finish" 按钮，完成对新工程的设置。此时新建工程会在 Eclipse 主界面的左侧边栏中显示出来，如图 13-12 所示。

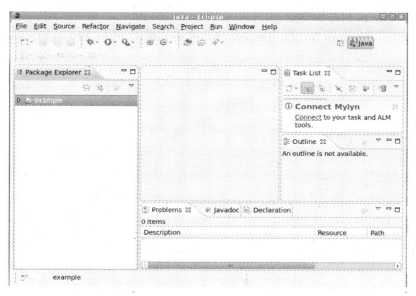

图 13-12　新建工程

⑤ 接下来为该工程添加类，选中指定的工程，在 File 菜单下选择 New|Class 命令，出现如图 13-13 所示的创建新类对话框。

图 13-13　创建新类

⑥ 在该对话框中，"Source folder" 指定源工程，"Package" 指定新建 Java 类包的名，

"Name"指定新建类的名称，"Modifiers"指定新建类的修饰符，"Superclass"指定新建 Java 类的基类等。用户可根据需要来设置信息，完成后单击"Finish"按钮，即可完成新类的添加。

⑦ 在新建类里可以开始编写 Java 语言代码，完毕后可单击工具栏中的"Debug"按钮调试程序，单击"Run"按钮，查看程序的运行结果，如图 13-14 所示。

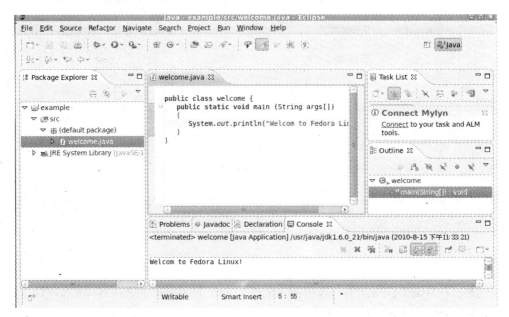

图 13-14　编写 Java 程序

习题与实训

1. 填空题

（1）Linux 主要有两种编程风格：＿＿＿＿和＿＿＿＿。

（2）Shell 程序的变量类型有：＿＿＿＿、＿＿＿＿、＿＿＿＿和位置参数。

（3）Shell 内部变量"$#"的含义是：＿＿＿＿＿＿＿＿＿＿＿＿＿＿＿＿＿＿＿＿＿。

（4）Shell 位置参数"$0"表示的是＿＿＿＿。

（5）计算（5+7）/3 结果的 Shell 命令是＿＿＿＿。

（6）如果字符串中包括空格，可以使用＿＿＿＿将字符串括起来，这样将作为一个整体来处理而不是多个。

（7）反斜线被用做转义符，可以阻止 Shell 将后边的字符解释为＿＿＿＿。

（8）反撇号的作用是：＿＿＿＿＿＿＿＿＿＿＿＿＿＿＿＿＿＿＿＿。

（9）Shell 语言常见的循环语句有＿＿＿＿等循环语句。

（10）Fedora Linux 操作系统提供了多种 C 语言的编译器，其中使用较多的是＿＿＿＿。

（11）在 GDB 调试工具中，设置运行程序断点的子命令是＿＿＿＿。

2. 简答题

（1）Linux 操作系统中有哪些编程风格，请分别举例说明。

（2）使用 Shell 编程有什么优点呢？

（3）执行 Shell 程序有哪些方法？

（4）简述 Shell 编译器 GCC 的工作过程。

（5）使用 GCC 编译器、GDB 调试器进行 C 语言开发的基本过程有哪些？

实训项目 13

（1）实训目的：在具有良好编程风格的基础上，熟练掌握 Linux 操作系统 Shell 语言基本编程和 C 语言、Java 语言的编程环境。

（2）实训环境：局域网环境；由 VMware Workstation 工具支持安装 Fedora Linux 操作系统的虚拟机。

（3）实训内容：

① 分别使用 while 循环和 until 循环计算 1+2+3+…+100 的结果。下面分别给出两段实现参考代码。

代码一：

```
result = 0
num = 1
while   [   $num   -le   100   ]
do
 result = `expr   $result + $sum
 num = `expr $num + 1`
done
echo "result=$result"
```

代码二：

```
result = 0
num = 100
until   test   $num -eq 0
do
 result = `expr   $result + $sum
 num = `expr $num - 1`
done
echo "result=$result"
```

② 利用 Linux 操作系统中的 GCC 编译器和 GDB 调试工具进行 C 语言程序的开发。

③ 在 Fedora Linux 操作系统上，登录 Oracle 公司下载网站：http://www.oracle.com/technetwork/java/javase/downloads/index.html，下载 JDK for Linux 软件开发包，进行安装、配置，并编写 Java 语言程序检测是否正确安装 Java 语言开发环境。

④ 在 Fedora Linux 操作系统上，登录 Eclipse 下载网站：http://www.eclipse.org/downloads/，下载 Eclipse for Linux 安装包，进行安装，并在 Eclipse 平台进行 Java 编程。

参 考 文 献

[1] 孙钟秀. 操作系统教程（第 4 版）[M]. 北京：高等教育出版社，2008.

[2] 邹恒明. 操作系统之哲学原理[M]. 北京：机械工业出版社，2009.

[3] 王伟. Windows Server 2003 维护与管理技能教程[M]. 北京：北京大学出版社，2009.

[4] 李文采、邵良杉、李乃文等. Linux 系统管理、应用与开发[M]. 北京：清华大学出版社，2007.

[5] 刘兵、吴煜煌等. Linux 使用教程[M]. 北京：中国水利水电出版社，2006.

[6] 韩立刚、张辉. Windows Server 2008 系统管理之道[M]. 北京：清华大学出版社，2009.

[7] 倪继利. Linux 内核分析及编程[M]. 北京：电子工业出版社，2005.

[8] 杨宗德、邓玉春、曾庆华. Linux 高级程序设计[M]. 北京：人民邮电出版社，2008.

[9] William Stallings. 操作系统——精髓与设计原理[M]. 北京：电子工业出版社，2006.

[10] 陈莉君、康华. Linux 操作系统原理与应用[M]. 北京：清华大学出版社，2006.

[11] 骆耀祖. Linux 操作系统分析教程[M]. 北京：北京交通大学出版社，2004.

[12] 陈向群等. Windows CE.NET 系统分析及实验教程[M]. 北京：机械工业出版社，2003.

[13] W.Richard Stevens. UNIX 环境高级编程[M]. 北京：机械工业出版社，2000.

[14] Robin Burk. UNIX 技术大全——系统管理员卷[M]. 北京：机械工业出版社，1998.

[15] Mark Sportack. MCSE：网络基础[M]. 北京：机械工业出版社，1998 年.

[16] M.A.Sportack、F.C.Pappas、E.Rensing. 高性能网络技术教程[M]. 北京：清华大学出版社，1998.

[17] Andrew S．Tanenbaum、Albert S．Woodhull．Operating System：Design And Implementation[M]. 北京：清华大学出版社，1998 年.

《计算机操作系统实用教程》读者意见反馈表

尊敬的读者：

感谢您购买本书。为了能为您提供更优秀的教材，请您抽出宝贵的时间，将您的意见以下表的方式（可从 http://www.hxedu.com.cn 下载本调查表）及时告知我们，以改进我们的服务。对采用您的意见进行修订的教材，我们将在该书的前言中进行说明并赠送您样书。

姓名：_____　　电话：_____

职业：_____　　E-mail：_____

邮编：_____　　通信地址：_____

1．您对本书的总体看法是：

　□很满意　　□比较满意　　□尚可　　□不太满意　　□不满意

2．您对本书的结构（章节）：

□满意　□不满意　　改进意见_____

_____

3．您对本书的例题：

□满意　□不满意　　改进意见_____

_____

4．您对本书的习题：

□满意　□不满意　　改进意见_____

_____

5．您对本书的实训：

□满意　□不满意　　改进意见_____

_____

6．您对本书其他的改进意见：

_____

_____

_____

7．您感兴趣或希望增加的教材选题是：

_____

_____

_____

请寄：100036　北京市海淀区万寿路 173 信箱高等职业教育分社　收

电话：010–88254565　　E-mail：gaozhi@phei.com.cn

全国信息化应用能力考试介绍

考试介绍

全国信息化应用能力考试是由工业和信息化部人才交流中心组织、以工业和信息技术在各行业、各岗位的广泛应用为基础，检验应试人员应用能力的全国性社会考试体系，已经在全国近 1000 所职业院校组织开展，年参加考试的学生超过 100000 人次，合格证书由工业和信息化部人才交流中心颁发。为鼓励先进，中心于 2007 年在合作院校设立"国信教育奖学金"，获得该项奖学金的学生超过 300 名。

考试特色

* 考试科目设置经过广泛深入的市场调研，岗位针对性强；
* 完善的考试配套资源（教学大纲、教学 PPT 及模拟考试光盘）供师生免费使用；
* 根据需要提供师资培训、考前辅导服务；
* 先进的教学辅助系统和考试平台，硬件要求低，便于教师模拟教学和考试的组织；
* 即报即考，考试次数和时间不受限制，便于学校安排教学进度。

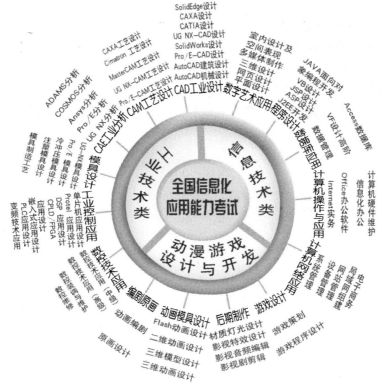

欢迎广大院校合作咨询

工业和信息化部人才交流中心教育培训处

电话：010-88252032 转 850/828/865

E-mail：ncae@ncie.gov.cn

官方网站：www.ncie.gov.cn/ncae

反侵权盗版声明

电子工业出版社依法对本作品享有专有出版权。任何未经权利人书面许可，复制、销售或通过信息网络传播本作品的行为，歪曲、篡改、剽窃本作品的行为，均违反《中华人民共和国著作权法》，其行为人应承担相应的民事责任和行政责任，构成犯罪的，将被依法追究刑事责任。

为了维护市场秩序，保护权利人的合法权益，我社将依法查处和打击侵权盗版的单位和个人。欢迎社会各界人士积极举报侵权盗版行为，本社将奖励举报有功人员，并保证举报人的信息不被泄露。

举报电话：（010）88254396；（010）88258888

传　　真：（010）88254397

E-mail：　dbqq@phei.com.cn

通信地址：北京市海淀区万寿路　173 信箱

　　　　　电子工业出版社总编办公室

邮　　编：100036